城乡景观规划理论与应用

徐 清 著

同济大学出版社
TONGJI UNIVERSITY PRESS

内 容 提 要

　　本书依据城乡景观规划理论的特点及实践要求,在介绍城乡景观规划新理论、数量化研究方法的基础上,阐述了景观生态安全格局、城乡交错带、新农村建设和城乡生态基础设施等详细规划的理论和应用,并结合实际案例,探讨了城乡自然遗产与工业遗产的景观保护与规划。

　　本书的特点在于全面、系统、精炼,理论体系完善,重点突出,强调内容的可持续性,不仅适合高等院校城乡规划、风景园林(或景观设计)、环境艺术设计、旅游规划等相关专业的课程教学,对相关专业的从业人员、管理者和决策者同样具有参考价值。

图书在版编目(CIP)数据

　　城乡景观规划理论与应用/徐清著. —上海:同济大学
出版社,2017.6
　　ISBN 978-7-5608-7103-5

　　Ⅰ.①城…　 Ⅱ.①徐…　 Ⅲ.①城乡规划－景观规划－
研究　 Ⅳ.①TU983

　　中国版本图书馆 CIP 数据核字(2017)第 142708 号

城乡景观规划理论与应用

徐　清　著

责任编辑　陈佳蔚　　**责任校对**　徐春连　　**封面设计**　潘向蓁

出版发行	同济大学出版社　　　www.tongjipress.com.cn	
	(地址:上海市四平路 1239 号　邮编:200092　电话:021-65985622)	
经　销	全国各地新华书店	
印　刷	常熟市大宏印刷有限公司	
开　本	787 mm×1 092 mm　 1/16	
印　张	15.25	
印　数	1—2 100	
字　数	381 000	
版　次	2017 年 6 月第 1 版　　 2017 年 6 月第 1 次印刷	
书　号	ISBN 978-7-5608-7103-5	

定　价　42.00 元

前 言

景观规划主要关注自然资源的合理利用和对自然环境的保护,其思想起源于人类对自然环境认识的转变,是早期自然保护主义思想的产物。比较明确的景观规划概念产生于19世纪末到20世纪初的景观建筑学领域,并以20世纪60年代为主要起点逐渐蓬勃发展起来。

最初的景观规划只是服务于园林设计与建筑的一个环节,关注的是某一片直接与居民日常生活、生产等活动密切相关的区域内各种土地的利用方式、空间布局、不同风格建筑的搭配,以及区域整体和局部所产生的社会影响和美学效果等。现代景观规划的主要对象是人类生活的周边环境以及人与环境的关系,同时还要兼顾其他所有物种,其主要有三方面的内容:环境生态绿化、视觉景观形象和大众行为心理。

城乡景观规划是城乡规划管理的重要组成部分,政府通过城乡景观规划,按照决策内容与目标,对城乡景观空间环境的功能、结构、形态及其公共价值等方面进行公共干预,以实现对其的控制与管理。城乡景观规划对现有景观、在建景观、将建景观以及与景观相关的各因素进行长期的、动态的控制和管理,能够改变人类的生活环境质量和空间质量,能够改进人类和自然环境的平衡,并且创造高品质的生活居住环境来帮助人们塑造一种全新的生活意识。

近年来,随着城市化进程及新农村建设进程的加快,人们在进行城市化建设和新农村建设时,更多地关注经济利益的增长和经济水平的提高,而忽视了建设过程中对景观的合理规划,这就产生了一系列发展中不平衡、不协调、不可持续的新问题,如城乡环境的恶化、人地关系的失调、地域景观和文化的丧失等。人居环境的建设和管理遇到了前所未有的危机和挑战。现有的景观规划理论对于解决这些新问题能够起到一定的指引和疏导的作用。但是,现存的景观规划理论在应对一些新问题,如景观生态安全格局规划、城乡生态基础设施规划、城乡交错带的景观规划等方面的理论与实证研究不够深入。此外,一些参与城乡景观规划的工作人员和管理者对城乡景观规划方面的理论及应用不甚了解,这也在一定程度上造成了城乡景观规划的不合理现状。

基于此,我们需要提出一些新的理论,运用一些新的技术手段来解决新时代特定的背景下城乡景观规划过程中面临的新问题；同时，我们也需要大量的职业化从业者和管理者来规划和建设和谐的人与自然的关系。时代的发展迫切需要城乡景观规划教材来指导教学，指导实践，因此，为了推动城乡景观规划从理论教育到实践运用的结合，促进景观规划专业和满足专业课程教学的需要，补充和完善城乡景观规划的理论体系，我们编写了本书。

本书结合城乡景观规划理论的特点及实践要求，以建设和谐、可持续的城乡景观为宗旨，立足本土、联系实际，从基本概念、新理论至数量化研究方法与手段方面作基础介绍；从景观生态安全格局、城乡交错带、新农村建设及乡村景观和城乡生态基础设施方面讲述详细规划；从城乡遗产和工业遗产阐述景观保护与景观规划的协调统一；从各个层面的城乡景观规划内容至实际案例进行讲解；从宏观和微观角度深入探讨城乡景观规划的理论与应用。

本书的特点在于全面、系统、精炼，理论体系完善，重点突出，强调内容的可持续性，且能结合丰富的实际案例深入浅出地论证，具有鲜明的时代性和丰富的实践性。书中不仅传承了中外城乡景观规划理论与应用的精髓，而且大量运用了符合中国国情的城乡景观规划方面的最新理论研究成果，提高了本书对实践的指导作用。本书不仅适合高等院校城乡规划、风景园林(或景观设计)、环境艺术设计等相关专业的课程教学，对相关专业的从业人员、管理者和决策者同样具有参考价值。

鉴于作者的专业水平和实践经验有限，书中如有论述不妥、征引疏漏等不尽如人意之处，希望阅读本书的学生、教师、学者以及同行不吝批评指正，以便日后完善和修订。

谨以此书抛砖引玉，希望更多的有识之士关心和爱护我们赖以生存的城乡景观和环境，使之回归自然本真，得到可持续发展。

徐　清

浙江工商大学

2017 年 5 月

目 录

目　录

目录

目

录

第 1 章

导 论

1.1 景观的概念及景观规划的意义

1.1.1 景观的概念

景观是指土地及土地上的空间和物体所构成的综合体,是社会形态的反映,是社会的价值观、审美观和整体意识形态在大地上的烙印(俞孔坚,2009)。景观是多种功能(过程)的载体,可以从以下四个层次来理解(俞孔坚,李迪华,2004)。

(1) 风景。实质上是在一定的条件之中,以山水景物及某些自然和人文现象所构成的以引起人们视觉审美与欣赏的景象。人们把他所看到的最美的景象通过艺术的手法表现出来,这是景观最早的含义。

(2) 栖居地。是指人类在生活过程中享受的周围空间和自然环境。人要从自然和社会中获取资源,获取庇护、灵感以及生活所需要的一切东西,所以景观就是人和人、人和自然的关系在大地上的烙印。当你看到景观的时候,看到任何景观中任何一种元素的时候,它实际上都是在讲述人和人、人和自然的关系是不是和谐。

(3) 生态系统。是指由生活中的各种元素组成的具有结构和功能、内在和外在联系的有机系统。它是一种维系自身稳定的开放的系统。在这个层次上,它与人的情感是没有关系的,而是外在于人情感的东西。作为一个系统,人是更客观地站在一个与之完全没有关系的角度去研究景观,所以景观就变成科学的研究对象。

(4) 符号。我们看到的所有东西都有其背后的含义。景观是关于自然与人类历史的书,是指一种记载人类过去、表达希望与理想,赖以认同和寄托的语言和精神空间。

1.1.2 景观规划的意义

19 世纪末 20 世纪初,景观规划概念产生于园林设计和景观建筑学领域。最初的景观规划只是服务于园林设计与建筑的一个环节,关注的是某一片直接与居民日常生活、生产等活动密切相关的区域内各种土地的利用方式、空间布局、不同风格建筑的搭配以及区域整体和局部所产生的社会影响和美学效果等(Haber,W,1990)。

现代景观规划的主要对象是人类生活的周边环境以及人与环境的关系,同时还要兼顾其他所有物种(俞孔坚,2004)。现代景观规划主要有三方面的内容:环境生态绿化、视觉景观形象、大众行为心理。视觉景观主要从人类视觉感受出发,利用空间实体景观,根据美学规律,创造令人身心愉悦的环境形象;环境生态绿化主要从人类的生态感受出发,利用自然和人工材料,根据自然生物学原理,创造令人舒服的物理环境;大众行为心理主要从人类的心理精神感受需求出发,根据人类在环境中的行为心理乃至精神活动的规律,利用心理文化的引导,创造使人心旷神怡、乐观向上的精神环境。

景观规划是城乡规划管理的重要组成部分,政府通过景观规划,按照决策内容与目标,对城乡景观空间环境的功能、结构、形态及其公共价值等方面进行公共干预,以实现对其的控制与管理(郝亦彪,2009)。景观规划对现有景观、在建景观、将建景观以及与景观相关的各因素进行长期的、动态的控制和管理,保证景观价值、景观特征、空间特性和景观多样性的可持续发展。

城乡景观规划能够改变人类的生活环境质量和空间质量,能够改进人类和自然环境的平衡,并且创造高品质的生活居住环境来帮助人们塑造一种全新的生活意识。具体来讲有以下四个方面的重要意义(方海川,2002)。

(1)景观功能。每个景观都有各自不同的用途,不同的使用目的就决定了景观规划方案的制定及其配套的建筑和相关设施的设计。

(2)美化环境。景观规划设计具有美化环境的功能,而优美的环境能够促进人和自然以及人和人之间的和谐相处,从而创造可持续发展的环境文化。合理的空间尺度,完善的环境设施,喜闻乐见的景观形式,让人更加贴近生活,缩短心理距离。

(3)美的享受。优秀的景观规划可以使杂乱无章的生活环境变得井井有条,舒适宜人,给人以美好的精神享受,并给人们提供娱乐休闲、广泛交流的开敞空间。

(4)亲近自然。城乡景观规划是连接喧闹的生活与自然的桥梁,可以给城市提供回归自然的场所,给农村提供某种城市的精神和使用的空间智能,满足人们多元化的需求,使人们的生活活动空间更为广阔、更加自由、更为完善。

现代景观规划为城乡景观规划提供了新的理论支撑和先进的规划方法及模型。现代景观规划理论的应用有利于合理地规划景观空间结构,使廊道、嵌块体及基质等景观要素的数量及其空间结构分布合理,使信息流、物质流与能量流畅通,可以进一步改善城乡景观功能,提高城乡环境质量,促进城乡景观的持续发展。

1.2　城乡景观的分类

城乡景观的范围非常广泛。广义上,上至天文,下至地理,乃至社会风土人情,都是城乡景观。景观分类既是景观结构、过程和功能研究的基础,又是开展景观评价、规划、保护和管理的前提条件,直接影响景观研究结果的精度和实用性(梁发超,刘黎明,2011)。城乡景观分类一直以来受到相关学者的广泛关注,但目前景观分类的基础理论、方法等都不完善,故根据学者不同的研究视角及研究目的,其分类方法也有所不同,主要有按生态学、成因、功能、组合结构、属性等分类。

1.2.1 按生态学角度分类

Naveh(1983)提出总人类生态系统的概念,该概念涵盖了从生物圈到技术圈的范围,将最小景观单元定名为生态小区,集中了生物和技术生态系统,把最大的全球景观叫做生态圈,他建立的景观分类系统分为开放景观、建筑景观和文化景观,上述景观具有不同的能源、物质和信息输入,构成了不同性质和强度的景观驱动力,如图 1-1 所示。

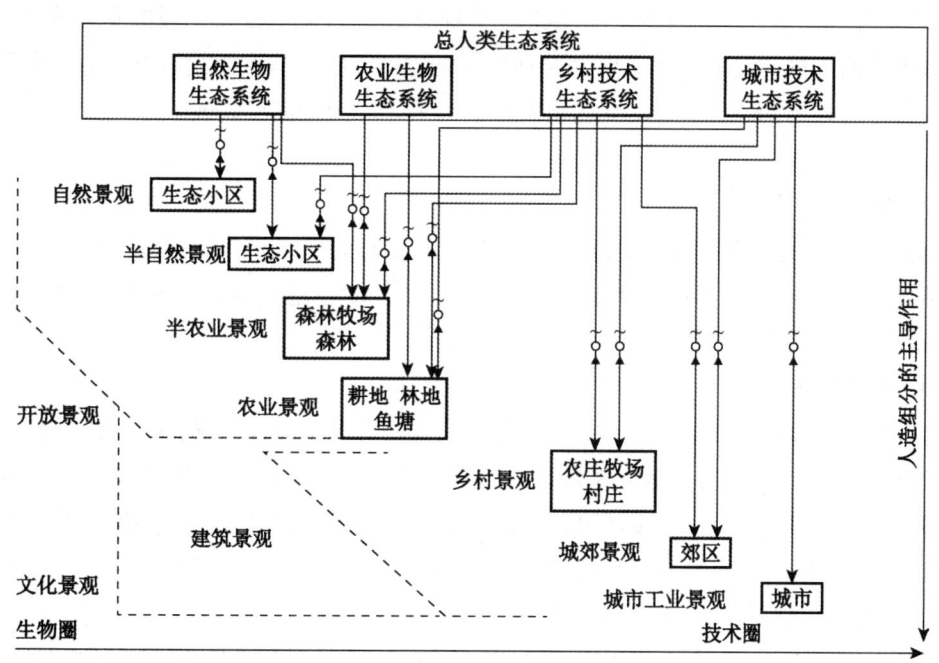

图 1-1　Naveh 提出的景观分类系统

1.2.2 按成因分类

根据景观的成因可以将城乡景观分为城市景观与乡村景观,这也是城乡景观分类最直接的方法。

城市景观是指城市中由街道、广场、建筑物、园林绿化等形成的外观及气氛。城市景观要素主要由自然景观要素和人工景观要素组成。自然景观要素主要指自然风景,如古树名木、石头、河流、湖泊、海洋等。人工景观要素主要有文物古迹、文化遗址、园林绿化、艺术小品、商贸集市、大型建筑、广场等。路、区、边缘、标志、中心点等共同构成了城市景观的基本要素。

乡村景观是乡村地区范围内的农田、村庄、树篱、道路、水塘等特定景观,是乡村经济、人文、社会、自然等现象的综合表现。

1.2.3 按功能分类

景观功能是指景观系统对各类生态客体(物质、能量、信息、物种)时空过程的综合调控过程。依据景观的不同功能可以将城乡景观分为生态景观、观赏性景观、生产性景观、娱乐性景观等。

1. 生态景观

生态景观是从景观的直观景象来认识,这是景观的最原始和最普通概念,它主要应用于景观建筑学,这里寓有美学因素。尽管现代景观建筑学对景观的理解不限于此,但它依然是景观建筑学的主要目标。生态景观系统是地表各自然要素之间以及与人类之间作用、制约所构成的统一整体。它主要研究自然要素、社会经济要素相互作用、联系,植物、大气、水体、岩石、动物和人类之间的物质迁移和能量转换,以及景观的优化利用和保护。

2. 观赏性景观

观赏性景观给人以美的享受,当人与大自然和谐相处融合于自然景观之中时,人的感情、精神、思想、道德会得到进一步的升华。观赏性景观的功能包括自然景观的美学功能和文化景观的美学功能(王长俊,2002)。

3. 生产性景观

生产性景观源于生活和生产劳动,它融入了生产劳动和劳动成果,包含人对自然的生产改造(如农业生产)和对自然资源的再加工(工业生产),是一种有生命、有文化、能长期继承、有明显物质产出的景观。设计可持续的生产性景观是一项复杂而充满雄心的任务,需要设计师头脑清晰,能很好地平衡有序的(如新型基础设施或食物系统)与难以驯服的(如季节或野草草根)对象。这需要设计师同大量不同的人群合作,如土壤专家、经济学家及当地社区组织,这将具有推动人们重新发现或保持城市开敞空间继续为城市人口造福的重要意义。

1.2.4 按组合结构分类

根据景观的不同组合结构,城乡景观可以分为主景与配景,对景与借景,隔景与障景,框景、漏景、添景、夹景等(徐清,2010)。

1. 主景与配景

主景集中体现城乡景观的主题与功能,是景观的重中之重,位于景观空间的中心位置。配景起陪衬主体景观的作用,与主景形成和谐的整体。主景和配景就像绿叶与红花的关系一样。主景必须要突出,配景则必不可少,但配景不能喧宾夺主。

常用的突出主景的方法有抑景。中国传统园林的特色是反对景色一览无余，主张"山重水复疑无路，柳暗花明又一村"的先藏后露的造园方法，这种方法与欧洲园林的"一览无余"形式形成鲜明的对比。苏州的拙政园就是典型的例子，进了腰门以后，对面布置一假山，把园内景观屏障起来，通过曲折的山洞，便有豁然开朗之感、别有洞天之界，大大提高了园内风景的感染力。

2. 对景与借景

观景具有从某一点向别处看的意思，景观则是指作为对象而从各个方面来观赏，这就是对景。对景往往是平面构图和立体造型的视觉中心，对整个景观意向表达起主导作用。如在园林中，或登上亭、台、楼、阁、榭，可观赏堂、山、桥，或在堂、桥、廊等处可观赏亭、台、楼、阁、榭，这种从甲观赏点观赏乙观赏点，从乙观赏点观赏甲观赏点的方法（或构景方法），就是对景的运用。

借景是通过建筑的空间组合，将远处的景致借用过来，有意识地把园外的景物"借"到园内视景范围中来。借景有收无限于有限之中的妙用。借景分近借、远借、邻借、互借、仰借、俯借、应时借七类。其方法通常有开辟赏景透视线，去除障碍物；提升视景点的高度，突破园林的界限；借虚景等。借景内容包括：借山水、动植物、建筑等景物；借人为景物；借天文气象景物等。如北京颐和园的"湖山真意"远借西山为背景，近借玉泉山，在夕阳西下、落霞满天时赏景，景象曼妙。

3. 隔景和障景

隔景是将园林绿地分成若干个空间的景物，以获得园中有园、景中有景的艺术效果，以丰富园林景观。隔景可以避免各景区的互相干扰，增加景观构图变化，隔断部分视线及游览路线，使空间"小中见大"。隔景的方法和题材很多，如山岗、树丛、植篱、粉墙、漏墙、复廊等。

障景是指在园林中能抑制视线、引导空间、转换方向的屏障景物，障景依据所用材料不同有山石障、影壁障、树丛障、建筑障等。中国人的传统审美讲究含蓄、朦胧、模糊、虚、空、静、深。看景时不喜欢一览无余，喜欢加入自己的想象，从意向、精神、超然之境去领略外界之形象。景观中的障景，正如"犹抱琵琶半遮面""欲语还休"，激发审美者的好奇心与想象力，使其产生拨开景观层层面纱以探究竟的冲动。

1.2.5 按属性分类

根据城乡景观表现内容的基本属性，可以将城乡景观分为两大类：自然景观和人文景观。这也是目前应用最广、最重要的一种分类系统，如表 1-1 所示。

1. 自然景观

自然景观是指大自然赋予地理区域的能使人产生美感、具有旅游吸引力的自然环境及其景象的地域组合。如浩瀚的大海、壮丽的山河、原始的森林、美丽的湖泊、珍奇的动物、宜人的气候等都能给人美感。

表 1-1　城乡景观分类表

大类	亚类	小类
自然景观	综合自然旅游地景观	山丘型旅游地、谷地型旅游地、沙砾石地型旅游地、滩地型旅游地、奇异自然现象、自然标志地、垂直自然地带
	地质景观	断层、褶曲、节理、地层剖面、钙华与泉华、矿点矿脉与矿石积聚地、生物化石点、重力堆积体、泥石流堆积、地震遗迹、陷落地、火山与熔岩、岛区、岩礁
	地貌景观	凸峰、独峰、峰丛、石(土)林、奇特与象形山石、岩壁与岩缝、峡谷段落、沟壑地、丹霞、雅丹、堆石洞、岩石洞与岩穴、沙丘地、岸滩、冰川堆积体、冰川侵蚀遗迹
	水域风光景观	河段(观光游憩河段、暗河河段、古河道段落) 湖泊与池沼景观(观光游憩湖区、沼泽湿地、潭池) 瀑布景观(悬瀑、跌水) 泉水景观(冷泉、地热与温泉) 河海景观(观光游憩海域、涌潮现象、击浪现象) 冰雪景观(冰川观光地、常年积雪地)
	生物景观	植物景观(林地、丛树、独树、草地、疏林草地、草场花卉、林间花卉) 动物景观(水生动物、陆地动物、鸟类、蝶类)
	气象气候景观	光环、海市蜃楼、云雾、雨雪、避暑气候、避寒气候、彩虹、佛光
	天象与太空景观	流星与彗星景观、日月食现象、极光、星辰、陨石、天体景观、日出、晚霞、月色
人文景观	遗址遗迹景观	人类活动遗址、文化层、文化散落地、原始聚落、历史事件发生地、军事遗址与古战场、废弃寺庙、废弃生产地、交通遗迹、废城与聚落遗迹、长城遗迹、烽燧
	文化建筑与设施景观	教学科研实验场所、康体游乐休闲度假、宗教与祭祀活动、园林游憩、文化活动、建设工程与生产、社会与商贸活动、动物与植物展示、军事观光、边境口岸、佛塔、塔形建筑物、楼阁、石窟、长城段落、城(堡)、摩崖字画、碑碣(林)、广场、人工洞穴、小品、陵区陵园、墓(群)、悬棺、交通建筑(桥、车站、港口渡口与码头)、水工景观(水库、水井、运河与渠道、堤坝、灌区、堤水设施)
	传统园林景观	亭、廊、水榭、舫、塔、楼、茶室、假山、叠石
	居住地与社区景观	传统与乡土建筑、特色街巷、特色社区、名人故居与历史性建筑、书院、会馆、特色店铺、特色市场、古村落
	现代人工主题园景观	现代游乐型、军事主题型、生物主题型、历史文化展现型、微缩型、复古型、民俗汇聚型、机械活动型
	活动场所景观	聚会接待厅堂(室)、祭拜场馆、展示演示场馆、体育健身馆、歌舞游乐场

自然景观主要包括如下景观:

(1) 地文景观

地文景观主要是在自然环境的影响下,地球内力作用与外力作用共同形成的,主要包括山岳形胜、喀斯特地貌景观、风沙地貌景观、海岸地貌景观、特异地貌景观等。

城乡景观规划理论与应用

（2）水域风光景观

水域景观主要包括江河溪涧、湖泊水库、瀑布与泉水、冰川等。

（3）生物景观

各种动植物使得地球表面生机勃勃，让人类得到赏心悦目的感受。生物景观大致包括森林、草地草原、古树古木、珍稀生物、植物生态类群、动物群栖息地、物候季相景观等。

（4）气候天象景观

千变万化的气象景观、天气现象以及不同地区的气候资源与岩石圈、水圈、生物圈旅游资源景观相结合，再加上人文景观资源的点缀，就构成了丰富多彩的气候天象景观，主要包括宜人气候、大气降水景观、天象奇观等。

2. 人文景观

人文景观是指具有一定历史性、文化性、一定的实物和精神等表现形式的旅游吸引物。相比于自然景观，人文旅游景观具有更加丰富的文化内涵，如西安的兵马俑、甘肃莫高窟以及象征我们民族精神的古长城等，这些闻名于世的景观无不具有深厚的文化积淀。

本书在城乡景观属性分类的基础上，结合《风景名胜区规划规范》(GB 50298—1999)和《旅游资源分类、调查与评价》(GB/T 18972—2003)两大规范标准中对于风景资源和旅游资源的分类，将城乡景观类型细分为三级系统：一级为城乡景观大类，共两大类，即自然景观、人文景观；二级为城乡景观亚类；三级为城乡景观小类。

此分类方法结合现代城乡景观规划的时代性和科学性，兼顾景观生态学、景观美学、旅游地理学及城乡统筹一体化、新型城镇化等的步伐，有利于更好地进行开发与保护建设。

1.3 现代景观规划发展的前沿课题

城市化进程的加快使得人居环境的建设和管理遇到了前所未有的危机和挑战。城市环境的恶化、人地关系的失调、地域景观和文化的丧失等问题为现代景观设计的发展既带来了机遇又伴随着挑战。因此，面向21世纪的现代景观规划，既要掌握现代景观规划发展的相关理论和方法，更要注意将先进的景观规划理论与方法应用于解决最前沿的问题，面对国家需求，不断拓宽应用渠道，使其更具有生命力。

1.3.1 现代景观规划发展的理论

由于文化背景和地域差异，景观规划有不同的表述方式，虽然人们对景观规划的表述有所不同，但其核心内容有一定的相似性。一般认为，景观规划是从景观的结构和功能两方面入手，对景观进行优化利用，其目标是尽力维持景观的异质性，是在景观尺度上的一种实践活动(郭泺，孙国瑜，费飞，2008)。随着科学技术的发展和学科的交叉与融合，国际上开始倡导有效的建构理论研究与景观规划设计的桥梁，使得科学研究的成果能够更多地应用于实践，发挥其社会价值，同时也使景观规划和设计中能够更多的考虑景观格局、生态过程和景观生态功能的关系,增强规划和设计成果的科学性(余新晓,牛健植,关文彬等,2006)。

景观异质性是指一个区域内,一个景观对一种或更高级生物组织的存在起决定作用的资源在空间上的变异程度和复杂性(汪永华,2005)。景观异质性通常分为空间异质性、时间异质性、时空耦合异质性和边缘效应异质性。景观生态学发展过程中,人们开始重视空间异质性的格局、起因和结果对生态系统功能的影响,通过测量和模拟生态系统过程速率来研究生态系统过程,而生态系统的时间动态和空间动态结合形成了时空耦合异质性。景观结构的异质性表现为空间镶嵌体,即景观是一个由异质的基质—斑块—廊道组成的镶嵌体。景观功能的异质性表现为景观流,景观动态的异质性表现为时空异质性,景观变化存在的异质性表现在总体趋势、波幅和韵律等方面(赵玉涛,余新晓,关文彬,2002)。

景观功能指景观作为生物生存环境,提供生物生存所需的物质、能量、空间需要的能力,景观功能通过物质循环、能量流动以及信息传递等过程来实现。景观功能的表现要素有景观生物生产力、景观能量指标、景观水分与养分、景观经济密度和景观的信息流。景观功能间的相互关系具有正效应与负效应,其中正面的关系包括互利共生与合作,负面的关系则表现在竞争等方面,并在空间上表现出不同的特征。景观功能网络是基于景观格局连通度与景观功能联系程度相关的假设,其核心是强调景观功能的联系,以及提高景观功能。多功能景观研究是目前景观功能研究的重要组成部分,多功能景观是被赋予了人类的价值评价标准的现实景观,它与土地利用形式密切相关。

1.3.2 现代景观规划的方法与应用前沿

1. 现代景观规划方法与模型

随着信息化程度的加快,景观生态研究的定量化也不断深化,目前 3S 技术为景观生态学研究提供了一系列数据获取、存储、分析和处理的工具;地理信息系统技术(GIS)是分析景观格局和计算各种景观指数的重要平台;全球定位系统(GPS)则更多地用于景观要素的监测和空间定位;遥感技术(RS)是采集景观时空数据的主要手段;空间自相关分析、半方差分析、小波分析、间隙度分析、趋势面分析、波谱分析等多元统计和空间统计方法都广泛地应用于景观尺度、景观格局、景观动态等研究领域;应用数学方法作为自然科学的重要工具,也成为景观生态学研究的重要工具(肖笃宁,李秀珍,2003)。

景观模型研究的深化,使人们能够对气候要素、地形要素、水分要素、土壤要素、植被要素以及人为活动要素的认识进一步深入,从而人们能够应用定量化、数字化与可视化手段,全面系统的表达景观的驱动力与要素之间的耦合关系(王让会等,2010)。目前,国内外研究比较通用的模型有 GM 模型、CA 模型、空间概率模型、动态机制模型和渗透模型等。

2. 现代景观规划方法与模型的应用前沿

(1) 3S 技术和模型的结合在现代景观规划领域得到了快速发展,3S 技术与景观模型相结合是景观异质性研究的主要方法和手段;3S 和模型模拟方法也广泛应用于景观功能评价中。例如,GIS 与模拟模型的耦合既增加了 GIS 的动态分析能力和生态学实用价值,同时又使模拟模型在处理空间信息和研究景观空间作用方面的能力大大增强(李爱民,吕安民,隋春玲,2009)。越来越多的复合种群模型、生态系统生产力模型、生物地球化学循环模型、植被动态模型、全球变化模型等与 GIS 紧密结合,以解决大尺度上景观的空间异质性和复杂性问题。

(2) CA 模型是土地利用演变研究中的一种模型,国内外许多学者利用 CA 对城市扩展进行了研究,并狄得了景观规划与管理的一系列新认识(邓文胜,王昌佐,2004)。

(3) 分形方法研究日益成为景观异质性研究的一个热点,分形研究将分维数最为一种指标来描述景观形状的复杂性程度,人们可以根据分维变量的自相似性选择最佳的观测尺度,并推断其在该尺度上的变化规律。

(4) 景观功能的应用研究主要集中在景观功能评价领域。其中,城市景观功能评价、乡村景观功能评价成为国内外学者的研究热点,并形成了一系列指标体系与评价方法。

此外,陈鹏(2007)在 RS 和 GIS 的基础上,获取了生态健康宏观生态指标,并建立了区域生态健康评价指标体系,对海湾城市新区进行了综合评价;吴良林等(2007)在 GIS 定量分析的基础上,结合景观格局指数,建立土地资源规模化潜力评价标准,对喀斯特山区土地资源规模化潜力进行了分析;张娜等(2003)应用景观尺度过程模型方法模拟了 NPP 的空间分布格局,对长白山的 NPP 空间分布的影响因素进行了综合分析;史培军等以 3 个小时的遥感影像数据和社会经济数据为数据源,分析了深圳市土地利用变化的机制,选择出模拟所需参数,用元胞自动机模型和经验模型模拟了深圳 1980—2010 年的土地利用变化情况(史培军,宫鹏,李小兵,2000);基于 GPS 的精准三维坐标信息,结合激光雷达技术,Du 和Teng(2007)等估算了台湾西北部台风引起的土体滑坡体积。上述研究在一定程度上也成为拓展现代景观规划的典型案例。

总而言之,城乡景观规划是目前城乡统筹发展、新农村建设、生态建设、环境保护与社会经济发展的重要工作,也是节能减排、低碳经济、应对气候变化的重要途径,正在产业发展、环境治理与人地关系协调发展中发挥着重要作用。通过对城乡景观规划理论、应用及相关问题的探讨,进一步深化理论研究与拓展应用领域,具有重要的现实意义。

第**2**章

城乡景观规划的新理论

自然环境是人类赖以生存和发展的基础,其地形地貌、河流湖泊、绿化植被等要素构成城乡的宝贵景观资源,尊重并强化城乡的自然景观特征,使人工环境与自然环境和谐共处,有助于城乡特色的创造。城乡景观规划的最终目的是应用社会、经济、艺术、科技、政治等综合手段,从视觉景观形象、环境生态绿化、大众行为心理三个方面,来满足人在城乡环境中的存在与发展需求。城乡景观规划新理论的出现为人们更好的进行城乡景观规划提供了新的理论支撑,为实践创新提供了理论基础。

2.1 景观生态学理论

2.1.1 生态学

生态学(Ecology)一词源于希腊文"Oikos",原意为房子、住所、家务或生活所在地,"Ecology"原意为生物生存环境科学。1866 年,德国动物学家 Haeckel 首次将生态学定义为:研究有机体与其周围环境(包括非生物环境和生物环境)相互关系的科学。由于生态学综合性的特点使之成为影响景观规划的重要学科。

随着人类活动范围的扩大与多样化,人类与环境的关系问题越来越突出。因此近代生态学研究的范围,除生物个体、种群和生物群落外,已扩大到包括人类社会在内的多种类型生态系统的复合系统。人类面临的人口、资源、环境等几大问题都是生态学的研究内容。如今,生态学理论与方法作为一种方法论已经成功运用于不同学科领域,如商业生态系统、产业生态系统、经济生态系统和景观生态系统等,并且取得了一定的成果。

2.1.2 景观生态学

20 世纪 30 年代,德国生物地理学家 C. Troll 在利用航拍相片进行土地利用研究的时候,正式提出了景观生态学(Landscape Ecology)的概念,并首次提出了"斑块"(Patch)、"廊道"(Corridor)和"基质"(Matrix)等概念。他在《景观生态学》一文中指出,景观生态学由地理学的景观和生物学的生态学二者结合而成,是表示支配一个地域不同单元的自然生物综合体的相互关系分析。这一概念的提出,将景观和生态联系在一起,使人们对于景观生态的认识又上升到了一个新的层次。德国另一位学者布希威德(Buchwaid)进一步发展了景观生态的思想,他认为景观是个多层次的生活空间,是由陆圈和生物圈组成的相互作用的系统。

美国景观设计之父奥姆斯特德虽然很少著书立说,但他独特的田园与乡村的设计风格、关注人性的设计思想却通过他的学生和作品对景观规划设计产生了巨大的影响。

第二次世界大战后,工业化和城市化迅速发展,城市不断蔓延,生态系统遭到一定程度的破坏。以麦克·哈格(Lan Lennox Mcharg)为首的城市规划师和景观建筑师非常关注城市规划和景观设计与人类的生存环境的紧密关系,他的 Design with Nature 奠定了景观生态学的基础,建立了当时景观设计的准则,使景观设计师成为当时正处于萌芽阶段环境运动的主导力量,标志着景观规划专业承担起二战后工业时代人类整体生态环境规划设计的重任。在他看来:"在设计建造一座城市的时候,自然与城市两者缺一不可,设计者需要着重考虑的是如何将两者完美地结合起来。"他反对以往土地和城市规划中的功能分区的做法,强调土地利用应遵从自然固有的价值的自然过程,即土地的适宜性。Mcharg 的理论关注了景观单元内部的生态关系,但忽视了水平生态过程,即发生在景观单元之间的生态流。

现代景观生态学的研究焦点是在较大的空间和时间尺度上生态系统的空间格局和生态过程,并用"斑块—廊道—基质"来分析和改变景观。景观生态学研究具体包括:景观空间异质性的发展和动态,异质性景观的相互作用和变化,空间异质性对生物和非生物过程的影响,空间异质性的管理。景观生态学的理论发展突出体现其对异质景观格局和过程的关系,以及它们在不同时间和空间尺度上相互作用的研究。理论研究还包括探讨生态过程是否存在控制景观动态及干扰的临界值,不同景观指数与不同时空尺度对生态过程的影响与扩散,景观格局和生态过程的可预测性以及等级结构和跨尺度外推。现代景观规划以此为基础开始了新的发展与进步。

美国景观生态学奠基人福尔曼(Forman)和戈德罗恩(Godron)认为,景观生态学是研究森林、草地、湿地、村庄等生态系统的异质性组合、相互作用与变化的生态学分支,是从生态学中发展起来的。他认为景观生态学的研究重点在于:景观要素或生态系统的分布格局,景观要素中的动物、植物、能量、矿质养分和水分的流动,景观镶嵌体随时间的动态变化。我国景观生态学的学者们较多赞同 Forman 和 Godron 对景观生态学的表述,但这一概念在一定程度上忽视了景观作为人类活动空间的意义和人类对景观的意义。肖笃宁(2003)对原有的景观生态学研究内容进行了扩展,认为景观生态学的研究内容不仅包括景观的结构、功能和变化,还包括景观的规划和管理(图 2-1)。

斑块、廊道和基质是景观生态学用来解释景观结构的基本模式,普遍适用于各类景观,包括荒漠、森林、农业、草原、郊区和建成区景观,景观中任意一点或是落在某一斑块内,或

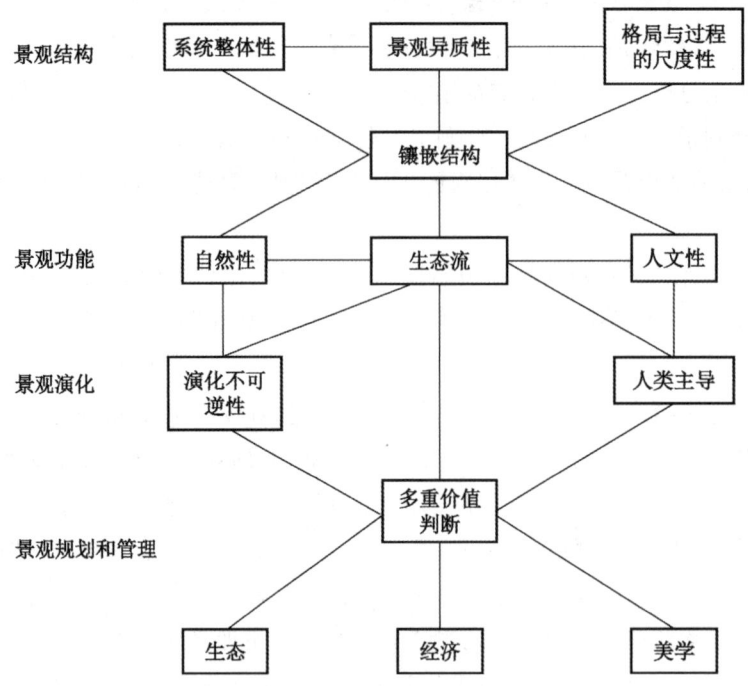

景观结构　　系统整体性　——　景观异质性　——　格局与过程的尺度性

镶嵌结构

景观功能　　自然性　——　生态流　——　人文性

景观演化　　演化不可逆性　　人类主导

景观规划和管理　　多重价值判断

生态　　　　经济　　　　美学

图 2-1　景观生态学核心概念框架①

是落在廊道内,或是在作为背景的基质内。这一模式为比较和判别景观结构,分析结构与功能的关系和改变景观提供了一种通俗、简明和可操作的语言(王云才,2007)。运用这一语言,景观生态学探讨地球表面的景观是怎样由斑块、廊道和基质所构成的以及定量、定性的描述这些基本景观元素的形状、大小、数目和空间关系等。根据对这一系列问题的观察和分析,景观生态学得出了一些关于景观结构与功能关系的一般性原理,为景观规划和改变提供了依据。

　　城乡景观规划就是根据景观生态学的原理和方法,合理利用景观空间结构,使得斑块、基质、廊道等景观要素的数量及其空间分布合理,让信息流、物质流、能量流、价值流畅通,使景观不仅符合生态学原理而且具有一定的美学价值。

2.1.3　景观生态规划与景观生态学的度量体系

　　对景观生态学来说,景观结构由两个基本要素组成,即成分(component)和构建(configuration)。成分不包含空间关系信息,而是由数目、面积、比例、丰富度、优势度和多样性指标(如 Shannon 和 Simpson 指数)来衡量。而景观构建则是表现景观地物类型空间特征的,是与斑块的几何特征和空间分布特征相联系的,如尺度和形状、适应度、毗邻度等。连续性是景观生态学的一个重要的结构(也是功能)衡量指标,它尤其在生态网络概念上非常

_____

①　资料来源:肖笃宁,李秀珍.景观生态学[M].北京:科学出版社,2003.

12

有意义,而网络的连续性可以根据图论的原理来进行衡量。

景观生态度量体系被认为是将生态知识应用于规划的有效工具,特别是景观生态学的形式语言和景观规划语言是可以相通的。景观生态学对景观有上百种度量方法,但许多度量方法都是相关联的。以下是在景观生态规划中的两个核心度量:

(1) 景观成分度量。有:斑块的多度(PR)和类型面积比例(CAP),斑块数目(PN)和密度(PD),斑块尺度(MPS)。

(2) 景观构建度量。有:用边长面积比衡量的斑块形状(SHAPE),边缘对比(TECL),斑块紧密性(RGYR),相关长度(I),最近毗邻距离(MNN),平均毗邻度(MPI),接触度(CONTAG)等。

这些生态度量对景观的规划、管理和决策具有重要意义。但就目前来说,在景观生态学的定量分析基础上的景观规划还远没有成熟,从这个意义上来说景观生态规划才刚刚开始,任重而道远。

2.2 景观生态安全格局理论

2.2.1 景观生态安全格局的概念

景观生态安全格局是涉及多学科、多尺度、多层次的综合性问题。景观生态安全格局是判别和建立生态基础设施的一种途径,该途径以景观生态学理论和方法为基础,基于景观过程和格局的关系,通过景观过程的分析和模拟,来判别对这些过程的健康与安全具有关键意义的景观格局(俞孔坚,1999)。俞孔坚认为,景观中都存在着某种潜在的空间格局,它们由景观中的一些关键性的局部、点及位置关系所构成,要有效地实现控制和覆盖,必须占领具有战略意义的关键性的景观元素、空间位置和联系。这种关键性元素、战略位置和联系所形成的格局就是景观安全格局,它们对维护和控制生态过程或其他水平过程具有异常重要的意义。

其研究的具体目标是针对错综复杂的区域生态环境问题,规划设计区域性空间格局,保护和恢复生物多样性,维持生态系统结构过程的完整性,实现对区域生态环境问题的有效控制和持续改善。它是以维持生态系统结构与功能的完整性和生态过程的稳定性为目的,强调对重要生态功能区的保护,注重充分利用区域生态环境本身的优势,整合各类生态环境要素的服务功能,发挥其空间聚集、协同和链接作用,促进生态系统保护和经济发展的协调与融合(马克明,2004)。

景观生态安全格局就是针对区域景观生态环境问题,在干扰排除的基础上,能够保护和恢复景观生物多样性,维持生态系统结构和过程的完整性、实现对区域景观生态环境问题有效控制和持续改善的区域性空间格局。

景观生态安全格局具有以下鲜明特色:

1. 主动性

区域生态安全格局的实现不但要控制很多有害人类干扰,还要实施很多有益的人为措施,主动干预并人工促进退化生态系统恢复,其实质是运用复合生态系统原理解决人类社会所面临的生态环境问题,人与自然的协调发展,体现出很强的人的能动性。

2. 区域性

由以往重视小尺度的机制问题研究扩展到解决区域乃至全球性问题的水平。区域生态环境问题的根源多为大尺度发生或区域性存在的人类干扰。因此,重视区域尺度的生物保护和生态系统恢复是生态环境保护研究发展的大势所趋。生物多样性保护需要由物种和生态系统保护上升到景观和区域保护。

3. 针对性

区域景观生态安全格局的研究对象通常具有特定性和针对性。针对区域上的一个或几个主要生态环境问题,依据空间格局与生态过程相互作用的原理,以生态系统恢复和生物多样性保护为基础,提出解决这些问题的生态、社会、经济对策和措施,并具体落实到空间地域上。

4. 系统性

区域景观生态安全格局研究综合考虑生物多样性保护、退化系统恢复和社会经济的可持续发展,目的是系统解决区域性生态环境问题,保证区域生态安全必须将各个尺度的生态恢复措施联系起来,综合集成多种对策和途径,基于整体观和系统观解决宏观生态环境问题。

2.2.2 景观生态安全格局的理论基础

景观生态安全格局研究关注生态环境问题、格局与过程的关系、等级尺度关系问题、干扰的影响、生物多样性保护、生态系统恢复以及社会经济发展等,并强调这些方面的综合集成,因此其理论基础涉及景观生态学、干扰生态学、保护生物学、恢复生态学、生态经济学、生态伦理学和复合生态系统理论等多个学科的内容,这些学科领域的成果为景观生态安全格局提供有益借鉴之处。

1. 景观生态格局与过程的相互作用

景观格局决定着资源和物理环境的分布形式和组合,与景观中的各种生态过程密切相关,对抗干扰能力、恢复能力、系统稳定性和生物多样性有着深刻的影响。格局决定过程反过来又被过程改变。格局与过程相互作用原理不但是景观生态学的核心内容,也为区域生态安全格局研究奠定了重要的理论基础。景观生态安全应该通过优化景观格局来实现,优化的景观格局来源于对景观格局与生态过程关系的充分了解。通过改变景观格局、控制有害过程恢复有利过程,才能实现区域生态安全,优化的景观格局是基于相关理论支持的空间描述。

优化景观格局的实现手段是景观恢复与重建。景观恢复与重建是指恢复原生态系统间被人类活动断裂或破碎的相互联系,以景观单元空间结构的调整和重新构建为基本措施,包括调整原有景观格局、引进新的景观组分等,以改善受威胁或受损生态系统的功能。景观生态学关注的焦点是景观层次上的生态恢复模式及恢复技术、选择恢复的关键位置、构筑生态安全格局。空间格局和生态过程的相互作用存在于多个等级和尺度上。传统的以物种保护为中心的自然保护途径经常缺乏考虑多重尺度上生物多样性的格局和过程及其相互关系,显然是片面的。景观生态学的等级理论认为,环境压力的影响会在不同生物组织层次,通过不同方式表现出来,生物多样性研究和保护应该是在多组织层次、多时空尺度上进行。因此,生物多样性保护在关注物种的同时,还应该重视它们所处的生态系统的结构及相关生态过程,恢复生存环境才是成功保护物种的关键。区域生态安全格局研究在重视区域规划设计的同时,还应该关注一些更小尺度的格局与过程,只有具体完成了小尺度格局设计才能使整体规划有的放矢。生物保护的区域途径并不是指把整个景观作为保护区,而是强调应用景观生态学的原理设计自然保护方案,及基于格局与过程相互作用原理,按照尺度与等级层次理论的要求,以景观生态规划方法为基础,改造受损景观格局,达到控制和解决区域生态环境问题的目的。

2. 生物多样性与保护生物学

日益剧烈和不合理的人类活动导致全球生物多样性的严重危机,引发了一系列生态环境问题。生物多样性是生态安全的基础,保护和恢复生物多样性是实现景观生态安全的必由途径。保护生物学就是通过评估人类对生物多样性的影响,提出防止物种灭绝的对策和保存物种进化潜力的具体措施,包括物种迁地保护到栖息地保护、群落保护到生态系统和景观保护、环境对生物多样性的影响以及多样性对生态环境安全的意义等各个方面。目前比较活跃的研究领域主要是物种灭绝机制、生境破碎化的影响、种群生存力分析、自然保护区的建设、生物多样性热点地区的确定和保护以及公共教育与立法等。随着生物保护策略由物种转向生态系统和景观,景观规划设计在生物多样性保护中的作用日益突出。景观规划从景观要素保护的角度出发提出了一系列有利于生物多样性保护的空间战略,为自然保护区及国家公园的建立和科学管理提供了指导。比如建立绝对保护的栖息地核心区、建立缓冲区以减小外围人为活动对核心区干扰、在栖息地之间建立廊道,适当增加景观异质性,在关键性部位引入或恢复乡土景观斑块、建立物种运动的跳板,以链接破碎生境斑块,改造生境板块之间的质地,减少景观中硬性边界频度,以降低生物穿越边界的阻力等。这些景观生态措施能够有效克服干扰对生物多样性的不良影响。针对景观生态环境问题,优化景观生态格局,保护和恢复生物多样性,维持生态系统结构和功能的完整性,才能长久实现区域生态安全。

3. 生态系统结构和功能恢复

景观由多种生态系统类型镶嵌而成,恢复已经退化的生态系统对于提高生态系统服务功能和改善生态系统健康状况具有重要意义。因此,退化生态系统恢复是实现景观生态安全的必要措施。生态系统健康是保证生态系统服务功能的前提。生态系统包括结构与功能的总体规划、设计与组装技术,它不仅包含了自然生态系统的生物多样性、系统结构和功能的选择性恢复,也包括了对一定地域和时间尺度上人类的心理生态、社会生态、文化生态、经济生态的组成多样性、结构与功能过程的选择性恢复与重建。生态系统健康是指一个生态系统所具有的稳定性和可持续性,即在时间上具有维持其组织结构、自我调节和对胁迫的恢复能力。

景观生态安全规划的目的是平衡人类的自然资源利用与生存环境质量需求的矛盾,保证生态系统在持续健康的状态下提供服务。生态恢复是指恢复和管理原生生态系统完整性的过程。这种生态整体性包括生物多样性的临界变化范围、生态系统结构和过程、区域和历史内容以及可持续的社会实践等。恢复生态学为研究不同方式的内外源干扰格局下特定生态学系统类型受损或退化机理,探究生态系统选择性恢复或重建提供了方法和技术。恢复生态学不光关注生态系统,而且更加关注多尺度多层次的研究,包含了从分子至全球所有尺度上的生态恢复选择,具体包括土壤、水体、大气等非生物要素的恢复技术和物种、种群和群落生物因素恢复技术。虽然恢复生态学强调对受损生态系统进行恢复,但其首要目标仍然是保护原生生态系统,第二目标是恢复已经退化的生态系统,第三目标是对现有的生态系统进行合理的管理,避免退化,最后是保持文化的可持续性。可见生态系统恢复目标复合景观生态安全格局的要求,生态系统恢复措施为景观生态安全格局的构建和实施奠定了技术基础。景观生态安全格局设计应该在适当采用退化生态系统恢复的技术和方法的同时,突出强调退化生态系统的空间恢复格局,从而达到恢复景观格局和共能的目的。

4. 生态伦理学:人与自然和谐

人类干扰的社会背景产生了生态环境问题,所有人类活动都有着深刻的社会根源,生态经济学手段可用于控制个人或集团的生态破坏行为,生态伦理学是为控制全社会的生态破坏行为提供对策。人与自然之间的隔离,导致人类对自然缺乏足够的尊重,导致社会意识与自然规律不协调。社会的行为、文化、道德、政策、法律和法规等因子就可能成为生态环境问题产生的根源。因此,从生态伦理的角度改善人与自然的关系是实现生态安全的根本途径。这样,不仅可以消除不利的个人行为,而且可为消除不利的社会行为提供对策。生态伦理学主要研究人对待自然的态度问题,存在着人类中心主义和非人类中心主义两种价值观。生态伦理还注重基于生态伦理的原则和规范,为人们提供了环境意义上的道德准则,为生态环境保护做出了贡献。

5. 干扰和格局的相互作用

干扰一般指显著改变系统自然格局的事件,它导致景观中各类资源的改变和景观结构的重组。自然干扰可以促进生态系统的演化更新,是生态系统演变过程中不可或缺的自然现象。但是人类干扰或人类干扰诱发的自然灾害却成为生态环境恶化的主要原因。人类干扰与自然干扰不同,它具有干扰方式的相似性与作用时间的同步性、干扰历时的长期性与作用的深刻性、干扰范围的广泛性与作用方式的多样性以及干扰活动的小尺度与作用后果的大尺度等特点。景观生态安全格局设计的目的就是针对干扰的这些特点,排除与生态环境问题相应的人为干扰,并通过有利的人类干扰恢复自然生态格局与过程。干扰改变景观格局同时又受制约于景观格局。干扰在不同景观类型和不同程度的异质性景观中扩散能力有明显差异,通过改变景观格局可以控制干扰的形成和扩散,因此研究干扰对景观生态格局的破坏以及景观生态格局对各类干扰的影响是进行景观生态安全格局设计的基础。

6. 自然资源保护性利用

任何人类活动都有经济利益的驱动,景观生态安全就是要通过改变经济发展模式,最终实现协调经济发展与环境保护之间的关系,合理调节经济再生产与自然再生产之间的物种交换,用较少的经济代价取得较大的社会效益、环境效益和经济效益。因此,生态经济学能够为解决一系列经济无序发展造成的环境问题提供对策和方法。生物多样性和生态系统服务作为人类社会生存和发展的基础,是一种有限资源,但是当前经济发展的主导模式和观念是获取一定时间内经济利益的最大化,这与可持续发展倡导的大时间尺度的经济效益和生态效益的综合最大化存在着激烈矛盾。要解决这个矛盾,必须寻找人们能够接受的合理的生态、经济、社会效益评估的方法,平衡经济发展与生态环境保护,并通过具体实施产权和税收等经济杠杆的方法实现。

7. 复合生态系统的整体观

人们所生活的世界是一个社会、经济、自然复合的生态系统,它是以自然环境为依托、人类活动为主导、资源流动为命脉、社会体制为经络的人工生态系统,有生产、生活、流通、调控和还原功能,构成错综复杂的人类生态关系。复合生态系统演替的动力源于自然和社会两种作用力,二者耦合导致不同层次的复合生态系统特殊的运动规律。复合生态系统理论是区域生态安全格局的思想源泉,人类社会发展中的环境问题的实质就是复合生态系统的功能代谢、结构耦合及控制行为的失调,必须通过生态建设手段加以解决。通过生态规划、生态恢复、生态工程与生态管理,将单一的生物环境、社会、经济组成一个强有力的生命系统,从技术个性和体制改革及行为诱导入手,调节系统的主导性和多样性、开放性和自主性、灵活性与稳定性,使生态学的竞争、共生、再生和自生原理得到充分的体现,资源得以高效利用,人与自然高度和谐。

总之,景观生态安全格局是以生态系统恢复和生物多样性保护为目的,以格局与过程的相互作用关系为原则,排除人类干扰对自然生态系统的影响,并寻找其社会经济原因来控制干扰源头,综合考虑社会、经济和生态系统的协调发展,从而实现区域生态环境的整体改善。

2.3 生态城市主义理论

20世纪70年代,在联合国教科文组织发起的"人与生物圈"(MAB)计划研究中,提出了生态城市这一概念,是人类从此走上了科学认识自然,合理建设城市的道路。李辉(2010)认为,生态城市是指城市环境及人居环境清洁、优美、舒适、安全,社会保障体系完善,高新技术占主导地位,技术和自然达到充分融合,最大限度地发挥人的创造力和生产力,经济快速发展、社会繁荣稳定、人民安居乐业、生态良性循环,四者保持高度统一,和谐发展,是一个稳定、协调、持续发展的城市复合生态系统。

国内外不少学者对生态城市的内涵提出了不同的看法,但是生态城市的鲜明特征具有统一性:

(1)和谐性。健康的生态城市具有合理的生态结构,追求城市生态系统的健康与和谐。

(2)高效性。生态城市是最大限度减少对自然资源的消耗,非物质财富的增长成为经济的主要增长点。

(3)系统性。生态城市基于生态学原理建立的社会—自然复合生态系统,各子系统在"生态城市"这个大系统整体协调下均衡发展。

(4)持续性。包括自然、社会和经济的持续发展,其中自然发展是基础。

(5)区域性。生态城市是以一定区域为依托的城乡综合体,孤立的城市无法实现生态化。

(6)多样性。生态城市改变了传统工业城市的单一化、专业化分割,它的多样性不仅包括景观多样性,还包括生物多样性、文化多样性、功能多样性等。

2.4 地域性景观设计理论

随着工业化大生产的加速发展和商品市场的日益国际化以及世界范围内的城市化进程,人们渐渐忽视了文化的地域性。在景观设计领域,毫无地方特色的景观已经充斥国内的很多角落。在这样的形势下,景观设计在客观上要求强调地方的自然与人文,要求在设计上结合当地的气候、地理和材料等自然条件,要求吸收本地的、民族的、民俗的风格以及本区域历史所遗留的种种文化痕迹,使作品具有极强的可辨识性。因此,这样的景观设计才被称为"地域性景观设计"。

2.4.1 地域性景观设计的内涵

地域性景观设计是研究景观设计在自我更新和持续发展过程中地域性特征的延续性,它的主要内容是在满足了现代生活中的一些显见的现实需要的基础上,设计对象的重点放在包括人和社会关系在内的空间环境上,用综合性的环境设计来满足人的适居性要求。它主要考虑特定设计对象的历史文脉和场所类型,并通过把握和运用以往景观设计过程中所忽视的自然生态的特点和规律,贯彻整体优化和生态优先的准则,力图创造一个人工环境和自然环境和谐共存、面向可持续发展的未来的理想人居环境(李钢,2008)。

地域性景观设计中特别强调的两个地域性形成的因素是:

(1)本土的地方性。包括地域环境、地形、自然条件、季节气候、水域资源、当地用材、风土人情等。

(2) 本土的文化性。包括历史遗风、民俗礼仪、本土文化、先辈祖训、当地生活方式等。

地域性景观设计根植于地域特性的景观设计,地域文化是它产生的源泉,它是对于某一地域自然和文化的诠释和表现,因此它具有鲜明的个性和特点。地域性景观设计的核心是要把地方文化挖掘出来,以现代的方式体现出来。因此,要挖掘地方文化就应当寻找景观设计所要表现或暗示的地域特性。这种地域特性可以是实体形态,如本地民居;也可以是文化的,如本地民俗文化相关的特征。这就要求我们在进行区域景观规划时应当考虑本地独特的文化品格和个性。

2.4.2　地域性景观设计的内在属性

1. 地域性景观设计的地方性

从广义上来说,景观的地方性首先受地理的气候、区域的影响;从狭义的角度来说,景观的地方性主要是指景观地段的具体的地形地貌、土壤、水、植物种群、当地的材料和营造方式,这是具体影响和制约景观设计的重要因素。景观元素的空间布局和机理使景观与地段环境融为一体。同时,景观元素的空间布局、形式和材料色彩等技术手段都要与地区相适应,只有在这些基础上进行创作,才能够创造出有个性的作品。景观设计应找出符合当地土地内在的品质,如当地独有的气候、温度、地形、土壤、植物等要素,找到了潜在的、内在的个性,并运用于景观设计作品当中就会成为具有鲜明特点的地域性景观作品。

2. 地域性景观设计的文化性

《辞海》一书中对"文化"的解释分为广义和狭义两种。广义上是指人类在社会实践过程中所获得的物质、精神的生产能力和精神产品,包括一切的社会形式,自然科学、技术科学、社会意识形态等。本书所讲的文化性是指在景观设计中所展现的包含上述内容,或具备上述特点的带有鲜明地方色彩的文化特征,它是一个地区文化长期发展的结果。一个民族或地区的人们长期生活决定了其文化传统,地域性景观就应在地区的传统中来发掘有益的"基因",在其作品中表达地区的历史、人文环境。

2.5　人性场所营造理论

景观设计中环境的塑造是以人为主体,充分考虑人的主观感受,组织各种为人所用、为人所体验的人性场所。通常认为,在园林空间中人们能通过各种行为活动,获得亲切、舒适、平静、安全、有活力、有意味的心理活动,这就是人性场所。

环境行为学中,把符合人对空间需求的公共性空间称为社会向心空间,即倾向于使许多人聚集在一起,促使人们互相交往,寻求丰富的环境刺激的空间。当人们在社会向心空间中,通过人际交往,进行信息、思想沟通时,个人空间同样也需要得到保障,因此,如果人们需要控制自身与他人交换信息的质和量时,会下意识地来到有依靠的空间中,这被称之为社会向心空间内的离心趋势。人类既需要私密性也需要相互间接触交往,过分的接触与完全没有接触对个性的破坏力几乎同样大。因此,对每个人来说,既要能退避到有私密性的小天地里,又需要与别人接触交流的机会。

人类的设计和设计物总是体现了一定时期人们的审美意识、伦理道德、历史文化和情感等精神因素,这是物的"人化",造物的"人化"。而人类的一定意识、情感、文化等精神因素,又需要借助于一定物质形式来表达,作为人类生活方式载体的设计物必然承担了一部分对人类精神的承载和表达功能,这便是人类精神的"物化"、人的"物化"。"人化"和"物化"构成了人与设计物的互动关系,设计便是物的"人化"和"物化"的统一。从这个意义上来说,设计人性化绝不是什么"新花招",而是人类设计本应具备的特质,设计师所做的便是使这种"人化"和"物化"过程更通畅、更和谐,以达到人与设计、设计与人的融合状态。中国古代哲人所宣扬的"天人合一""物我相忘"的思想便反映了对这种关系的辩证认识。人性场所营造与设置表现为:场所的均衡性好、层次丰富;人性尺度满足;设施完备、功能复合、视觉舒适、安全感强等方面。需要在整体空间、承载体系与交往单元上共同营造人性交往场所的层次性、丰富性、复合性与多样性。

2.6 群落生态设计理论

1902 年,瑞士学者 C. Schroter 首次提出群落生态学的概念,认为群落生态学是研究群落与环境的科学。群落生态学的研究以植物群落研究最为广泛、深入,植物群落学主要研究植物群落结构、功能、形成、发展及与所处的环境的关系。国外群落生态设计研究进展如表 2-1 所示。

表 2-1　国外群落生态设计研究进展

时间	地点	理论观点
19 世纪	美国	突出乡土植物的运用,提出以自然生态学代替纯视觉美学的种植设计
19 世纪	英国	以自然群落结构以及视觉效果为指导进行植物种植设计
19 世纪	德国	将不同物种运用于自然群落结构中
20 世纪	英国	威廉·柯蒂斯生态园林
20 世纪	荷兰	认为城市园林模仿自然植物群落的设计及生态园林
21 世纪	德国	用地带性、潜在性的植物按照"顶级群落"原理进行生态绿地建设

2.6.1 生境破碎与孤岛化现象

在人工网路形成的过程中,网络的结构越来越复杂,形成了覆盖整个区域的线性空间网路。在人工网络形成的过程中,网络的通达性越来越高,但网络的生态性越来越低。覆盖整个区域的线性空间网络离不开道路建设、堤坝建设、高压走廊等一系列工程设施的快速发展。由于网络交错纵横,使得完整的生境和生态系统变成一个个孤立的、分散的小空间,生境呈现出高度的破碎化特征。

2.6.2 通道与廊道的等级序列

廊道作为生物通行的主要通道,也是生态有效连接的主要途径。在所有形式的连接体系中,廊道和通道具有等级序列的特征。一种服务于区域连接的长距离、大尺度廊道体系,主要承担动物迁徙的作用;另一种主要服务于动物在取食地与领域之间的通道体系。一般活动范围内的通道体系可以根据动物大小决定的通达大小分出大型通道和小型通道。廊道与通道的等级序列反映出通道设计必须具有明确的通道尺度特征和服务的目标动物。因此,我们要根据规划区域内的群落调查,确定动物的种类、大小和数量结构等,以便让不同类型的动物在不同的通道中通行。

2.6.3 生态整体性与网络化

人文生态系统重要的网络骨架主要由河流、绿地廊道、渠道、谷地等形成的生态网络。正是由于区域生态的网络性决定了区域生态格局与生态过程的连续性和整体性。整体性是保证区域生态持续有序发展的根据。人工网络的建设过程中,适度引入生态规划与设计的方法,对道路建设生态化、人工渠道生态化、耦合节点生态化,通过自然生态网络与人工网络生态化进行有效耦合,形成具有整体特征的网路系统。

2.7 大地景观艺术理论

20 世纪 60 年代以来,景观已经成为艺术领域颇具争议的课题之一。一群来自英国和美国的艺术家,由于不满架上绘画、摄影或其他艺术表现手法的局限性,追求更贴近自然、非商业化操作的艺术实践,选择进入了大地本身,运用原始的自然材料,力图吻合自然的神秘性和神圣特征(曹丽娟,2001)。他们不是简单地通过某种媒质描绘自然、制作风景,而是参与到自然的运动中去,达到与大地水乳交融的和谐境界。他们的作品被称作"大地景观"或者"大地艺术"。以大地为艺术作品的载体,使大地艺术明显区别于 60 年代以前的任何一种艺术形式(郭列侠,2009)。尽管从使用材料和三维造型的特点上来说,大地艺术接近于巨大尺度的雕塑,但每一件作品都不是可以陈列的展品,而是和作品创作的大地环境密不可分。场地已不是可供展览的场所,而是作品的主要内容。场地的特征通过作品得以淋漓尽致地体现,而作品的诠释和内涵也不能脱离场地独立存在。作品不但向观者提供丰富的三维造型,而且还提供与场地特征有关的空间体验。

现代景观设计一直深受现代艺术思想的影响。20 世纪 20 年代,当现代主义(Modern-ism)在美国和欧洲流行的时候,景观设计借鉴了现代主义简洁的线条和几何形体作为设计的表达语言。著名的设计师,包括托马斯·赫奇(Thomas Church)早期的设计创作,都是把设计当作一种静态的美学构图而忽略了它的空间功能。直到一群在哈佛大学设计学院求学并深受以格罗毕乌斯为代表的包豪斯艺术运动影响的青年设计师的崛起,美国的现代主义景观设计才从平面走向了空间。这群设计师中著名的有伽略特·艾博克(Garrett Eckbo)、丹·凯利(Dan Kiley)和詹姆斯·罗斯(James Rose)。他们所倡导的设计理念要求平衡人的需求和自然环境之间的动态关系,尊重自然和尊重人性成为现代主义设计的宗旨。现代主义设计师对浪漫主义和新古典主义表示质疑,他们认为前者只是用刻意的线条模仿自然,后者所关注的精致的装饰、对称的布局常常只是为了给建筑提供一个背景,而完全忽略了人们对室外空间的实际功能需求。隐藏在现代主义背后的是“功能主义”。功能主义要求分析环境的实用性,反对用中轴线的方式单纯地从视线的角度串联景点,把整个环境看作一个一个实用空间的总和。功能主义的设计不遵循固定的构图模式而尊重环境的自然特征和人在环境中活动时产生的实际要求(刘聪,2005)。

一般来说,大地艺术(Earth art)是一种以大地为载体,使用大尺度、抽象的形式及原始的自然材料创造和谐境界的艺术实践。它通过艺术的手段改变原有的场所的特征,创造出精神化场所,它不是简单地描绘自然,而是参与自然的运动中,达到与大地相融的和谐境界。它有两个基本特征:一是“大”,即大地艺术作品的体积通常较大,他们是艺术家族的巨无霸;二是“地”,即大地艺术普遍与土地发生关系,艺术家通常使用来自土地的材料,如泥土、岩石、沙、火山的堆积物等。

作为一种艺术的展现,大地艺术通过在自然环境中制造巨大的雕塑,而雕塑本身成了自然,通过追求场所环境的统一整体构图,以此来展现创作者浪漫的情怀,探索基地文化特质的典型代表,以此来寻求场所中的神秘与庄严(武静,杨麟,2008)。由美国著名大地艺术家史密森创造的“螺旋形的防波堤”(图2-2),创作方法是把垃圾和各色石头用推土机倒在盐湖红色的水中,形成了一个螺旋形状的堤坝,这个庞然大物占地十英亩,螺旋中心离岸边长达46 m,所有长度加起来有500多米,顶部宽约4.6 m。这个实

图2-2 螺旋形防波堤①

地的“大地画作”,也因为湖水的上升,而被淹没了。但是,当我们在看到这张图片时,仍能感到它的美感。可以想象,在广阔荒凉的沙滩上,突然看到这么一个神秘的螺旋形状,会是有一种惊讶和不可思议的感觉,仿佛是远古人留下的遗迹一样,令人震撼和感觉神秘。

大地艺术对大地的塑造,为景观设计师的形式语言提供了借鉴。大地能够成为艺术的材料,这无疑激发了面对同样对象的景观设计师的创作激情和创作灵感,尤其是大地艺术常用的几何地形塑造,越来越多地出现在风景园林的作品中。如华盛顿越战阵亡将士纪念碑,则是20世纪70年代“大地艺术”与现代公共景观设计结合的优秀作品之一。

---

① 图片来源:http://baike.baidu.com/pic/螺旋形防波堤/8253702.

2.8 新理论对现代景观规划的重要性

2.8.1 适应了时代发展的需要

每个新理论的产生都有它特定的背景,并且经受住了实践的考验,是顺应时代发展的,城乡景观规划的新理论也是如此。例如,景观生态安全格局概念的提出适应了生态恢复和生物保护的这一发展需求。它的研究角度不仅在生态系统自身的安全需求上,还在人类活动与自然界矛盾冲突的平衡点上,以及区域尺度社会经济需求与生态安全的平衡点上。安全格局为各方利益(如人类社会经济发展的利益和生物多样性保护的权利),为维护各自安全和发展水平达到总体最高效率提供战略。

2.8.2 多学科背景是现代景观规划研究的基础

城乡景观规划的新理论能够从具有不同研究传统和方法的多个学科中获得强有力的支持,如地理学、生态学、景观建筑学、文化感应以及流域水文学,并赋予其强大的生命力。但正是这种多学科背景,使景观一些新理论,如生态学面临强烈的分化危机等,为现代景观规划整体全面的研究奠定了基础。因此,对新理论的整合是未来景观规划的重要出路,而实现整合的根本途径是城乡景观规划新理论综合研究的发展和应用。

2.8.3 是全球化进程中的特色表达

在全球化的背景下,城乡景观规划需要面对两方面的问题:一是信息高度发达,经济高度一体化的当代社会状态下,如何保持地域文化的独特性与继承性;二是在城市化加速发展的今天,如何协调城乡与自然的前进步伐。因此,需要以整体性的视野审视现代城乡景观规划的发展方向,构建多层次的城乡景观规划发展模式,研究的切入点应从单一研究提高到整体的宏观层面。

2.8.4 为环境问题的解决提供思路

全球气候变暖、生物种类减少或消失、土地或生态系统退化、污染等环境问题是困扰人类生存的首要矛盾,是实现持续发展的障碍。景观是处于生态系统之上、地理区域之下的一种尺度,许多环境问题只有在景观尺度上才能得到合理的解释。众所周知,产生环境问题的原因是多种多样的,靠某一学科来解决环境问题是不可能的。因此,具有综合研究传统的城乡景观规划理论将对景观尺度上环境问题的解决提供思路和方法。

2.8.5　对人与自然关系协调的重视

人类对生态系统服务功能需求的不断变化是景观规划的根本原因。实现人与自然的和谐发展不但要以社会、经济、文化、道德、法律、法规为手段,更要以其新发展对生态系统服务功能的新需求为不断变化的目标,逐步进行。新理论的产生为解决人与自然的可持续发展问题提供了新的思路和方法,具有广阔应用前景。

城乡景观规划理论与应用

第③章

景观规划数量化研究方法与手段

现代景观规划数量化技术的应用,其对景观复杂性、生态系统、地理空间、景观尺度等方面的解释,为景观规划的合理性、科学性、可持续发展等提供了更好的技术支撑。这些技术方法主要有遥感技术、野外调查与观测、景观尺度分析、地理信息系统方法、景观可视化研究方法和其他技术方法等。

3.1 遥感技术方法

3.1.1 遥感方法概论

1. 遥感方法释义

遥感方法是借助对电磁波敏感的仪器,远距离探测目标物,获取辐射、反射、散射信息的技术。就地学而言,主要是指从近地或外层空间平台对地球表面的远距离探测及遥感图像、数据的处理、分析和制图的技术系统。

地理学所用的遥感方法,是利用地球表层所接收到的太阳辐射能、人工发射的激光或微波能,反馈到远离地面的遥感仪器的敏感元件上,转换为电信号或数字信号,通过信息传输设备,输送给接收装置,经过数字或图像处理系统校正、增强、滤波等处理和加工,向用户提供数字或图像信息。这些信息通过专业判读、模式识别和实地验证,即可为地理学研究提供空间数学模型或专题图片。

2. 遥感的数据源和记录格式

1972 年,美国成功发射了第一颗地球资源卫星,标志着地球遥感新时代的到来。1972年以后,美国先后发射了一系列的陆地资源卫星,主要有陆地卫星 1—7 号,包括 MSS、TM、ETM$^+$。此外,还有印度发射的 IRS 卫星(全色波段的分辨率为 6.25 m),法国发射的 SPOT 卫星载有高分辨的传感器(分辨率为 20m,全色波段为 10 m),美国曾在 1999 年发射成功的小卫星上载有 IKONOS 传感器,其空间分辨率高达 1 m,另一方面,低空间高时相频率的 AVHRR(NOAA 系列,分辨率为 1 km)和其他航空遥感和测试雷达的相继投入使用,共同构成现代遥感的基本数据源。

遥感记录数据的方式主要分为两种：一种是以胶片格式记录，另一种是以计算机兼容磁带数据格式记录。第一种格式主要用在航空摄影上，这种记录方式常常导致地物的几何形状产生变形，它的优点是相邻相片间有较大的重叠，很容易获取立体像对；第二种格式主要用在航天遥感上，如多光谱扫描仪所记录的就是一种可以用计算机处理，并可以转换为图像的 CCT 磁带，其优点是很容易和地理信息系统结合，便于进行图像处理和计算机辅助判读（肖笃宁，李秀珍，2003）。

3. 遥感图像分析方法

（1）目视判读

运用地学（生物学）知识，借助光学仪器或电子光学仪器，根据自然环境与人文现象的相关性，对遥感图像上的直接或间接标志作综合的定性、定量分析，这种方法适用于航空照片或摄影图像。

（2）系列制图

以航空或卫星图像作为统一的信息源，按地理系统（或景观），逐级划分单元。根据地面采样专业指标，将这些单元合并或细分为各种"类型"。按照自然发生发展的过程顺序作业，首先编绘地形图和地质图，其次是土地利用图和水文地质图，最后是土壤图和土地评价图。

（3）自动分类

对数字化多谱段遥感图像，借助于计算机，通过主成分分析、边界增强、傅立叶变换、KL变换等图像增强手段，对像元进行识别，最后绘出分布图，并统计面积。

（4）信息复合

由于不同遥感图像的波谱、时相，以及空间、时间分辨率不同，所提供的地理环境信息也不同。不同图像复合在一起，综合分析，可获得更多的信息。例如，洪水与枯水期湖泊图像复合，可以反映湖面的消长。

（5）专家系统

地理信息系统的数据源，部分来自遥感，部分来自非遥感。后者包括地图数据库、高程数字模型库、地名库等。获取遥感图像或数据之后，以地理信息系统为基础，迅速更新多级比例尺的专题地图，做出预测预报。例如，通过专业评价模型软件，直接输出土壤侵蚀或森林蓄积量的图像数据，作出农作物估产或自然灾害趋势预测。

3.1.2 遥感在城乡景观规划中的应用

景观规划常常是为了某一特定的目的，对区域的土地利用方式进行一次合理的调整。然而对同一土地类型往往具有多重景观功能，如何进行合理的景观布局，使得整个景观的功能达到最强，常常是景观规划时遇到的难题。目前已有相当一部分学者将景观规划理论与遥感技术相结合应用到城乡景观规划实践中，遥感技术在城乡景观规划中的应用集中体现在景观评价、景观模拟辅助决策等主要环节上,并且通常是与 GIS 或与其他数量分析共同使用(李书娟,曾辉,2002;刘茂松,张明娟,2004;俞孔坚,1998 等)。

1. 遥感技术在景观评价中的应用

景观评价是景观规划中问题辨识的核心环节,也是形成合理景观规划方案的重要基础。遥感技术在景观评价中主要作为基础数据供给环节,并且在与其他数据处理方法和工具的几何中,形成合理的景观评价模式。最近几年来,这方面的应用有了较大的发展,例如,Lee 曾在相关研究中提出了一个在区域尺度将 GIS 与遥感手段相结合,解决景观评价问题的具体方案(Lee,1999);He 则发明了一种可以综合集中数据类型(遥感数据为最重要的数据源之一),对大尺度、异质性景观中森林组分进行评价的方法(He,1998)。上述方法对相关问题的解决,无疑大大促进了遥感技术在景观评价工作中应用的深度和广度。

2. 遥感技术对于景观预测与决策研究的应用

遥感技术在景观预测与决策研究的应用主要体现在促进相关方法论的发展方面。最近几年来越来越多的景观预测和决策系统建设需要考虑遥感技术特点和数据特性,进行适宜的系统建设,以顺利完成景观规划的模拟与决策辅助分析环节,并由此产生了一些新的模拟和决策方法。例如,Nath(2000)在水产业空间决策研究中总结的一系列遥感与 GIS 技术应用方法和 Grabaum 在景观规划与区域发展策略研究中提出的多目标优化辅助决策方法。

3.1.3 景观遥感分类的基本方法

研究景观变化、景观格局的重要手段之一就是利用遥感技术进行景观分类。景观遥感分类一般包括体系的建立和实现分类两部分。因而,在景观分类之前必须要根据研究区的景观类型,建立景观分类体系。景观分类体系的详细程度,取决于其所研究项目的整体需求。利用计算机进行景观遥感分类,一般我们可以通过以下五个步骤完成。

1. 数据收集和预处理

通常将用于分类的遥感影像各方面的信息称为特征,最简单的特征就是各个波段中像元的灰度值。然而,仅靠各个波段的灰度值,经常得不到较满意的分类结果。这是因为地物的反射光谱不仅各个波段之间还存在较高的关联性,而且还受大气散射和地形等多种因素的影响,进而导致了对重复数据的无效分析;此外,从遥感影像上衍生出来的其他特征也可以为遥感影像的分类提供非常有用的信息。因此,人们在进行遥感影像分类时常常先通过遥感影像的预处理,从中提取尽可能多的有用信息。遥感影像的预处理一般包括几何纠正、条纹消除、植被分析、大气校正、光谱比值、质地分析等。

2. GPS 定位与选择训练样区

GPS 系统由 GPS 信号接收机、GPS 卫星星座和地面监控系统三大部分组成。GPS 信号接收机属于用户设备部分,其任务是接收卫星发射的信号,并进行处理,根据信号到达接收机的时间,来确定接收机到卫星的距离。GPS 卫星星座属于 GPS 系统的空间部分,由 21

颗工作卫星和3颗备用卫星组成，它们均匀地分布在6个相互夹角60°的轨道平面内，即每个轨道上有4颗卫星，GPS使用无线电波向用户发送导航定位信号，同时接收地面发送的导航电文及调度命令；地面监控系统属于GPS系统的地面控制部分，包括位于美国科罗拉多的主控站及分布在全球的3个注入站和5个监测站，从而实现对GPS运行的实时监控。GPS定位使用的主要技术就是利用测绘交汇确定点位。

依据遥感图像均匀地选取各景观类型的训练区。对于监督分类来说，训练样区用于提取各类的特征参数以对各类进行模拟；对于非监督分类来说，训练样区可以辅助对簇分析结果的归类。一般来说，在进行训练区选取之前都要进行野外调查。

3. 遥感影像分类

遥感影像分类是指根据遥感图像中地物的光谱特征、空间特征、时相特征等，对地物目标进行识别的过程，图像分类通常是基于图像像元的灰度值，将像元归并成有限几种类型。主要有两种分类方法：监督分类和非监督分类。

监督分类是在地面调查和前人研究成果的基础上，在遥感影像图上均匀地选取各景观类型的训练区。计算机首先统计训练区内遥感数据特征，然后把这些训练区的数据特征传递给判别函数，判别函数再根据这些参数，判断某一个像元应该属于哪一个景观类型，从而完成对整个影像的分类。

非监督分类是根据研究区尽可能有的景观类型数，给定分类的类型数，遥感图像处理软件将根据TM各波段光谱数据的特征，自动地等距离划分出所给定的类型。非监督分类用来了解各景观类型的遥感数据特征，如纹理、颜色等，为监督分类中训练区的采集提供数据。通常来讲，非监督分类的精度比监督分类要低。

4. 分类结果的处理

经过计算机分类后，遥感影像往往需要进行一系列的处理才能够使用，一般的后处理过程包括几何校正、光滑或过滤、人机交互解译及矢量化几部分。

5. 分类精度评价

通常采用选取有代表性的检验区的方法对计算机分类结果的准确性进行分析。检验区一般有以下三种类型。

(1) 指定的同质检验区

在选择训练区时，故意多选取一些训练区，在监督分类时只使用其中的部分训练区，其余的训练区用于对分类结果进行精度估计。

(2) 监督分类的训练区

大多数遥感图像处理软件都提供这种检验方法。然而这种检验方法往往对分类精度的估计偏高。因为，训练区只能反映训练地点的同质性和训练类别间的差异性，它并不能真正反映分类结果的准确度。

(3) 随机选取检验区

从进行分类的影像上随机抽取检验区，然后再与分类结果图进行对比，看是否与实际相符。

3.2 野外调查与观测

野外调查和观测是景观规划研究中不可或缺的方法,一般将野外调查方法划分为四种类型:①传统的野外调查方法,不用遥感技术;②以航片为主的方法,从野外工作开始形成有限的、稍加描述的解释图例,然后才开始真正的航片解释;③以航片为指导的野外调查,在野外调查中手持航片作为野外地图(有着相对大量的信息);④以景观为指导的方法,从航片解释开始,在后期野外工作中用来指导采样分区。所有四种方法都可用在景观的野外的调查上。

3.2.1 总体定位与参考资料分析

在野外调查之前,应在收集地形图和专题地图的基础上进行总体的定位,仔细研究调查区及其周围环境的各种地理学、生态学和景观学文献。假设调查是以一个小组来完成的,那么小组的每一位专家就要研究其专业相关的资料,这些资料对于样品的采集也同样重要。最后,还应该做一个包括野外调查时间的总体的、合理的计划。其中当地植被状况以及地形的通达性都是重要的决定因素(有时二者是相互矛盾的)。

3.2.2 航片浏览、分析及准备图例

对所有的遥感图像及其最佳用途和可能用途进行总体编目是这一阶段的主要工作之一。其中关键性的三步工作包括:①快速浏览航片或其他遥感图片,以对航片镶嵌体的粗略研究为基础,将研究区分成几个重要的景观单元;②基于影像数据的处理的航片分析。首先为航片分析选择有代表性的成对立体航片,这些航片将作为初步图例的基础,要完成图像处理,即对所有航片、卫片和多时相影像的增强工作;③解释设计下一阶段的航片(卫星或其他遥感图片)一个概括性的初步图例。城乡景观遥感调查过程如图 3-1 所示。

通过分析航片—卫片影像特征,以及后来工作②提到的对各种影像地物的初步分类,可以防止一些先入为主的印象过多地影响对数据资料的处理,提高图像解释的客观性。同时为保证分析的客观性,必须要与那些"已知的"东西保持距离。本阶段的研究对象是在质地、颜色以及阴影上有着一定差别的图像,而不是野外的实际情况。经过自动的、机械的或电子的图像记录仪分析后,还要引入人类手工处理。

在单纯景观调查中,在开始时就可以解释出一些植被(土地利用)类型,而无需在影像上取得集中的证据来勾绘景观单元,通过不同学科的专家应该核对一下批次的分析结果,达成某种一致的意见。因此召集所有参加调查的专家(地貌、植被、土地覆盖/利用、土壤方面的)参与整个分析过程显得极其重要,建立立体环境以确保一个以上的人同时观察同一幅图像,然后询问他们分别看到了什么,对所看到的东西有什么看法。

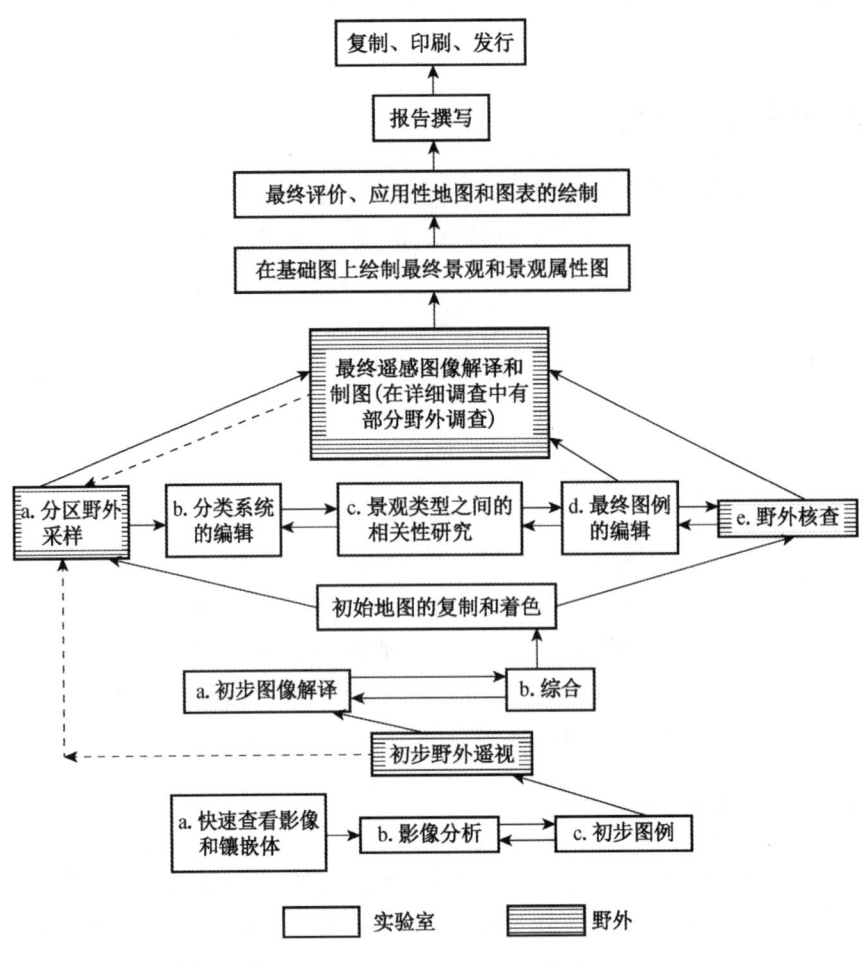

图 3-1 城乡景观遥感调查过程示意图

3.2.3 影像初步解释和综合

影像初步解释和综合是在航片或其他遥感图像完成的基础上进行的,是景观调查的两大核心工作之一,一般是在正式的野外工作之前进行。航片或其他遥感图像的首要作用在于为调查区分区,提高调查的精度和有效性。第一步的分析过程的目的只是为了熟悉遥感图像上的一些主要的地物类型,而第三步,调查人员就要试图想象图像的景观规划的意义。这时必须调动起所有关于人类文化建筑地形和植被结构方面的知识。

虽然我们对航片和其他遥感图片的解释过程中,最初的解释可以不必太具整体性。但我们应该用不同的线型、颜色等区分出不同类型的线条和边界。

(1) 绿色表示那些植被,以及在解译阶段发现土地利用与自然景观不一致的那种边界。这些有可能是暂时性的(或周期性的)。在野外工作回来之后,将决定这些线条是应该作为(人造)景观的边界,还是应该忽略,或者作为一种特殊的界线保留在图上,或者需要根据其他植被覆盖或土地利用图来重新勾绘这些线。

（2）蓝色表示流水格局。

（3）棕色表示流域分水岭和其他线状地貌要素，或者一些暂时无法确定的景观边界。

（4）在黑白航片上千万不要使用黑笔。

（5）黄色表示道路。

（6）其他颜色或线型表示一些可能意义的特殊地物，例如，自然迁徙或牧场迁移路线之类的景观之间生态流的路径。

（7）红色表示景观边界。

比例尺问题一直是任何制图活动中重要的一环。卫片和航片应该有合适的比例尺，比成图比例尺稍微大一点也挺好，但不是必须如此。解释的细节部位和最终对地物的制图综合，都需要相应的大小比例。即使在航片解译和景观调查中做到这样是最困难的，但还是要着重考虑景观细节程度。细节太少会降低结果的质量，而细节太多又会花费过多的时间和金钱。因解译是在许多张不同的航片上分别进行，那些线条应该转绘到一张纸上，最好是制成一张镶嵌图或绘在卫片上，或者现成的地图上。第一种情况（镶嵌图）是可以手工转绘，因为同一地物在航片上和镶嵌图上是一样的，比较容易定位。如果利用现有的卫片和地图，定位时可利用透图台或绘图仪。转绘仍然是解译的一部分：通过分析、编辑、修改和综合，那些相似的和相互联系的地物变得更加清晰，整体轮廓就变得越来越明显。

3.2.4 野外调查与采样

城乡景观调查的野外工作主要是对野外采样点的描述，包括地貌、土壤、植被、土地利用类型，以及水文、地质、动物及其他相关属性信息，以获得精确可靠的资料来描述图像解译单元，进而将它们转化成景观类型。在此阶段描述性采样是主要的工作，而"野外核实"则是次要的。对边界进行勘测和小尺度"核实"，以便修正解译阶段产生的错误。

城乡景观野外抽样调查是景观规划的基础工作，要实施野外调查与采样，通过一些简单的工具的使用，可以提高工作效率，保证调查结果的可靠性。这类工具务求精确实用，一种工具兼做多种用途，主要有终点象限器、木质样方架以及样圆（丁记祥，1983）。

一般采用随机采样法来收集数据，以便进行统计处理。但是，一般的景观调查不可能进行彻底的随机采样，否则样品的含量会太大。如果采样数量的减少会导致对小面积景观的采样量不足，但是这些又往往是最重要的景观。解决这个问题的办法就是基于图像解译结果进行分区采样。这在统计上是一个可靠的过程，因为分类中要用到的植被和土壤属性不能直接在影像上看到。然后就可以在分区内（航片解译单元）进行随机采样。

采样点的总数没有定性的要求，这要根据每次调查所涉及的区域特征来判断。如果所研究的城市或乡村在景观类型上已经有了合理的分类，那么我们对这些属性的采样时间就可以大大缩短。我们除了要对那些景观数据进行正确描述，还需要收集一些补充数据来更丰富地展现。这可以通过野外直接观测来收集,例如,通过对动物、道路、流动路径等方面的观察来收集,也可以以图像解译为基础。

3.2.5　景观图的绘制

　　景观图的绘制首先是调查人员确定地图的类型,特别是颜色,然后再由专业制图人员来完成的。景观图所绘制的内容必须是调查人员想表达的东西。在这方面,色彩语言和其他制图"艺术"扮演着重要的角色。通过对比性强的地物用高对比度的颜色来表示、过渡性的地物用过渡性的颜色来表示的方式来实现。不同地物特征的各种过渡情况可以用三种不同的色彩要素:"颜色""亮度"和"灰度"来表示。

　　一般来说,城乡景观图每一个图斑都要有一个图形符号和一种颜色。特别是图形符号,在一幅有着多种过渡信息的地图上颜色的数量会很多。

3.2.6　评价

　　景观类型图的评价包括对制图单元描述的准确性和对遥感影像解译精度的评价。遥感影像解译精度的评价一般是在景观类型图上随机选取若干个样点,然后到野外核对是否与解译结果相一致。各种景观类型都是在一定的地形和地貌部位上发育起来的,因此属于同一类型的斑块就有相同的特征。如果受到其他因素的影响,如随机的动物活动的影响或程度不同的人类活动,城乡景观图上属于同一分类单元的图斑可能有不同的值。例如,在牧区由动物类型和到水源的路径通达性所决定的水源距离,在农业用地中用市场距离表示的社会经济价值等。

3.3　景观尺度分析

3.3.1　尺度分析与尺度效应

　　尺度效应研究和尺度分析对于城乡景观的规划设计、城乡景观格局的分析和景观的管理有着重要的意义。尺度变换分析是指小尺度上的景观格局经过尺度的筛选重新组合图形形成较大尺度上景观格局的过程。大尺度上的空间格局取决于较小尺度上的各生态过程的综合作用,尺度转换过程中研究对象具有继承性。随尺度变换分析而出现的一系列变化,如随着尺度增加而造成的景观格局简单化,景观多样性的减少等,称为尺度效应。由于景观结构的复杂性和野外观测研究的不可操作性,因而在尺度变换分析过程中通常应用遥感、地理信息系统和数学模型等研究手段。

3.3.2　景观尺度研究方法

　　多尺度空间分析是进行尺度效应分析的基础,是发现和识别景观等级结构和特征尺度的主要方法之一(蔡博峰,于嵘,2008)。生态学中多尺度空间分析方法很多,张娜(2006)总结为三大类:分维分析法、空间统计学方法和景观指数法。分维分析法本质上是景观指数法的一种,景观生态学计算的分维数(包括面积加权平均分维数(AWMPFD)、双对数分维数等(DLFD)),都是单一尺度下的所有斑块面积周长的函数,因此斑块或景观类型在不同尺度下会有不同的分维数,这和传统的分维数在概念和计算方法上有很大差别,因而结论也有很大差异。景观指数法和空间统计学方法的本质区别在于其研究的空间变量的属性差异。景观指数法研究对象仅限于类型变量,即空间变量的属性只是区别于其他类型的代码,其值的大小没有意义,并且不参与计算,如土地利用类型。而空间统计学方法则更主要地应用于数值变量,即空间变量的属性大小有明确的意义,如 NDVI(植被指数)、NPP(净第一性生产力)、生物量等的空间分布,其属性值参与计算。

网格分析法也是尺度分析常用的方法。但该方法的缺点是对景观中廊道的影响很大,使廊道失去其狭长的特征。布仁仓(1999)在网格分析的理论基础上,发展了一种矢量分析方法,在矢量化地理信息系统的支持下,分别用不同的度量精度(尺度)来分析景观斑块边界的变化过程。这种方法既可保障廊道的连通性,又能最大程度上保障斑块之间的空间相邻关系。

3.3.3　最佳尺度选择

景观研究的最佳尺度选择可以通过分维分析来实现,分维数是用来说明景观类型形状的复杂程度和自相似性的一种景观格局指数。在不同尺度上对景观进行分维分析,如果某个生态过程的分维数在不同尺度上保持不变,则可以选择在最易观察的尺度上研究这个过程,然后推断该过程在其他尺度上的变化规律(李哈滨,1992)。与分维数一样,斑块周长面积比值变化也可以用来选择最易观察景观的尺度(Lovejoy,1982)。

景观中斑块信息的复杂程度是反映景观中包含的空间信息多少的重要方面,因而观察该景观的尺度就越小,如河流和水渠等研究尺度应为 30 m 以下,但是就某个特定斑块来说,如黄河,研究尺度可达 400 m。观察农田景观的尺度一般较大。可以选择 50～100 m,这是因为农田斑块形状较为规则,且通常面积较大。

3.3.4　尺度对景观多样性的影响

景观类型的多少和面积差异决定了景观多样性指数的大小,景观类型越多,景观多样性就越大;相反,景观类型面积相差越大,景观多样性越小。尺度变换分析可认为是一种空间信息的筛选过程。当尺度小于 1600 m 时,由于小斑块的镶嵌,很难看出景观的空间规律。而当尺度达到一定大小后,景观类型图被明显分为与海岸线平行的三个带:以农田、林地、草场交叉分布的斜平地农林牧交错区、以高地为主的农业开发区和滩涂为主的海产品养殖业发展区。可见尺度分析对于城乡景观规划具有重要意义。

3.4 地理信息系统方法

3.4.1 地理信息系统的基本概念

地理信息系统(Geographic Information System,GIS),有时又称为"地学信息系统"或"资源与环境信息系统"。它是一种特定的十分重要的空间信息系统。它是在计算机硬、软件系统支持下,对整个或部分地球表层(包括大气层)空间中的有关地理分布数据进行采集、储存、管理、运算、分析、显示和分析的管理系统。这里的空间数据指不同来源和方式的遥感和非遥感手段所获取的数据。空间数据有多种数据类型,包括地图、遥感数据和统计数据等。

空间分析能力是 GIS 的主要功能,也是 GIS 与计算机制图软件相区别的主要特征。空间分析是从空间物体的空间位置、联系等方面去研究空间事物,以及对空间事物做出定量的描述。一般地讲,它只回答 What(是什么?)、Where(在哪里?)、How(怎么样?)等问题,但并不能回答 Why(为什么?)。空间分析需要复杂的数学工具,其中最主要的是图论、拓扑学、空间统计学等,其主要工作原理是对空间构成进行描述及分析,以达到获取、描述和认知空间数据,理解和解释地理图案的背景的过程,空间过程的模拟和预测,调控地理空间上发生的事件等目的。空间数据是各种地理特征和现象间的符号化表示,包括空间位置、属性特征和时态特征三个部分。

空间位置数据描述地物所在的位置,这种位置既可以根据大地参考系定义,如大地经纬度坐标,也可以为地物间的相对位置关系,如空间上的距离、邻接、重叠、包含等属性数据,又称为非空间数据,是描述地物特征的定性或定量指标,即描述了地物的非空间组成部分,包括语义与统计数据等。时态特征是指数据采集或地理现象发生的时刻或时段。在景观动态分析中,时态数据非常重要,越来越受到科研工作者的青睐。

3.4.2 地理信息系统的数据结构

GIS 中,地理空间数据是及其重要的组成部分。数据结构在任何地理信息系统的设计和建立中,起着十分重要的作用,决定了数据采集、存储、查询、检索和应用分析中数据处理的基本方式,主要是用来解决地理空间数据以什么样的形式存储到 GIS 中的问题。在 GIS 数据库中大致有以下三种数据结构:矢量结构、栅格结构和层次结构。

1. 矢量结构

矢量数据是用欧式空间的点、线、面等集合元素来表达空间实体的几何特征的数据。主要用于表示在线化地图中,地图元素数字化的数据,基本的数据元素为点、向量、线段和多边形。

点为基本的地图数据元素,由一对(x,y)坐标表示。在地理信息系统中,点可以大致分为顶点、结点、实体点、注记点和标号点等。结点为特殊点,表示线段特征的两个端点,即起点和终点;弧点(vertex)表示线段和弧段的内部点;实体点(point entity)用来表示一个实体,如城市的中点、油井等点状实体;注记点主要用来定位注记;标号点用于记录多边形的属性,存在于多边形内或多边形的重心点上。向量由连接两点而构成,从起点到终点构成一定的方向性。线段(line)由两个结点及两个节点间的一组序点组成,它包括一个或若干个连续的向量。多边形表示面状空间实体的空间分布,是出一条或若干条线段组成的闭合范围。

这种数据组合方式能很好地表达地理实体的空间分布特征,数据精度高,存储的冗余度低。然而矢量结构对于多层空间数据的叠合分析比较困难。

2. 栅格结构

栅格数据结构是将空间分割成有规则的网格,在各个网格上给出相应的属性值来表达空间实体的一种数据组织形式。网格的形状有三角形、六边形、正方形、矩形等。人们通常采用正方形网格,也可以由遥感图像的像元直接构成网格结构。网格单元是最基本的信息存储和处理单元,网格的行列号隐含了空间实体的空间分布位置,对每个网格单元记录相应空间实体的属性值。

栅格数据结构表示的是二维表面上地理要素的离散化数值,每个网格对应一种属性。其空间位置用行和列标识。它表达地理要素比较直观,容易实现多层数据的叠合操作,便于与遥感图像及扫描输入数据相匹配使用等,但数据精度取决于网格的边长,当网格边长缩小时,网格单元的数量将呈几何级数递增,网络分析较为困难。

3. 层次结构

层次结构是为了有效地压缩栅格结构数据,并提高数据储存的效率而出现的一种新的数据结构。层次结构建立在逐级划分的图像平面基础上,每一次把图像划分为四个子块,故又称四分树表示法。

3.4.3 地理信息系统的功能

1. 查询空间数据

在地理信息系统中,空间数据常用的查询包括两种形式,即由空间位置查找属性数据和由属性数据查找空间位置,如在中国植被图上查询暗针叶林的分布状况,这和一般的非空间的关系型数据库的 SQL 查询没有什么区别,根据图形和属性的对应关系,将查询的结果在图上采用制定的颜色显示出来;第二类查询是根据对象的空间位置查询有关属性信息,绝大多数地理信息软件都提供一个查询工具,让用户通过光标,用点、线、矩形、圆、不规则多边形等工具选中地物,显示被选中地物的属性列表,并进行有关统计分析。

按照地物的空间关系地理信息系统还提供了复杂的查询方式。主要有:空间关系查询和地址匹配查询。前者主要用于查询满足特定空间关系(拓扑、距离、方位等)的地物,后者是根据街道的地址来查询地物的空间位置和属性信息,是地理信息系统特有的一种查询功能。

2. 录入空间数据

空间数据的录入是地理信息系统首先要进行的任务,包括数据转换、遥感数据处理、数字测量等,其中已有地图的数字化录入,是目前广泛采用的手段。

录入前,首先要对空间数据进行分层,然后确定要录入哪些图层以及每一个图层所包含的具体内容。此外,由于数字化过程是一个非常耗时的过程,所以不可能一次完成,在两次输入之间的地图位置可能相对于数字化面板而发生移动,造成前后两次输入的坐标发生偏移或旋转。

具体解决的方法是,在每次录入之前,利用控制点对地图进行重新定位,这样两次输入的坐标,就可以根据定位点坐标间的关系进行匹配。一般数字化的方式有两种,即点方式和流方式。点方式时,操作人员按下一个键时,采集一个点的坐标,当输入点状地物时,必须采用点方式输入;线状地物和多边形地物的输入可以采用点方式,也可以采用流方式输入。采用点方式录入时,操作者有选择地录入曲线上的采样点,一般原则是可以曲线较平直的地方少采集采样点,而在较弯曲的地方适当增加采样点的数量,以保证能够反映出曲线的特征;采用流方式输入地物时,当操作者沿着曲线移动游标时,计算机自动记录经过点的坐标,可以增加录入的速度。但是,采集点的数量往往比点方式多,从而造成数据量过大,这可以通过一定的采样原则对采样点进行实时采样来解决。目前大多数系统采用两种采样原则:距离流和时间流。

采用时间流录入时,当要输入的曲线较平滑时,操作人员移动游标的速度较快,这样记录点的数目较少;可是当曲线较弯曲时,游标移动较慢,记录点的数目较多。而采用距离流输入时,很容易遗漏曲线的拐点,使曲线形状失真。在实际的输入过程中,可以根据不同的录入对象,而采用不同的录入方式。空间数据录入之后,还必须经过对错误的修改、地图的拼接、投影转换和拓扑关系的建立等一系列过程。

3. 空间数据分析

地理空间数据库是地理信息系统进行空间分析的必要基础。根据数据性质的不同,可以将空间分析分为:基于空间数据图形数据的分析、基于非空间属性数据的分析和基于二者的联合分析。空间分析通常采用逻辑运算、数理统计分析和代数运算等数学手段。以下着重介绍地理信息系统空间分析的基本功能,包括叠加分析、路径分析、缓冲区分析,以及空间数据的合并和派生等。

叠加(overlay)分析在绝大多数地理信息系统中,地理空间数据是以图层的形式来表示的,同一个地区的所有数据图层集表达该地区地理景观的内容,图层可以用矢量结构点、线、面表示,也可以用栅格结构来表示。叠加分析实际上是将几个数据图层进行叠加,产生新的数据图层的操作过程,新的数据图层综合了原来两个或多个图层所具有的属性。叠加分析又可以分为点与多边形的叠加、线与多边形的叠加、多边形与多边形的叠加及栅格图层的叠加。

点与多边形的叠加即计算多边形对点的包含关系,并进行属性处理,即将多边形的属性加到其中的点上,也可以将点的信息加到多边形上。通过点与多边形的叠加,可以得到每个多边形类型里有多少个点,判断点是否在多边形内,此外还可以描述在多边形内部点的属性信息。例如,将浙江省矿产资源分布图和浙江省政区图进行叠加,同时将政区图多边形的属性信息加大矿产的数据表中,可以查询指定市有多少矿产、储量有多少,也可以查询指定类型的矿产在哪些市里分布等。

线和多边形的叠加常常用来判断线是否落在多边形内。叠加的结果是产生一个新的数据图层,每条线被它穿过的多边形打断成新弧段图层,同时产生一个相应的属性数据表记录原线和多边形的属性信息。比如线状图层为河流,经过叠加,我们可以查询任意多边形内的河流长度,计算它的河流密度等。多边形与多边形的叠加是 GIS 常用的功能之一。将两个或多个多边形图层进行叠加产生一个新的多边形的操作,结果将原来的一个多边形分隔成几个多边形,新图层中的每个多边形均具有输入图层和叠加图层中多边形的所有属性,然后就可以对新的图层进行各种空间分析和查询操作。

栅格图层的叠加:栅格数据是地理信息系统中比较典型的一种数据层面,在栅格地理信息系统中,建立不同数据层面之间的数学联系是 GIS 的一个典型功能。空间模拟尤其要通过各种数学方程将不同数据层面进行叠加运算,以揭示某种空间现象或空间过程。在栅格地理信息系统中,可以通过地图代数(map algebra)来实现。它有三种不同的类型:常数与数据层面的代数运算、数据层面的数学变换(指数、对数、三角变换等)、数据层间的代数运算(加、减、乘、除、乘方等)和逻辑运算(与、或、非、异等)。

缓冲区分析:实际工作中,经常会遇到这样的问题,如需要知道高速公路通过区域都经过哪些居民点,这在高速公路建设中是一个非常重要的问题,因为涉及居民的搬迁问题。在城乡景观规划中,需要确定公共广场、绿地的服务半径等。所有这些问题,均是一个临近度问题,而缓冲区分析是解决这类问题的最重要的空间分析工具。

在地理信息系统中,可以对线状、点状、面状地物进行缓冲区分析,线状地物的缓冲区可以是等宽度的或不等宽度的。此外,对于线状地物有双侧对称、双侧不对称或单侧缓冲区,对于面状地物有内侧和外侧缓冲区,这要根据具体的景观规划要求而定。不同地物缓冲区如图 3-2 所示。

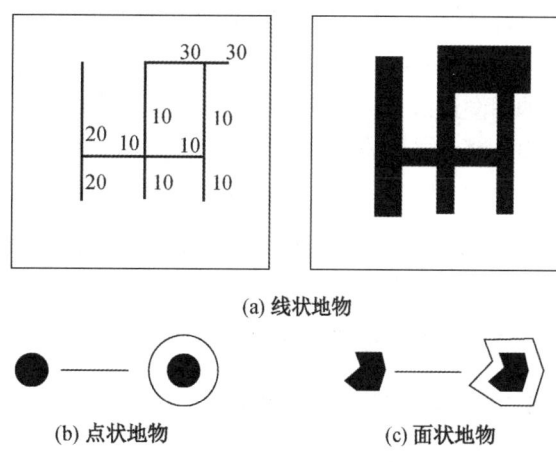

(a) 线状地物

(b) 点状地物　　(c) 面状地物

图 3-2　不同地物缓冲区分析图

4. 空间数据的打印输出

空间数据的打印是指将设计好的专题地图在硬拷贝输出设备上打印输出的过程,硬拷贝设备包括喷墨打印机、点阵打印机、激光打印机以及各种绘图仪，根据输出设备的不同，可以输出黑白或彩色图件。

5. 空间数据的更新与显示

传统的地图更新需要花费大量的人力和物力，首先要进行野外调查，接着在室内对调查资料进行整理，最后成图。这一过程意味着，在一个地理区域内所有的地物均需要重新绘制成图，而不考虑其是否发生变化，从而造成了极大的浪费。地理信息系统的一个重要功能就是数据更新方便快捷。运用地理信息系统，可以只对局部空间数据进行更新，从而给数据更新提供了极大的方便，也使成本大大降低。空间数据的显示是将点、线、面状地物以符号或色彩等形式在计算机屏幕上显示出来，以便于数据的修改和空间查询。

6. 地理信息系统的其他功能

地理信息系统还具有对空间数据局部截取、分割和局部删除等功能。局部截取是利用截取图层将输入图层中相应的地理区域截取下来而产生新的图层；空间数据的分割是运用分割图层将输入图层分割成多个结果图层的过程；局部删除时应用删除图层将输入图层中相应的地理区域删除而产生新的结果图层。

3.5 景观可视化研究方法

3.5.1 景观可视化的概念

可视化（Visualization）的概念有着极丰富的含义，所有从不可视信息到可视信息的转化问题都应该属于广义上的可视化问题。但作为一门技术，可视化还是一个崭新的领域，它是在数字化的背景下产生的一门新型技术，包括图像的理解和综合，即用计算机图形学和图像处理技术，将数据转换为图形或图像在屏幕上显示出来，并进行交互式处理（Muhar，2001）。可视化技术可以使我们从表面上看起来是杂乱无章的海量数据中找出其中隐藏的规律，为科学发现、工程开发和业务决策提供依据。可视化技术实现了人与数据、人与人之间的图像通信。可以说可视化技术应用面十分广，几乎涉及自然科学、工程科学、金融通信和商业各个领域。

景观是指某地区或某种类型的自然景色，也指人工创造的景色。过去景观一般用绘画、相片和电影等方式表现，现在景观是可视化技术表现的主要内容之一。景观可视化指在可视化技术支持下处理、分析和显示景观内容，为用户欣赏、管理景观提供技术支持（丁圣彦，卢训令，秦奋，2005）。

3.5.2 城乡景观规划的可视化

1. GIS 可视化

GIS 作为景观规划中一个非常有效的数字工具模型，逐渐取代了传统的相似性模拟法

（手绘透视图、合成照片和实物模型），在环境规划、环境影响评价等方面发挥了巨大的作用。20 世纪 60 年代 GIS 开始形成时，就利用计算机图形软硬件技术，把地理空间数据的图形显示与分析作为基本的不可缺少的功能。

GIS 可视化早期受限于计算机二维图形软硬件显示技术的发展，大量的研究放在图形的算法上，如画线、颜色设计、选择符号填充、图形打印等。继二维可视化研究化后，进一步发展为数字高程模型的三维图形显示技术的研究，它主要通过三维到二维的坐标转换、隐藏线、面消除、阴影处理等技术，把三维空间数据投影在二维屏幕上，由于对空间数据的表达是二维的，而不是真三维空间实体空间关系的描述，因此属于 2.5 维可视化。但现实世界是真三维的，二维 GIS 无法表达诸如地质体、矿山、海洋等景观真三维数据。所以，20 世纪 90 年代以来，真三维 GIS 景观可视化成为 GIS 和景观可视化的研究热点。随着时间维越来越受重视，使得动态 GIS、时空数据模型、图形实时动态显示与反馈等的研究方兴未艾。

2. 虚拟现实(VR)

随着数字化模型越来越普及并产生了 VR(Virtual Reality)。虽然 VR 这个术语还没有明确的定义，但是有一点是公认的，它是利用计算机技术和立体成像设备实现空间浏览，利用 VR 技术在空间数据库的支持下可以构造虚拟环境，人在进入这一环境后可以和计算机实现以视觉为主体的全方位交互。这是可视化最有发展前途的领域之一。

20 世纪 80 年代，美国将 VR 技术用于数字化战场研究和为作战模拟提供仿真环境。现代工程设计、城市规划、环境规划、防火减灾领域中也应用 VR 技术。例如，1997 年英格兰明齐海峡大桥的设计利用 VR 技术建成虚拟仿真环境，让议员和公众事先"亲身体验"大桥，然后提出对大桥的评价观点和建议。瑞士学者 Eckart lange 参加水电库容扩大后的环境影响评价也利用 VR 技术。水电库容扩大后的环境影响评价，其中最重要的两个方面是珍稀物种的保护和可视景观质量的保护。为了评价建设项目需要构造虚拟环境，传统的地物和实物模型以及数字合成照片技术只能让人们看到景观的一小部分或某个角度，而基于 VR 技术制造的景观模型，不仅作为视觉手段，还可用于协助专家建设计划的视觉影响，并作为大众了解工程的一个重要窗口。

景观规划需要很强的公众参与性，现实世界是 3D 的，由于 2D 的规划本身存在一定程度的抽象，很难为非专业人员理解，所以人类生存空间的 3D 景观可视化必然成为专业人员与普通民众之间交流不可缺少的桥梁。

景观 3D 可视化不管是为了可视化推断的目的，还是为了模型和理解景观规划的不可视的方面或行为，都需要进行抽象化和简易化。解决二者之间的矛盾或冲突对景观建模来讲是很重要的。建立模型来完成可视化但不可能达到和真实景观一模一样的效果，总是和实际有所不同。因此，为了达到更好的可视化效果还必须对细节的描述进行细致的研究。

3.6 其他相关技术方法

景观规划中比较常用的设计模型主要有 McHarg 的设计结合自然方法、城乡融合系统设计模型、E. P. odum 的分室模型、集中与分散相结合规划模型、德国的析分土地利用系统模型等。

3.6.1 McHarg 的设计结合自然

20 世纪 60 年代以来,McHarg 的 *Design with Nature* 一书的出版及其规划实践活动,对于生态规划的发展起了很大的促进作用。在该书中,他所建立的以区域自然环境与自然资源适宜性等级分析为核心的生态学框架,一直是其后的研究者们所遵循的基本准则,至今仍在土地利用生态规划中发挥着作用。在规划的实践上,McHarg 及其同事的工作包括了区域发展规划、城市规划、自然保护规划与设计等尺度大小不同、研究内容各异的领域。因此,在今天的景观规划与设计中,仍然具有积极意义。McHarg 的规划方法包括以下七个步骤(贾宝全,杨洁泉,2000)。

(1) 确定规划的目标与规划范围。

(2) 生态调查与区域数据的分析。在规划范围与目标确立之后就应广泛收集规划区域内自然与人文资料,并将其尽可能地落实在地图上,之后对各因素进行相互间联系的分析。

(3) 适宜性分析。对各主要因素及各种资源开发利用方式进行适宜性分析,确定适宜性等级。

(4) 方案的选择。方案的选择应该以规划研究的目标为基础,基于适宜性分析结果,针对不同的社会需求方案,选择一种与实施地适宜性结果矛盾最小的方案,作为实施地的最佳利用方式。

(5) 规划结果的落实。使用不同的策略、手段和过程以实现被选择的方案。

(6) 规划的管理。在规划结果得以落实之后,进一步的管理在很多情况下是必须的。

(7) 规划的评价。它的目的是随着时间的推移,来评价规划的结果,并做一些必要的调整。因为随着时间的变化,原来规划时段的一些基本的社会、经济及环境参量将会发生变化。如果规划不做相应调整,将会影响到规划方案的正确性。

3.6.2 城乡融合系统设计模型

日本京都大学农学部教授岸根卓郎先生于 1985 年提出了以"自然—空间—人类系统"为核心的城乡融合系统设计模型(岸根卓郎,1985)。它的主要目标是从城乡融合出发,来建立一个"物心俱佳"的新的定居社会。它的主要思想包括三个方面:一是国土资源经济价值与公益价值协调一致的扩大再生产;二是国土资源利用管理合理化;三是最适定居的社会建设(自然—空间—人类系统设计)。其中最适定居的社会建设是核心。这一城乡融合系统设计模型的实施可分为三个阶段:首先是明确目标;其次是按照功能结构、要素结构、位置结构的先后顺序,进行必要的系统内容设计,以保证系统目标的具体落实;最后是系统的优化,优化的目的是减少所设计的系统中的熵。

为完成城乡融合的过程,首先需对城市与乡村的功能进行比配,建立功能矩阵;其次对涉及上述功能的硬要素进行比配,建立要素结构矩阵,这些矩阵中的元素也就是很重要的功能与结构空间单元。人们可以通过矩阵行列的不同组合,创建出各种理想的定居社会。最后将这些结构与功能单元在空间上配置起来,并使之最优化,这样就完成了整个的城乡融合设计过程,也即建立了一个"农工一体复合社会系统",从而有望克服过去农业与城市工商业的分离、对立关系。

3.6.3 E. P. Odum 的分室模型

分室模型是生态学家 E. P. Odum 于 1969 年提出来的(E. P. Odum,1969),如图 3-3 所示。E. P. Odum 认为,所有的土地利用都可以划入他的生态系统分室模型中的四个分室中的一个。

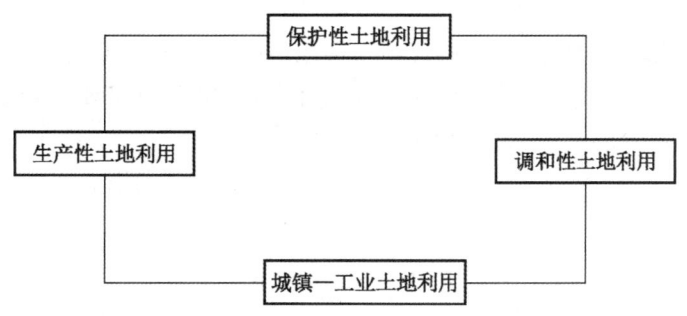

图 3-3　区域生态系统分室模型

同时,他进一步提出了可用作分室分类标准的一系列参数。这些参数又被划分成六组,即群落能量学、群里结构、生活史、N 循环、选择压力、综合平衡。但是由于其中的很多参数是很难测量的,在区域景观尺度尤其如此。然而量化后的物质量和经验数据在群里能量学上还是可用的,尤其是在生产呼吸比率、生物量、产量估算等领域。由于农业生产与天然生物生产有较大区别,为表述这种差别,又可以把上述四个分室模型扩展为五分室,即把原来的生产性土地利用分室分化为农业生产土地利用分室与自然生产土地利用分室。

3.6.4 集中与分散相结合的规划模型

该模型是 Forman 于 1995 年提出来的(R . T . T . Forman, 1995)。该模型是针对"在景观中,什么是土地利用的最合适的安排?"这一问题的。它强调的是:应该集中土地利用,而同时在一个被全部开发的地区,保持廊道和自然小斑块,以及把人类活动沿着主要边界在空间上分散安排。在具体操作过程中,要考虑七个景观生态学特性,它们是大的植被自然斑块、粒度大小、风险的扩散性、基因变异性、交错带、小的自然植被斑块、廊道等。

3.6.5 德国的析分土地利用系统模型

德国的析分土地利用系统模型(differentiated land -use system)是 W. Haber 根据 E.

P. Odum 的分室模型基础上提出来的(陈昌笃,1991;徐化成,1995)。该模型建立的基本假设是:每一种土地利用类型不可避免地引起环境影响和其他的半对半的机会,他们的减缓具有固有的局限。土地利用的时间和空间分割会在同一时候分割环境的影响,从而可以减缓影响。同时,该模型通过空间异质性的维持,促进了生物多样性。

该模型主要包括土地利用规划中的三条基本准则:

第一,在一给定区域单元内,占优势的土地利用类型(起源于土地的适宜性和传统)必须不成为唯一的土地利用类型。至少土地的 10%～15% 必须为其他土地利用类型所占据。

第二,在一给定区域单元内,如果它的绝大部分是农业或城市—工业利用,则至少应保留 10% 的面积作为天然地境,其中包括未管理的草场和被择伐的森林。

第三,占优势的土地利用类型本身要多样化,必须避免大的土地连片。在人口稠密的地区,田块的大小必须永远不超过 $(8\sim10)\times10^4$ hm²。

除了上述简述的五种景观规划方法外,其他还有美国的大城市景观规划模型(METLAND)、澳大利亚的南海岸研究模型、荷兰的通用生态学模型(GEM)、捷克的 LANDEP 模型等,其中 METLAND、GEM 和 LANDEP 的影响力较大。

第4章

景观生态安全格局规划

城乡的可持续发展必须以生态环境的可持续发展为前提和保障。构建生态安全格局是主动协调经济发展与生态环境保护的空间冲突,实现区域可持续发展的有效措施。景观生态安全格局的发展为城乡生态景观规划开辟了新的道路。从生态安全的角度出发,构建安全的生态格局,实现城乡的"自然—经济—社会"复合系统的协调发展。

4.1 景观生态安全格局规划的原则与方法

4.1.1 景观生态安全格局规划的原则

城乡景观生态规划是在社会经济发展的过程中,以调控城乡空间增长的生态干扰和优化生态格局为技术途径,以建构城乡生态安全体系的空间格局为目标,整合城乡社会和生态的格局、过程的空间规划。因此通过对景观生态原则的增补来确定城乡生态安全格局规划的原则。

(1)主动性原则。控制有害人类干扰,实施有益的促进措施,加速生态系统恢复的规划设计。

(2)针对性原则。针对具体的由人为干扰所引发的生态问题,以优化生态格局和调控干扰为目标进行规划设计。

(3)综合性原则。综合考虑生态、经济、社会文化的多样性对生态安全格局的影响,进行综合性的规划设计。

(4)异质性原则。提升各层次的景观异质性,保障生态异质性的可持续。

(5)自然性原则。以保护、恢复、优化自然生态结构和功能为优先目标进行规划设计。

(6)适应性原则。根据景观生态规划方法和技术的发展及社会经济发展需求的变化,不断调整生态安全格局标准和格局设计。

(7)等级性原则。根据生态环境破坏的实际状况,确定区域生态安全建设的层次,有层次的进行规划设计。

4.1.2 景观生态安全格局规划方法

1. 基于干扰分析的规划

该方法直接从干扰分析入手进行规划设计,对生态问题的过程和原因认识的很清楚,解决问题的手段也更直接。主要考虑的方面有以下三点。

(1) 按层次将干扰分为群落层次、景观层次、生态系统层次等,并将干扰的监测、评价和排出过程作为景观生态规划的主线,通过明确干扰的尺度,制定相关尺度的景观规划。

(2) 通过鉴别干扰程度,把干扰分为直接影响保护目标的、间接影响保护目标的、改变过程的和产生环境压力的事件等干扰类型,并试图在空间上定位所有的干扰并进行干扰分析。

(3) 通过景观格局配置阻挡不利干扰,通过自然干扰和适度人为干扰保持景观异质性,谋求进行景观恢复的人为干扰与景观格局及动态的相适应等。

基于干扰分析的规划方法可以将社会经济—自然复合生态系统的理论与方法在实践中进行应用,通过复合生态系统对自然系统产生作用。并且基于干扰分析的生态规划因生态系统及其影响因素的复杂性而注定是一个比较复杂的途径。通过干扰分析,识别生态系统所受的干扰过程、干扰的种类,进而分析干扰的影响结果,干扰分析的结果可作为生态系统是否健康评价的指标,继而为生态系统管理提供理论支持。可按地理区(流域)、生态区或行政区的分类对区域尺度生态安全分析主要包括:主要生态过程的连续性、生态系统健康与服务功能的可持续性、关键生态系统的完整性和稳定性等。

2. 基于格局优化的规划方法—目标规划

空间格局优化本身就是城乡规划工作的重要内容,而基于格局优化的规划方法是近几十年来景观生态学原理在土地利用规划中的应用所形成的一种常用的规划方法。它促使基于发展适宜性的生态规划和基于系统分析与模拟的生态规划相结合发展成为基于格局优化的景观生态规划。景观生态规划逐渐具有完整性和系统性的方法框架。其方法和框架以1995年美国学者Forman提出的最具有代表性,具体步骤如下:

(1) 分析背景。分析区域中自然过程和人文过程的特点及其对景观可能的影响,历史时期自然和人为扰动的特点,分析景观在区域中的生态作用以及区域中的景观格局空间关系。

(2) 总体布局。为满足最优化的生态规划需求,根据集中与分散相结合的原则建立一个具有高度不可替代性的景观总体布局模式。

(3) 识别关键性地段。基于总体布局的思路,对那些具有关键生态作用或生态价值的景观地段给予特别重视,如单元、生态网络中的关键节点和裂点或具有较高物种多样性的生境类型,对于景观健康发展具有战略意义的地段,以及对人为干扰很敏感对景观稳定性又影响较大的单元等。

(4) 空间属性规划。空间属性主要包括：廊道及其网络属性(如空隙的位置、大小和数量、"踏脚石"的集散程度、控制水文的过程的多级网络结构、河流廊道的最小缓冲带、道路廊道的位置和缓冲带等)斑块及其边缘属性(如斑块的大小、形态、斑块边缘的宽度、长度及复杂度等)。

(5) 生态属性规划。生态属性规划是依据现时景观利用的特点和存在的问题,依据规划的总体目标和总体布局,深化景观生态优化的具体目标。

景观格局优化将其规划原则与不同的土地规划任务相结合,发现景观利用中存在的生态问题并寻求解决这些问题的整体的生态学途径(黎晓亚等,2004)。在景观生态规划的体系里,景观生态安全格局的判定是由我国著名学者俞孔坚教授提出的,通过确定自然生态过程的一系列阈值和安全层次,提出维护与控制生态过程的关键性的时空量序格局,以适应生物保护和生态恢复研究的发展需求。景观生态安全格局判定是一种方法,通过阻力面模型来确定一些关键性的点、线、局部或其他空间组合,可以成为关键性地段识别的方法,这种方法可以说更注重从原理上一步到位的设计,在实用上有局限性,但其试图确定不同层次的安全格局的思路对区域生态安全格局的研究有很大的启发。

景观格局优化方法非常重视空间格局与生态过程的动态关系,关注空间结构的生态学和社会经济意义研究,并试图通过提出合理的空间格局形式来降低或排除人类干扰的影响(车生泉,1999)。但因没有突出强调干扰源的排除,如人类活动的特征、社会经济的驱动等,而稍显被动。显然区域生态安全格局设计的目标更加直接,方法则需要多样化(俞孔坚,李迪华,段铁武,2001)。

3. 预案研究

预案主要是对未来各种可能性进行探索并寻求实现途径,通过一套系统的、连贯一致的方法使决策者在面临未来的复杂性、不确定性时,既能拓展思考范围,又能抓住关键问题,从而使不确定性逐渐明晰化,是目前广泛应用于城乡景观生态规划、城乡发展规划等领域的一种不确定性规划方法。针对景观生态规划,预案主要是通过"由下到上"及"由上到下"两种思路的对接方法同时考虑所有决定规划的限制因素,明确规划的各种可能性及其可供选择的边界范围;从上到下的方法基于景观生态学的基本原理,将不同因子经过筛选后组合成连贯的、有意义的、相互关联的景观要素组合,着眼于控制景观结构及其变化的驱动力与过程,把握和限定预案设计的方向性及可能性。

对区域发展规划的预案强调不同的政策必定导致不同的土地利用和区域发展的结果。相对而言,预案的方案设计是很关键的,预案方法与基于格局优化和干扰分析的规划方法相结合、互相促进,用格局优化的原理作为从下到上因子来确定各种预案的可能性。用于干扰分析所得到的影响生态安全变化的干扰因子作为从上到下因子,巧妙设计出预案以满足区域生态安全格局设计的需求。"由下到上"和"由上到下"方式正好对应了目标导向规划和问题导向规划,将两种规划途径相结合,将安全层次很不相同的两者融合交错,使两种方法的特点和优势更加突出。因此,预案研究适应于区域生态安全格局研究的系统性、主动性强、针对性和区域性的特点。

4.2 城乡景观生态安全格局规划的技术路线

城乡景观生态安全格局规划的技术路线,在综合分析基于干扰分析和格局优化的规划方法以及预案研究方法的情况下,将景观生态安全格局设计方法整合为以下五个步骤。

4.2.1 城乡生态环境问题分析与景观生态评价

在城乡区域内存在一定生态环境问题的情况下,以主动性、针对性、等级性为指导原则,通过区域景观格局与功能的分析以及相关的生态系统分析和干扰分析两大类方法对生态环境问题存在的范围、强度、起因、过程等进行分析,然后提出一系列相应的对策(王洁,李锋,钱谊等,2012)。运用景观生态学数量方法、GIS 技术和 RS 等进行城乡区域景观格局分析、格局与功能的分析、识别区域生态环境问题与景观格局的状况的关系,分析干扰的强度、频率、来源、特征和风险程度,以及生物多样性状况和社会经济驱动机制,采用生态学研究的数量化方法,或其他非定量的评价方法等,评价生物多样性状况并评价指示物种的濒危情况,以识别城乡生态环境问题与生态系统状况的关系(张惠远,1999)。

4.2.2 城乡景观生态预案研究

结合干扰控制对策、生态功能恢复对策以及社会经济对策与预案研究,预测未来不同干扰水平变化的生态安全水平。城乡景观生态预案研究中采取预测模型、决策支持系统、空间模拟技术等方法,比较和定位各预案可能导致的生态安全状况,对城乡区域生态经济效益进行评估和比较,最终获得反映不同景观生态安全层次的一组预案和评价结果。

4.2.3 制定总体规划目标与安全层次

依据对城乡区域生态环境问题的分析的结果,对区域内生态安全现状进行一个综合的定位;依据对上述预案进行评价比较,在决策者参与之下,提出规划设计的总体目标。这将决定规划对象区域景观格局的生态功能选择。这些规划环节需要站在环境和发展的较高层次上进行,需要平衡生态环境保护与社会经济发展的各种矛盾。因为生态安全的规划目标也有多种类型,如农业发展区域,保护生态系统自然性的自然保护区以及满足人们居住和发展的城乡区域等各有不同的安全期望值。在总体规划目标的探讨阶段需要考虑相关的政策指令,决策者的目标和利益相关者的意见等,并且随着区域生态安全格局设计方案的实施,生态安全总体规划目标也有适应性的变化。城乡景观生态安全格局规划技术路线如图 4-1 所示。

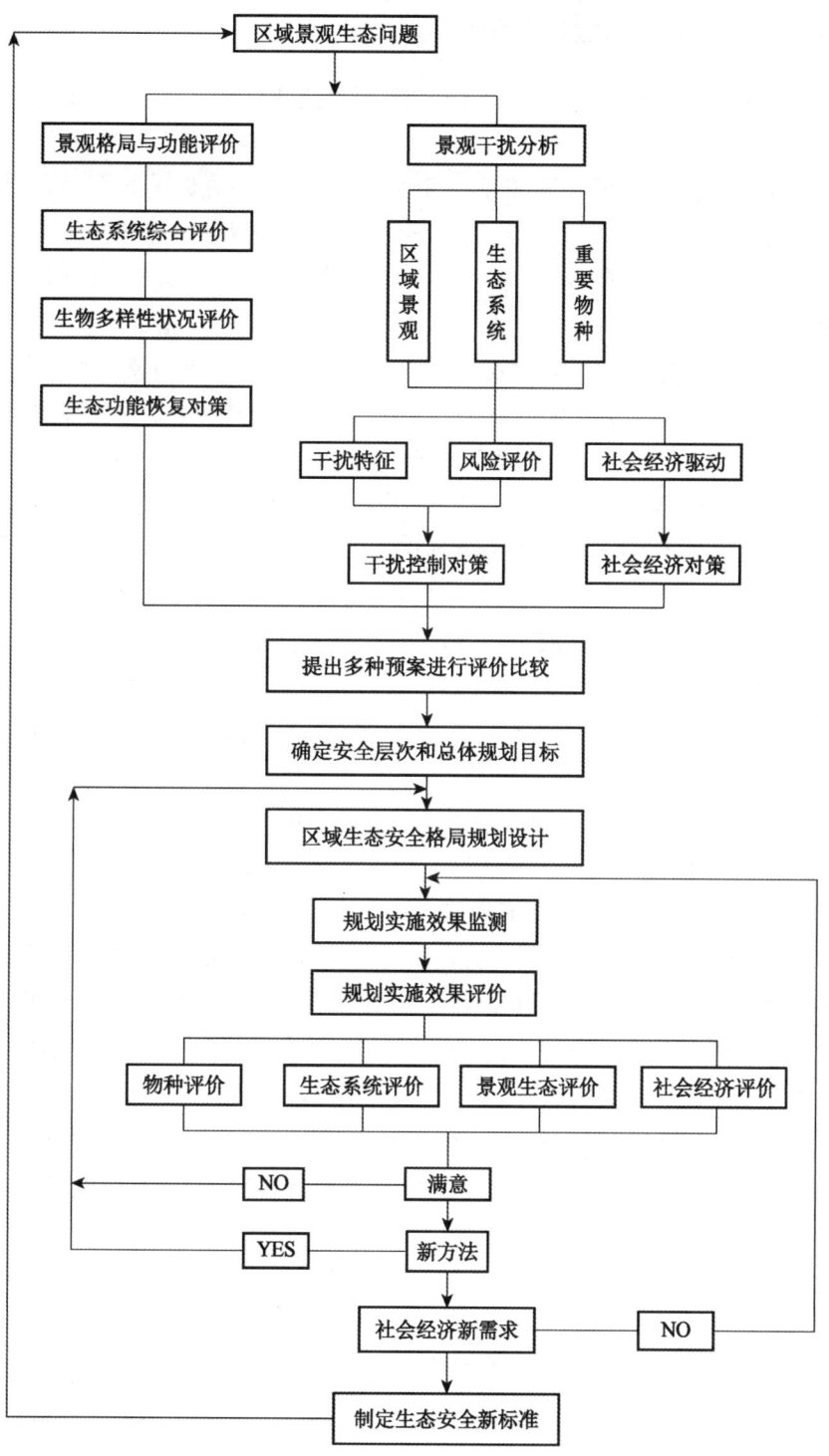

图 4-1　城乡景观生态安全格局规划技术路线

4.2.4 城乡区域景观生态安全格局设计

按照总体规划目标以及格局与过程的原理,综合考虑区域内多层次、多尺度的生态安全问题,在多方面并尽可能从诱导有利的自然干扰、根本上控制人为干扰,到创建能够不断优化的区域生态安全格局(张小飞,李正国,王如松等,2009)。在以上阶段分析的基础上,按照综合性、自然性、异质性的指导原则,提出一组能实现不同生态安全水平的方案。每一个方案包括顺应原有干扰、景观格局和生态系统,防止格局中一些关键部位的相关措施,抵御不利干扰和生态恢复的干扰等。其中景观生态安全格局识别的步骤如下:

(1) 确定源(栖息地)。大多数情况下,景观生态规划的保护的对象是多个物种和群体,而且它们应具有广泛地代表性,能充分反映保护地的多种生境特点。在区系成分调查的基础上,可以确定作为主要保护对象的物种和相应的源(栖息地)。

(2) 建立阻力面。物种对景观的利用被看作是对空间的竞争性控制和覆盖过程。而这种控制和覆盖必须通过克服阻力来实现。所以,阻力面反映了物种空间运动的趋势。

(3) 判别安全格局。阻力面是反映物种运动的时空连续体,类似地形表面。理论地理学家 Warntz 曾说,这一阻力面在源处下陷,在最不易达到的地区阻力面呈峰突起,而两陷之间有低阻力的谷线相连,两峰之间有高阻力的脊线相连。每一谷线和脊线上各有一鞍,他们是谷线或脊线上的极值。根据阻力面,进行空间分析可以判别缓冲区、源间连接、辐射道和战略点。

① 缓冲区的判别。目前对缓冲区的划分,国际上没有一个科学的方法。我们采用一种做曲线的方法,一条曲线是从某一源到最远离源的某一点作一条垂直于阻力线的剖面曲线,得到的是 MCR 与离源距离的关系曲线。另一条曲线是 MCR 值与面积的关系曲线。在一般情况下,可以假设这两种曲线都有某些阶段性门槛(threshould)的存在。也就是说,随着缓冲区向外围的扩展,景观对物种的阻力随之增加,但这种增加并不是均匀的,有时是平缓有时则是非常陡峭。对应于空间格局,缓冲区的有效边界可以根据这些门槛值来确定。

② 源间连接。源间连接实际上是阻力面上相邻两源之间的阻力低谷。根据安全层次的不同,源间联结可以有一条或多条。它们是生态流之间的高效通道和联系途径。

③ 辐射道。以源为中心向外辐射的低阻力谷线。他们形同树枝状河流成为物种向外扩散的低阻力通道。

④ 战略点。战略点的识别途径有多种,其中直接从阻力面上反映出来的是以相邻源为中心的等阻力线的相切点,对于控制生态流有着至关重要的意义。

将上述各种存在的和潜在的景观结构组分叠加组合,就形成某一安全水平上的景观生态安全格局,不同的安全水平要求有各自相应的安全格局。但每一次的安全格局都是根据生态过程的动态和趋势的某些门槛值来确定的,而这些门槛值可以通过分析阻力面的空间特性来求得。

4.2.5 适应性管理

适应性管理是城乡区域生态环境问题持续改善的重要举措,因此要加强对城乡区域景观生态安全格局方案的实施进行适应性管理。首先,监测并评价方案的实施效果,主要包括景观生态评价、社会经济评价、物种评价、生态系统评价等几类,以及评价这个实施过程的作用与最初目标之间的差异,由此所获得的信息反馈到对城乡区域生态安全格局的设计中,作为调整设计方案设计的依据;然后,将社会经济发展新需求和城乡区域生态安全的新问题,以及生态规划技术和方法的新发展等也通过监测和评价反馈到进一步的实践中,生态安全标准也需要重新确定,以修改原来的目标或设计方案。适应性管理的过程是一个动态、综合的过程,是不断优化区域生态安全的重要保障。

4.3 城乡景观生态安全格局规划的运用

景观格局是景观异质性的具体体现,同时包括干扰在内的各种生态过程在不同尺度上作用的结果。但景观中的各点对某种生态过程的重要性并不都是一样的。其中有一些局部点和空间关系对控制景观水平起着关键性作用。这些景观局部、点及空间联系构成景观生态安全格局,它们是现有的或是潜在的生态基础设施。下面以上海崇明岛和彭州市大宝农业园区的规划为例,阐述景观生态安全格局规划的运用。

4.3.1 城乡景观生态安全格局规划的过程

1. 崇明岛区域概括

崇明岛位于上海市北部长江口,东临东海,是长江的门户。全岛东西长 76 km,南北宽13~18 km,形状狭长如卧蚕,面积 1160 km²,仅次于台湾、海南两岛为中国第三大岛和第一大沙岛。崇明岛具有四大自然优势:区位优势、岸线优势、土地资源优势、水土洁净的环境优势。

2. 崇明岛的景观生态安全格局规划

在充分了解崇明岛的基础上,根据景观生态安全格局的理论和方法,对该区域进行了如下的景观生态安全格局设计(王亮,2007):

(1) 核心区的确定

森林核心区——东平国家森林公园,位于崇明岛的中北部,面积达 300 余公顷,距县城12 km,是目前华东地区最大的平原人工森林,也是上海最大的森林公园。园内森林繁茂、野趣浓郁、环境优美,以"幽、静、秀、野"见长。近年来,森林公园生态环境得到很好的保护,日益成为各种候鸟迁徙的必经之地。

水体核心区——明珠湖,地处崇明岛的西南端,与滔滔长江一堤之隔,是崇明岛总体规划中以国际会议、湖滨度假为主的景湖会展区——崇西分区的中心开发区域,总面积

1000 hm²,域内大气环境质量为国家一级,水质为国家二级,土壤清洁、无污染,是岛上最大的天然湖泊,湖面南北长 3000 多米,东西宽近 1000 m,最深处 7~8 m,湖中水容量 500 万 m³。环湖而建的明珠湖水源涵养林总面积 300 多公顷,种植了桂花、燕生竹等乡土树种和灯台树、金叶等名贵树木,共计 50 多种 80 万株。

湿地核心区——崇明东滩,位于崇明岛最东端,滩涂辽阔,饵料丰富,每年有数万只水鸟于 10 月至次年 2 月在此越冬;有 122 种被子植物,已于 1992 年列入《中国保护湿地名录》,2001 年列入"拉姆萨尔国际湿地保护公约"国际重要湿地名录,并承担着抵抗自然灾害、净化环境、抗旱防涝、维持生物多样性等许多对区域持续发展意义重大的功能。

(2)缓冲区的判定

缓冲区的功能是保护核心区的生态过程和自然演替,减少外界景观人为干扰带来的冲击。考虑到崇明东滩的特殊性,湿地核心区的缓冲区就是其西侧的芦苇塘景观。而森林和水体核心区的缓冲区可在 GIS 软件中实现,充分强化核心区在生态安全中的主动性优势。

(3)生态廊道的构建

在三个核心区之间可建立系统的、数量协调的生态廊道(由一系列的道路、河流和林带构成),以加强生态斑块之间的生态过程的延续,可以增加基因的交换和物种流动,给缺乏空间扩散的物种提供一个连续夺得栖息地网络。

(4)关键点的选择

选取崇明岛的城镇作为城乡景观生态安全格局的关键点。城镇是人类活动最强烈、存在着巨大的物质流、能量流和信息流的景观类型。其周围的环境(包括大气、水体等)正进一步地恶化,因此要优化生态环境,特别是水环境,为整个景观生态安全的稳定提供支持。

(5)景观生态安全格局的建立

将上述各种存在的和潜在的景观结构组分叠加组合,就形成某一水平上的安全格局。崇明岛的景观生态安全格局如图 4-3 所示。

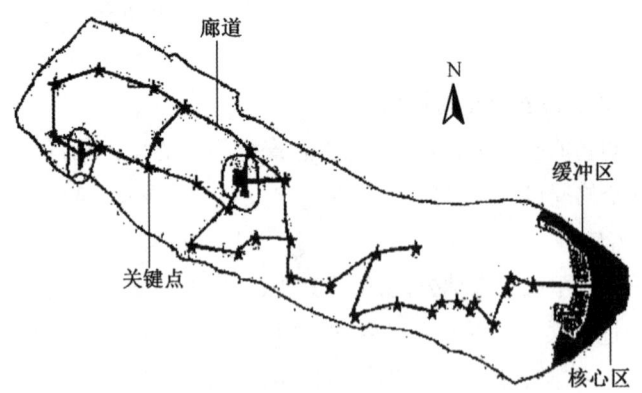

图 4-3　崇明岛景观生态安全格局①

① 资料来源:王亮.崇明岛景观生态安全格局分析[J].国土与自然资源研究,2007(2):54-56.

4.3.2 景观生态安全格局理论在农业园区的应用

1. 园区概况

彭州市大宝农业园区地处成都平原与川西高山河谷的过渡地带,浅丘地貌明显,区域集山、水、平原为一体,地形总体走势为北高南低。东与隆丰福光、八唐村相连,南与庆兴镇接壤,西与桂花、丽春镇交界,北与九陇镇毗邻。该区距隆丰镇 2.5 km。距彭州市 13 km。距成都市约 44 km。山脊覆盖林地,冲沟则有较多耕地分布。园区属亚热带湿润季风气候区,全年气候温和,雨量充沛,多年平均降水量为 1000 mm,自然条件得天独厚,植被茂盛,林果众多,覆盖率达 60%(李晓,林正雨,何鹏等,2009)。

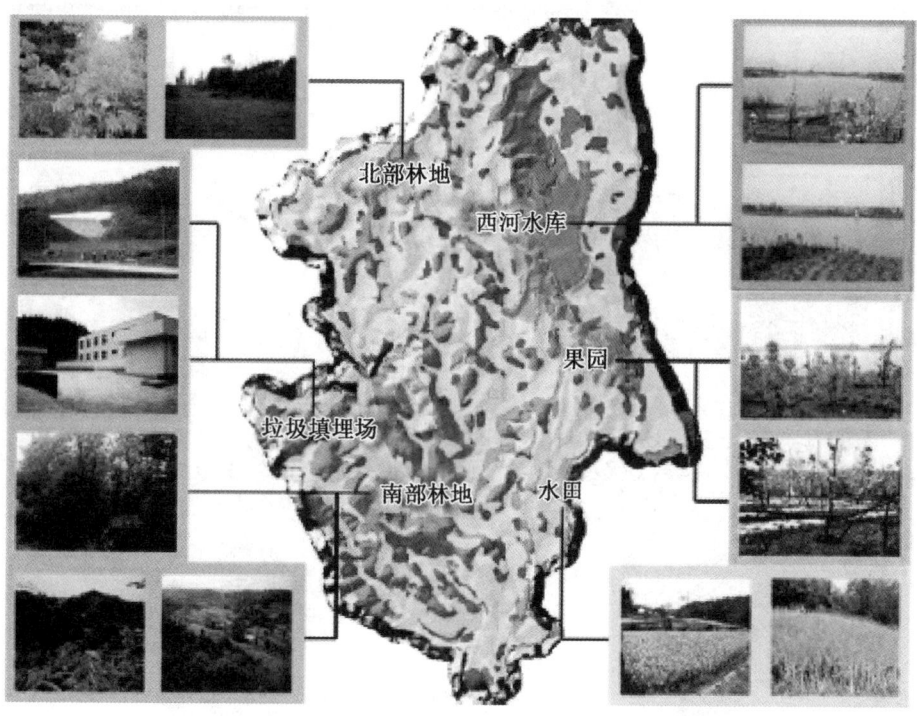

图 4-4 园区综合现状①

2. 基于景观安全格局的农业园区规划

(1) 园区景观过程的确定

① 自然过程。园区丘体完整性被破坏,致使水土流失与视觉质量下降。水源地附近有道路、居民点等设施,对水源地的安全形成巨大威胁。

② 生物过程。林地被损毁、水田(湿地)转为旱地、公路的建设等,造成生物栖息地破碎化、生物种群数量下降等问题。

① 资料来源:李晓,林正雨,何鹏,等.基于景观生态安全格局的农业园区规划与设计——以彭州市大宝农业园为例[J].安徽农业科学,2009,37(16):7773-7775,7808.

③ 人文过程。对现存的川西民居等历史文化遗产与乡土景观的保护管理不够,缺乏有效的措施,没有一体化的乡土文化体验网络。综合游憩体验过程被分解,开放空间可达性较差,没有形成系统化的游憩网络。居民点建设缺乏统一的规划指导,重要的山脊线背景与重要视觉廊道被遮蔽。

(2) 景观安全格局的建立

① 水源安全格局。西河水库是彭州市重要的生活饮用水源,根据规划标准,其550 m扩展范围内为生态禁建区,禁止开展任何建设项目。规划区内的部分水塘,也属于生态敏感区域,周围禁止建设项目(图4-5)。

② 环境安全格局。大宝村共有2个垃圾填埋场,分别是四角塘和胡家湾,根据上位规划的标准,四角塘垃圾填埋场500 m扩展范围和胡家湾垃圾填埋场300 m扩展范围为生态禁建区(图4-6)。

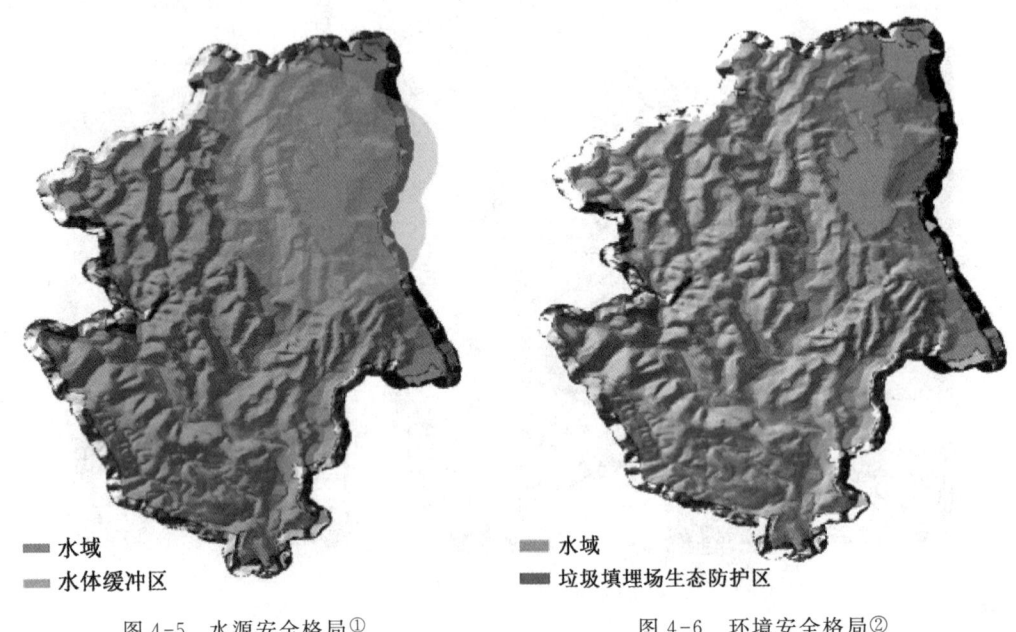

图4-5 水源安全格局①　　　　　　　　图4-6 环境安全格局②

③ 农业安全格局。乡村是人口密度较小,具有明显田园特征的地区,农业和林业等土地利用特征明显。在乡村景观生态格局中,多形成以农田、果园、林地、道路、河流等为主体的斑块—廊道—基质景观空间镶嵌体系,与城市用地不同,其基质为成片的农田,所以防止农业斑块的破碎化是该区域生态保护的主要目标(图4-7)。

④ 视觉安全格局。在游山玩水的过程中,登高望远是多数人的喜好,规划区位于龙门

---

①② 资料来源:李晓,林正雨,何鹏,等.基于景观生态安全格局的农业园区规划与设计——以彭州市大宝农业园为例[J].安徽农业科学,2009,37(16):7773-7775,7808.

山脉南麓,山脊冲沟交错,沿主要交通道和步行道前行,高低起伏,自然景观时隐时现,给游人带来和平原地区不同的视觉感受(图4-8)。

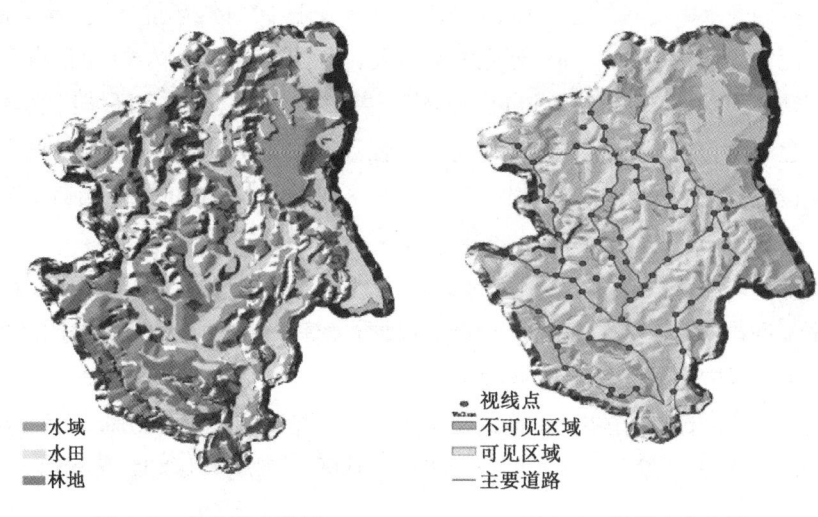

图 4-7　农业安全格局

图 4-8　视觉安全格局

（3）景观生态安全格局的整合

园区宏观的生态基础设施是通过将水源安全格局、环境安全格局、农业安全格局以及视觉安全格局叠加整合而成的。根据园区发展目标形成整体的生态基础设施,如图4-9、图4-10所示。

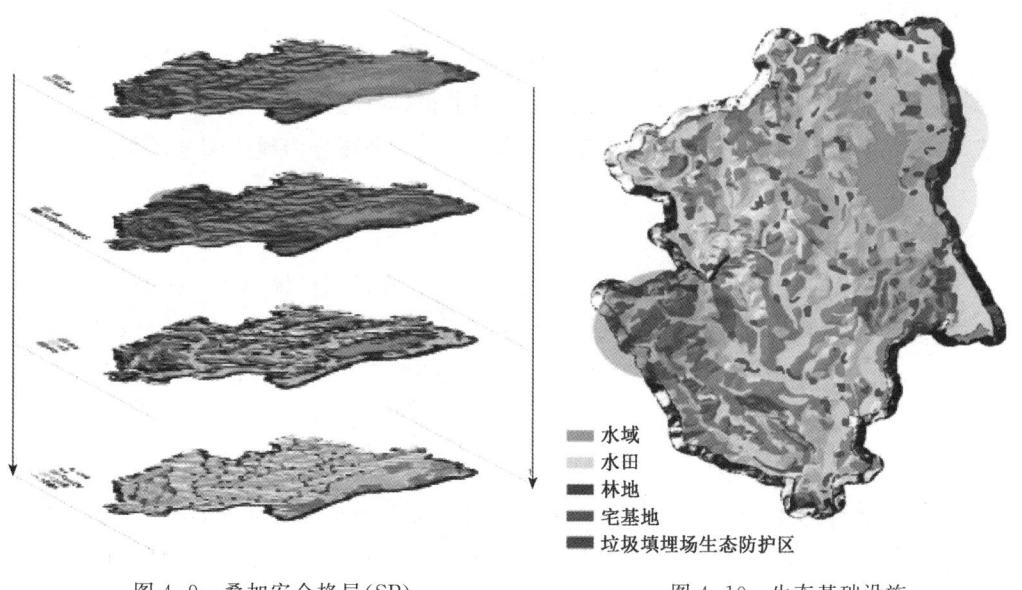

图 4-9　叠加安全格局(SP)

图 4-10　生态基础设施

3. 功能区建设

园区按照规划共分为六类功能区:水源地保护区、生态林保护改造区、农业休闲体验区、精品林果示范带、高档花卉示范带、生态循环农业示范园。

（1）水源地保护区

该区包括西河水库及其周边区域，面积100 hm²。区内自然环境优美，景系独特而完整。库区水面开阔，面积约20 hm²，湖光山色迷人。山谷地势平坦，林木茂密，修篁遍野，极具发展度假产业的潜力。该区内容以风景游览为主。景区建设要结合区域自然景观条件，强化自然养生内涵，充实娱乐、健身、休闲等参与性活动项目，安排度假基地、游乐园及配套的旅游服务设施。分为西河水库主体区、特殊用地区和沿西河水库的绿色廊道三个部分。

（2）生态林地保护改造区

园区南部和北部森林覆盖率较高的地区。基于对植被和地形坡度的调查情况，将25％以上区域全部退耕还林，同时进行林相改造，补种香樟等乡土树种，尽量保护园区植被的生态多样性。沿园区内交通路线两侧补种栾树、梨树等树种，形成贯穿全境的绿色廊道。通过对园区进行微水利建设，在主要冲沟的上部修筑山坪塘，用于涵养水源，改造冲沟中下部的稻田，形成串珠状的湿地。该区主要分为南部森林区、北部森林区和绿色廊道3个二级功能区。

（3）农业休闲体验区

在已有田园景观的基础上，增加林木的观赏性，色彩的丰富性和层次感，在充分体现农业园区特色的同时，建设设施农业、科普节点和休闲餐饮住宿点，点缀观赏树种和花灌木，占地面积53.3 hm²。该区分为设施农业观光区、科普娱乐区、餐饮住宿区、休闲度假游乐区四个二级功能区。

（4）精品林果示范带

在水源保护区150 m缓冲区以外已有的梨园基础上，建设83.3 hm²的生态果园。包括林、果、蔬三个产业，以果树栽培为主，辅以彩化苗木和绿色蔬菜的种植，结合现代农业技术集成与示范、果蔬认养与农事体验，大力发展第三产业。全园分为现代园艺示范区、果蔬认养区、采摘区、休闲娱乐带、园林区五个二级功能区。

（5）高档花卉示范带

天彭牡丹与洛阳牡丹曾并著称于天下，是中国三大牡丹原产地之一。在园区内新彭白公路沿线，建设150 hm²的精品牡丹园，以牡丹、芍药为主，搭配杜鹃、山茶，沿新彭自公路两旁依地势呈高低错落分布，形成三季有花、四季常绿的景观。该示范带包括花卉种植区、鲜切花加工区、百花园三个二级功能区。

（6）生态循环农业示范园

建立以农作物秸秆、林产品、农产品、畜产品为主要资源的循环体系，建设一批以沼气、太阳能为重点的可再生能源利用点，抓好农村生活垃圾处理建设试点，推广林下种植、林下养殖，推广"猪—沼—果"和"猪—沼—菜"生态模式，实施节地、节水、节药、节肥工程，推动绿色食品生产加工和绿色农产品基地建设。该园区分为种养结合区、林下经济区。

第**5**章

城乡交错带景观规划

近年来,随着中国经济的快速发展,各大城市在逐步的扩张,城市建成区已不能满足城市发展的需要,于是城市开始向农村地区扩张。这反映到地域结构上,就出现了一个过渡地带,在这个过渡地带中,城乡要素相互作用、相互渗透,它的性质与城市不同,与乡村也不同。怎样认识并理解这种典型的地域实体,怎样解决由该过渡地带的产生所带来的经济、社会、文化、环境和生态方面的问题,已经成为人们的关注热点。

5.1 城乡交错带概述

5.1.1 城乡交错带的内涵

陈佑启提出了“城乡交错带”(rural-urban fringe)这一概念。他认为,随着城市化进程的加快,城市和乡村之间的相互影响与相互作用日益增强,城乡的各种景观结构与功能相互融合,彼此交错,城乡交错带产生。反映在地域结构上,是在城市建成区与农村相连接的部位、兼具城市和乡村特点、相互作用强烈的生态交错区域,是动态的、由社会、经济、文化等多种因素综合作用所形成的地域实体(陈佑启,1995)。具体有以下三层涵义。

(1) 从空间上看,城乡交错带位于城市与农村的联结地带,这一地带农用地与建设用地混交错杂,城乡互相包含,互有飞地,犬牙交错,这里不再有城市与农村的明确界限,而是一个区域与另一个区域相重合。这也与巴·加尔提出的“城乡交错带范围内具有农村景观但居住者大多从事非农职业”的观点相吻合(Yoram Bar-Gal,1987)。

(2) 从形成过程看,城乡交错带是城市郊区化和乡村城市化的结合交汇区域,它是城市向乡村扩展,乡村向城市发展的一个特殊地区,是连接城乡的桥梁和纽带;在这里,城市作用力与乡村作用力共同作用共同影响。因此,城乡交错带的提法克服了城市边缘带等概念的片面性。

(3) 从特征和功能看,城乡交错带既是城市农副产品的生产基地,又为城市发展提供土地和劳动力;城市土地利用及其景观与农村田园景观相互交错,插花式分布;城市居民、农村居民以及外来移民混居;反映在产业活动、社会文化活动、生活方式等方面都市行为与乡村行为在这里形成鲜明的对比、反差,既相互矛盾与作用,又彼此适应与融合。

综合来看,"城乡交错带"(图5-1)本质上是一个动态的,由城乡社会、经济文化等多种因素综合作用所形成的地域实体。空间上,城乡交错带介于城市与乡村两大"板块"之间,并具有极为明显的"渐变性"与"动态性"特点;形态上,城乡交错带内城市与农村各种要素、景观及功能的空间变化梯度大,土地利用矛盾最为尖锐;功能上,城乡交错带的区位优势明显,土地开发条件优越,土地利用效益水平的提升潜力较高。对城乡交错带的研究涉及土地经济学、城市地理学、城市生态学以及人口学、社会学等诸多方面,是重要研究领域。本书统一采用"城乡交错带"这一概念。

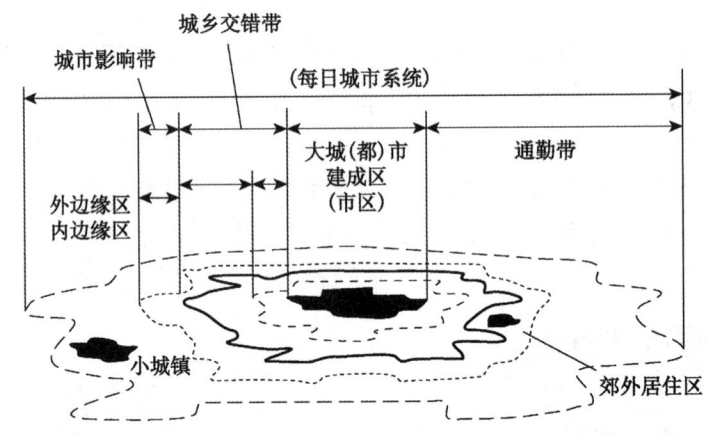

图 5-1　城乡交错带示意图

5.1.2　城乡交错带的划分

从景观特征看,陈佑启将城乡交错带划分出准城市带、过渡带、准乡村带三个次一级环带。

准城市带紧连建成区,是主城区在地域空间上的延伸,土地利用以城市用地为主;准乡村带与外围的纯农业腹地相连,土地以农业用地为主;过渡带则位于两者之间,是大型工业企业、新设立的经济开发区,以及城市规划绿化带、花园别墅的混杂区。

5.1.3　城乡交错带的功能

城乡交错带是连接城市景观与乡村景观,处于过渡地带的具有一定宽度的带状廊道,它不仅具有多样性、敏感性和脆弱性等边缘特征,还具独特的功能。

1. 廊道功能

(1) 通道作用。城市与乡村各种物质流、能量流、信息流、人流、资金流和生态流的通道。

（2）过滤或屏障作用。城市生态环境的"绿色"屏障。

（3）"源"的作用。城市的天然氧气库,水果、花卉的供应基地。

（4）"汇"。城市废物的吸收场所。

（5）栖息地或生境的作用。大量流动人口的暂居地。

2. 界面效应

城乡交错带作为城市与乡村要素相互渗透相互作用的融合地带,存在着大量的城乡交界地带,因而它具有特殊的界面效应(Forman R TT,1992;马涛等,2004):

（1）缓冲效应。城乡交错带区域将城市和农村隔离为不同的景观单元,是城市化过程对农村冲击的一个缓冲地带。

（2）梯度效应。城乡交错带的人口密度、生物多样性、经济结构、工农业污染、能耗水耗、交通网络等在空间上存在巨大的差异,生态要素变化存在着从城市端向农村端的梯度。

（3）复合效应。各种生态流重新组合,形成自然和人工结合的城乡交错带景观,并且导致多样性和异质性的改变,景观聚集度增加。

（4）极化效应。商业、大型公共建筑设施等会形成核心,通过同化、异化、协同等过程改变城乡交错带的景观。

5.1.4 城乡交错带的界定方法

1. 中外城乡交错带界定方法研究回顾

杜能(Hoharm Heinrich VonThunen,1826)的《孤立国》一书,揭示了城市周围地区在距离因素作用下土地所呈现的地域分异规律,是城乡交错带土地利用方面最为经典的理论(冯·杜能,1997)。Dickinson(1947)在分析空间特征的基础上提出三地带理论,把城市空间从城市向外依次划分为中央地带、中间地带和外边缘带(LOUIS H,1936)。Susan 在大量分析前人相关定义的过程中,整合现有农村卫生和地理知识纳入流行病学方法来界定城乡交错带(HAII S A 等,2006)。目前,"五流"(人流、物流、技术流、信息流和金融流)分析法、"断裂点"分析法、引力模型法、潜能模型法和"威尔逊"相互作用模型法等成为界定城乡交错带的主导方法(方晓,1999)。国内研究者经过长年的发展,对于城乡交错带的空间界定方法不断丰富、数据来源多样、研究区域也在不断扩展,空间边界的研究得到了更为广泛的关注(表5-1)。

表 5-1　城乡交错带空间边界界定比较[①]

作者	时间	对象	研究方法	划分指标	研究特点
程连生	1995	北京	遥感技术信息熵	景观紊乱度	运用形状指数分析拓展历史和方向

---

① 资料来源:徐国新,陈佑启,姚艳敏,等.城乡交错带空间边界界定研究进展[J].中国农学通报.2009,25(17):265-269.

作者	时间	对象	研究方法	划分指标	研究特点
顾朝林	1995	上海	人口密度梯度法	人口密度	城乡社会"板块"划分
陈佑启	1996	北京	断裂点法	5类20个指标	统计数据的应用
赵自胜	1996	开封	城市发展规模、城市辐射能力	人口比例、蔬菜基本配置半径等	内边界为行政界线
方 晓	1999	上海	遥感技术定量分析	土地利用现状、人口密度	分析内边界
章文波	1999	北京	TM影像突变检测方法	均值突变检验中的活动 t-检验	TM影像进行验证
王 静	2004	无锡	仿归一化方法	—	形成半自动提取模型
郭爱清	2004	石家庄	综合分析	城市规模辐射半径等	考虑远景规划因素
钱紫华	2006	西安	断裂点法信息熵法	距离衰减突变值DDV景观紊乱度	方法对比
刘阳炼	2006	株洲	阀值法	5类10个指标	计算县市间经济联系强度与经济隶属度
林 坚	2007	北京	门阀值法、空间叠加法	非农化建设密度土地权属特征	反向思维确定微观城市边界
任荣荣	2008	—	文献综述法	定性7个类定量4个类	定性与定量分开

2. 基于动态指标的城乡交错带界定方法

（1）界定原则与依据

由于城市用地向周边的蔓延是渐进的、离散的、随机的，地面不存在一条看得见的乡村地域和城市地域与城乡交错带的清晰的分界线。所谓的城乡交错带的分界线实际上是一条主观的界线。要使主观认识符合客观实际，除了要有科学的界定方法之外，还应该遵循如下主要的原则与依据（魏伟等，2004；赵自胜等，1996；李世峰，2006）。

① 基本原则

a. 针对性强原则。要有助于城市总体功能规划目标的实现，有助于加速城乡社会、经济一体化进程。

b. 区域差异性原则。既能够综合反映城乡交错带内部的基本特征，同时也能够表现出城乡交错带与城市和乡村之间的差异。

c. 可操作性原则。界定指标要易于获取，实证研究可行，资料收集便利。

② 基本依据

a. 以土地利用信息为基础。土地是人类活动的承载体，城市的发展最终也体现为土地利用类型的变化。

b. 多方面的数据为辅助。土地利用数据仅仅是城乡交错带内部信息的一个重要体现，但并不是全部信息。因此，在界定过程中应尽量收集整理社会、经济、人口等其他方面的数据来完善。

（2）城乡交错带土地利用变化理论假设

城市化初期阶段，城乡交错带景观稳定性差，景观的多样性持续快速上升，各景观斑块的规模进一步缩小，导致区域破碎化程度增强，形状变得复杂，农田景观优势地位逐步被弱化，而在城市化结束阶段，城乡交错带景观的变化正好是逆向的。可见，一定时期内城乡交错带边界可以借助土地利用动态度加以刻画。由此，本书提出如下假设，由城市中心向外，经城乡交错带，以至乡村，土地利用动态度的变化趋势是由市中心向外，先缓慢增加，在城乡交错带内缘时发生突变、急速升高、局部可能发生震荡，到城乡交错带的外缘发生突降至较低水平，逢到乡镇或者农村居民点则又略有起伏(图 5-2)。

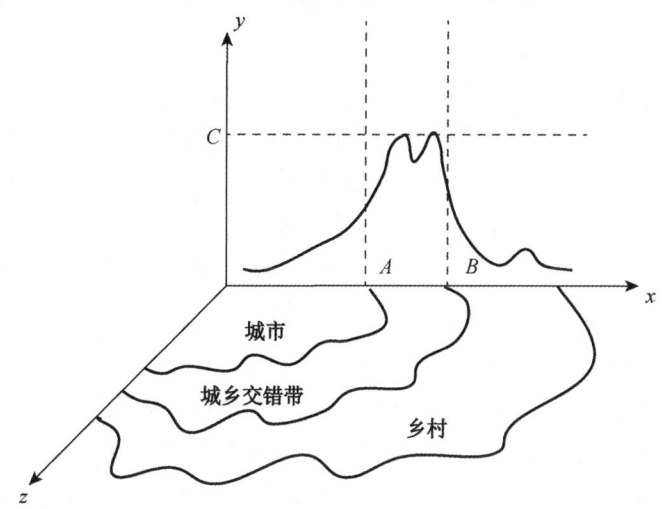

图 5-2　城乡地域土地利用动态度分异假设①

（3）数值方法

数值方法如综合土地利用动态度，其考虑研究时段土地利用类型间的转移，着眼于变化的过程而非变化的结果，其意义在于反映整个区域土地利用变化的剧烈程度，便于在不同空间尺度上找出土地利用变化的热点区域(朱会义，李秀彬，2003)。因此可依据土地利用动态度对城乡交错带边界进行界定，其计算公式为

$$LC \frac{\sum_{i=1}^{n} \Delta LU_{i-j}}{2\sum_{i=1}^{n} LU_i} \times \frac{1}{T} \times 100\%$$

式中，LC 为综合土地利用动态度；LU_i 为监测起始时间第 i 类土地利用类型面积；ΔLU_{i-j}

①　资料来源:赵华甫,朱玉环,吴克宁,等.基于动态指标的城乡交错带边界界定方法研究[J].中国土地科学,2012,26(9):60-66.

为监测时段内第 i 类土地利用类型转为非 i 类(j 类, $j = 1, 2, \cdots, n$)土地利用类型的面积; T 为监测时段长度。

将研究区域划分为若干小区域,计算每一小区域的土地利用动态度。同时以被研究城市核心区中心为初始点,以其为中心每 10 度形成一条放射状剖面线,整个研究区共拉出 36 条剖面线。依据剖面线所经过相应栅格的土地动态度数值情况,构成 36 个数据序列。然后,以某一条剖面线上某栅格单元的土地利用动态度数值为纵坐标,以该栅格中心点距离城市核心区中心距离为横坐标,可绘制出 36 幅土地利用动态度折线图,并找出土地利用动态度由低值到高值和由高值到低值的转折点。然后,将所有的转折点,根据其地理坐标,标注在遥感影像图上,并根据各转折点与初始点的相对位置,区分内侧转折点和外侧转折点,并分别将内侧转折点和外侧转折点相连,形成城乡交错带的内边界和外边界。

(4) 实证分析——以北京市为例

① 北京市土地利用信息

北京市地处西山山前冲积平原,城区四周地形平坦广阔,东南部为广袤的华北平原,东北部、北部距山地均在 50 km 以上,西部也在 30 km 以上。以北京市 2 个时相的 Landsat-TM 卫星遥感影像为基础,成像时间分别为 1999 年 8 月 2 日和 2010 年 8 月 8 日,其轨道号为 123/32;以行政界线和遥感影像为基础,截取北京市东南部平原区和部分山区,涉及区县包括东城区、西城区、朝阳区、海淀区、丰台区、石景山区、通州区、顺义区、密云县、房山区、门头沟区、怀柔区、大兴区、昌平区、平谷区。在 ENVI 软件系统的支持下,对原始影像进行裁剪、配准等预处理,满足动态变化信息提取的要求。根据遥感图像自身的可解译性,结合北京市土地的经营特点、利用方式以及研究目的和分类精度的要求,参照土地利用现状分类体系,将北京市土地类型划分为农用地、建设用地、城市绿地、水域以及其他土地五种类型,其中城市绿地包括城市公园、交通绿地。采用最大似然分类法进行遥感影像的监督分类,并结合北京市土地利用现状变更调查成果及实地调查数据,采用目视解译的方式对错分的地类进行修正,形成两期土地利用现状图。

② 北京市土地利用动态度计算利用网格法划分

土地利用动态度判别的基本单元,经试验判别单元为 2 km×2 km 时,能够很好地反映土地利用的动态特征,因此以 2 km×2 km 为基本判别单元,研究区共划分为 1680 个判别单元。将栅格格式的土地利用现状图转化为矢量格式,在 ArcGIS 中将两期矢量格式的土地利用现状图进行叠加处理,提取土地变化信息的空间位置和面积,按照计算每一判别单元的土地利用动态度。土地利用动态度如图 5-3 所示。

③ 北京市土地利用动态度的特点

a. 对比性与有序性。对北京市的土地利用动态度进行统计,最大值为 3.76%,出现在鸟巢上方的森林公园地区,这一地区由原来的农用地和农村居民点转变为城市绿地,变化比较大;最小值为 0,出现在部分为林地覆盖的山地地区,基本无变化,可见土地利用动态度具有强烈的对比性。对市区土地利用动态度进行统计,发现土地利用动态度一般在 0.50%

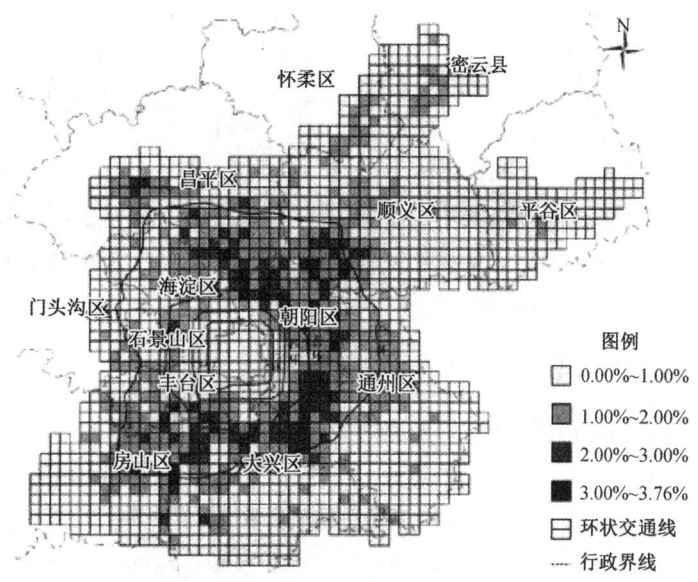

图 5-3　研究区土地利用动态度①

以下,对四环和六环之间的区域进行统计,发现土地利用动态度大多处于1.00%～3.76%之间,六环以外区域土地利用动态度一般小于1.00%。由此可见,北京市土地利用动态度由内而外具有圈层式的变化特点,即具有从内向外土地利用动态度逐渐变大,至城乡交错带边缘,又趋于减少的规律性。

　　b. 震荡性与转折性。通过对36个剖面的折线图进行分析,可以看出不同土地利用动态度的分布具有震荡性,即高中有低,低中有高,在土地利用动态度比较大的区域会出现土地利用动态度比较小的区域,而在土地利用动态度比较小的区域,也会突然出现高值,这主要是因为遇到乡镇或农村居民点而引起的土地利用动态度的变化。同时可以发现,土地利用动态度不是均匀变化的,而是存在由低值到高值和由高值到低值的转折点,如图5-4所示,距城市核心区9 km和22 km处存在转折点。剖面数据证实了城乡交错带土地利用动态度变化假设,因此依据城、乡及城乡交错带土地利用动态度的区域分异特征界定城乡交错带内缘边界和外缘边界,从而实现对城乡交错带的界定具有可行性。

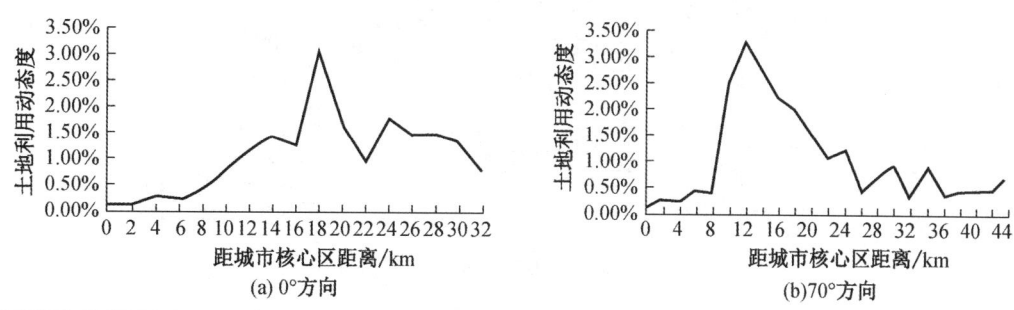

①　资料来源:赵华甫,朱玉环,吴克宁,等.基于动态指标的城乡交错带边界界定方法研究[J].中国土地科学,2012,26(9):60-66.

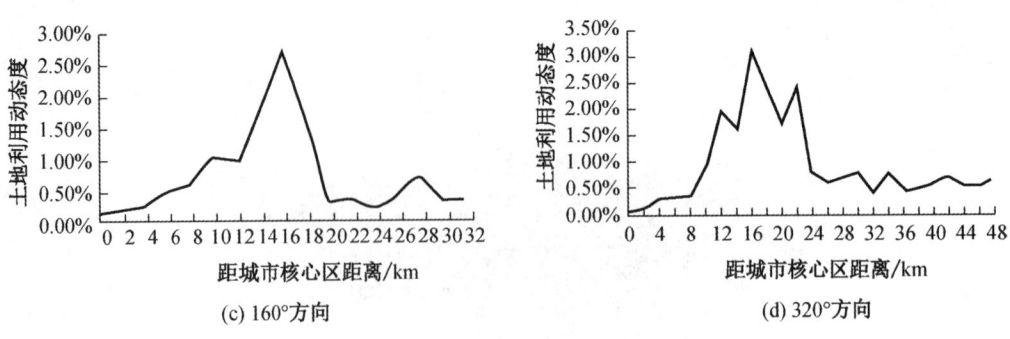

(c) 160°方向   (d) 320°方向

图 5-4　不同方向土地利用动态度变化剖面线

④　城乡交错带内外边界的划定

以 36 条剖面线的折线图为基础,找出每个剖面由低值到高值和由高值到低值的转折点。把转折点依次连接,局部缺乏转折点的区域以邻近转折点的数值和该区域土地利用动态度数值为参照,找出该局部区域的转折点,描绘出城乡交错带内外边界的位置。描绘时保持了区域空间上的连续性、完整性,城乡交错带内外边界如图 5-5 所示。可以看出,城市核心区包括市区和朝阳、海淀、丰台、石景山的一部分,内边界大致在三环和四环之间,在北、东、西三个方向部分地区突破四环线,基本上分布在北辰桥—辛店路—芍药居—三元桥—新东路—高碑店—水库—双龙南里—十八里店桥—宋家庄—郑王坟—莲花池公园—田村西口—长河湾码头—北四环西路—清华东路—北辰桥沿线。城乡交错带包括海淀区、昌平区、顺义区、朝阳区、通州区、大兴区、丰台区、石景山区的部分地区,大部分地区位于四

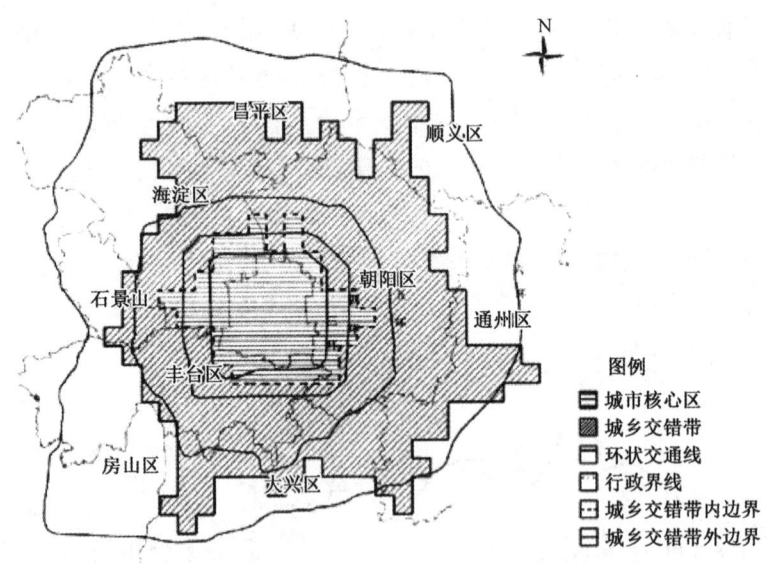

图 5-5　北京市城乡交错带边界示意[①]

---

①　资料来源:赵华甫,朱玉环,吴克宁,等.基于动态指标的城乡交错带边界界定方法研究[J].中国土地科学,2012,26(9):60-66.

环和六环之间,在西北、东北、东、西南方向上有所延伸,基本上分布在屯佃—中关村永丰高科技产业基地—南沙河—七里渠—回龙观—平西府—朝顺桥—机场南线高速—首都机场附近地区—温榆河畔—马各庄—通州城区附近地区—施园桥—马驹桥新桥—团结河南村—大兴城区附近地区—永定河畔—西山山麓—屯佃。内侧边界客观区分了城市化完成地区和未完成地区的用地动态变化差异;外侧边界区分了已城市化地区和待城市化地区的用地动态变化的不同。

5.2 城乡交错带土地利用

5.2.1 城乡交错带土地制度特征

1. 城乡交错带是不同所有制形式土地的混和聚焦地带

现阶段我国的土地所有制结构为典型的"二元结构":土地国有制和土地集体所有制并存。我国现行的《宪法》及《土地管理法》在法律上明确了土地所有权的国家所有制和集体所有制,以及集体所有制土地转为国有土地的唯一途径——征用制度。显然,这两种所有制土地形式的界定基本上是根据土地的空间地理位置和利用类型进行的。根据上述法律,城市建成区的土地单一地属于国家所有,纯农村地域的土地基本属于集体所有,惟在城乡交错带,两种所有制形式的土地在时间上并存、空间上相互交叉的情况最为普遍,集体土地被征为国有土地的预期也最高,这使城乡交错带不仅成为两种所有制形式土地的聚焦地带,也成为不同所有制形式土地转换最为迅速和频繁的"急变带"。

2. 城乡交错带是土地产权关系复杂多变、模糊不清的过渡地带

《土地管理法》第43条规定:"任何单位和个人进行建设,需要使用土地的,必须依法申请使用国有土地;但是,兴办乡镇企业和村民建设住宅经依法批准使用本集体经济组织农民集体所有的土地的,或者乡(镇)公共设施和公益事业建设经依法批准使用农民集体所有的土地除外。"很显然,根据这种产权制度安排,城市建设用地归国家所有,农用地和集体建设用地归集体所有。城乡交错带作为城市向外扩展的必经的和最佳的地带,由于受到城市和乡村双向发展的深刻影响,成为土地利用用途——农用地转为建设用地的一个集中过渡区域和激烈转换地带,由此确定的权属关系不断发生着复杂而动态的频繁变化,直接表现为这一地带国有产权和集体产权的土地混杂,不同主体的集体所有土地(村集体、乡镇集体、村民小组)交错,农用地和建设用地插花,土地权属关系复杂多变。不仅如此,在城乡交错带,还有不少建设用地(特别是企业用地)是集体通过出租、入股等形式,与企业合作使用的,既没有经过审批,也未变更权属,其权属性质非常模糊。

3. 城乡交错带是土地管理权限交叉、土地市场双轨制运行的胶着地带

相应于我国城市国有土地和农村集体土地的"二元产权制度",实际在管理上也实行了双轨制。比如就交易而言,根据现行规定,城市国有土地的使用权可依法实行市场化转让,

集体土地必须依法征为国有后才能市场化转让,这一制度安排实际上就是土地市场双轨制——土地所有权交易(征地)的计划性和使用权交易(国有土地的出让和转让)的市场性。再如,在城市化进程中普遍出现的"城中村",事实上已位于建成区内,按其区位应是城市土地,但其性质没有明确的界定,土地产权仍保留农村集体所有的模式,引发管理上的权限交叉或形成管理的"真空"地带。另外,城市规划区划定的随意性也成为城乡交错带土地管理权限交叉和无序的根源(张慧芳,2004)。

5.2.2 城乡交错带土地利用的主要影响因素

1. 自然条件的基础作用

自然条件是城乡交错带土地利用的基础。自然环境条件如地貌、土壤与气候条件对城乡交错带的农业土地利用方式、途径及其效益具有极大的影响。自然条件也明显影响了城乡交错带非农土地利用及其布局。以北京为例:首先,平坦的地形为北京市非农用地的扩展提供了广阔的空间。北京市地处西山山前冲积平原,城区四周地形平坦、广阔。东南部为广袤的华北平原一带却具有城镇发展的用地条件,今后的发展轴向将主要是从东部到西南部的"扇形平原"地带。其次,由于地表及地下水因受地势的影响也从西北流向东南,以及西北风的影响,因而影响西北郊是行政机关、科研教学单位等用地的集中分布区;而东、东南及南部地区多为污染较重的大型化工厂、焦化厂等工业区。由此可见,独特的气象、水文因素对城乡交错带土地利用结构及其分布有着一定的宏观调控作用。

2. 经济发展的年轮效应

城乡经济的发展是城乡交错带土地利用及其空间结构演变的最根本动力。经济的发展往往存在着扩张—过热—收缩—再扩张的周期性特点。受这种周期性规律的影响,城市空间的扩展与城乡交错带土地利用的演变也会呈现出加速期、减速期与稳定期等三种变化状态。在不同的状态条件下,城市非农用地的扩展速度及土地利用的总体特征大不相同,表现出类似树木年轮式的增长规律。

第一,经济发展的周期性会带来城市建设用地扩展速度的周期性变化。如,当经济处于迅速发展阶段,由于生产规模的扩大,收入及投资的增加,城乡建设用地、交通运输用地和生活娱乐用地等将会迅速增加,农业用地向非农用地的转化速度明显加快。第二,经济发展的周期性变化会影响到农业土地开发利用的程度与效益水平。因为经济发展加快,则意味着生产规模的扩大与人民生活水平的提高,在城乡交错带内农地不断被城市侵占的情况下,必然要加强对现有农地的集约化经营,提高土地的利用水平;同时经济的发展也保证了农用土地集约化经营的基本物质条件。

3. 工业化的先导作用

在城乡交错带土地利用及其空间演化过程中,工业化具有十分独特的先导作用。首先,工业用地的扩展是城市非农用地扩展的先导因素。我国城乡交错带非农用地的扩展是以工业用地超前于其他功能用地为基本特色,土地利用类型基本上表现出近郊农业用地→

工业用地扩展→居住用地充填→商业服务设施用地配套的演变过程(武进,1990)。其次,在城乡交错带产业结构的调整过程中,工业化的发展,不仅导致了工厂、仓库、交通运输等用地的增加,而且诱发了大量农业剩余劳动力向非农产业的转移,通过"以工补农"增加农用土地的资金投入,同时十分有利于农业土地的规模经营与集约化利用。

4. 城市性质的制约和城市扩展的影响

城乡交错带随着中心城市的发展而不断演替,土地利用的类型、结构、功能及利用水平均受到中心城市的极大制约。

城市扩展对城乡交错带土地利用的影响十分广泛而深刻,大致可归纳为两大类,即直接影响与间接影响。所谓直接影响是由于城市地域的膨胀,所造成的农用土地向非农用地的不断转换,从而改变城乡交错带的地域范围及其土地利用类型结构。间接影响则是由于城市的扩展所带来的农业土地利用经营体系的变化。城市发展所带来的土地价格的上涨及城市化期望,会使农民改变土地利用经营方式。

5. 交通运输的催化效应

就城乡交错带来说,交通运输的发展极大地改变了各个位置点上的区位条件,因而对整个城乡交错带的土地开发与利用具有积极的推动作用。交通运输条件的改善有利于城市各种要素与功能向城乡交错带的扩散,从而加速其土地的开发过程;改善了城乡交错带土地开发利用的环境条件,强化区位优势。从总体上讲,具有一种催化效应。

如果从地租的角度分析,交通运输条件的改善,将改变区位地租的空间结构,促进城乡交错带土地的开发与发展(图5-6)。由于运输条件的改善,土地利用受距离因素的影响减少,其地租曲线会变得和缓($A'B$),此时在土地的价格需求弹性约束下,地租曲线 $A'B$ 会平行上升至 $A''B'$,其结果使距离 D 以内的地价下降,而 D 以外地区的地价上升。与运输条件改善之前相比,城乡交错带的区位优势得到相应的加强。催化效应使得沿交通运输轴两侧,由于土地开发利用的条件优越,城市发展较快,非农土地利用会形成所谓的"轴化"现象,使城乡交错带呈放射状扩展。

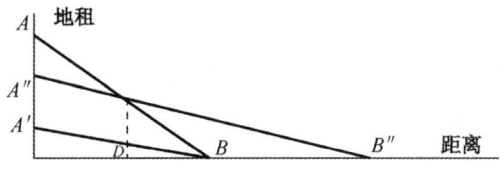

图 5-6　交通运输的发展与地租的关系示意图[①]

6. 政治及社会因素的影响

土地利用是一种人为活动,其目标的达到要受到政治及社会环境的严格限制,如中央

[①]　资料来源:陈佑启.试论城乡交错带土地利用的形成演变机制[J].中国农业资源与区划,2000,21(5):22-25.

的各项政策、法律、地方政府的决策与社会文化背景等。

（1）政策的波动效应

城乡交错带土地的开发与利用在很大程度上依赖于国家的投资及有关城市发展政策、人口政策等。这其中尤以城市规划的影响最为突出。

（2）行政区划与管理体制的约束

城乡交错带内既包括了部分建成区，又有大片的农村地区。然而，在管理体制方面，长期以来我国实行的却是城市与农村两个系统。城市管理部门与农村管理部门的权限在城乡交错带相互交接、频繁转换，政出多门，造成了土地管理工作上的彼此交叉、重叠与混乱，相互扯皮，对城乡交错带内土地资源的合理开发与利用构成了巨大障碍。

（3）社会文化心理因素的影响

目前我国尚处于城市化的初级阶段，人们的行为还深受传统观念和生活方式的影响，具有强烈的向心性。城区的生活便利、机会多样性以及城里人的优越感，使人们在生产和生活上都高度依赖于城区，想方设法向城里挤。而对那些滞留在城乡交错带的居民来说，一方面迫于生计，无法放弃土地，另一方面则由于城乡之间的生活水平、就业机会特别是农业与非农产业之间经济效益的巨大差别与对照，深感农业土地利用的效益太低，缺乏经营积极性，形成一种在依附土地的同时，不重视土地开发与利用的局面，从而在更深的层次上影响了农业土地生产率的提高与土地利用结构的合理化。

7. 空间区位的边缘效应

边缘效应是指在两个或多个不同性质的生态系统交互作用处，由于某些生态因子或系统属性的差异和协合作用会引起系统某些组分及行为的较大变化。城乡交错带位于城市与乡村两大地理系统的交互作用处，边缘效应十分突出。从土地利用的角度分析，主要表现在以下三个方面。

（1）土地利用的比较效益差异突出，土地用途可塑性大

各种土地利用类型由于利用效益的差异性明显，相互竞争会十分激烈，并最终导致土地不断向利益高的部门转移，致使城乡交错带土地利用具有较高的结构可变性。

（2）土地利用类型多样，结构复杂

城乡交错带是农用地与非农用地的复合区，既接受了来自城市的扩散，又保存了原有的农村格局，同时还派生了一些特别活跃的边缘性用地类型，如高产菜地、花卉园艺、奶牛业、养殖业等，土地利用类型多样，结构十分复杂。

（3）土地利用效益水平相对较高

一方面由于比较利益的存在，土地不断向高效益部门集中，提高了土地利用的整体效益；另一方面，由于城乡交错带既可以充分利用城市的信息、技术、人才、资金以及基础设施、设备等，又可利用广大农村的各种资源，如劳动力资源、环境优势等，土地开发的条件优越，土地利用充分，效益水平高。

5.2.3　城乡交错带土地利用问题及对策

1. 我国城乡交错带土地利用问题

目前我国城乡结合区域土地的利用,从整体上看效果是好的。但也应该看到,土地利用方面存在着不少问题,主要表现在以下四个方面。

(1) 可利用土地急剧减少

在农村经济发展和工业化过程中,农村可利用土地呈急剧减少状态。据统计,我国耕地每年以近 700 万亩的速度锐减。引起耕地数量急剧减少的原因主要有:一是村庄占地扩大。随着农村经济发展和农民生活水平的提高,修建住房攀比风在广大农村盛行,导致居民点周围良田大量被蚕食。二是建坟墓争占耕地。在农村,传统的丧葬习俗一直未有改变,人死后建坟土葬,形成死人与活人争地,使部分农田被死人"争占"。三是国家占地超速。在城市化进程中,国家基建占地每年使耕地减少 11%,加剧了耕地非农化。由于耕地不断减少,人口不断增加,人均耕地占有水平已由建国初期的 2.7 亩减少到不足1.4 亩。

(2) 人地矛盾日益尖锐

城乡交错带,一方面是城市人口增长幅度最大的地区,不仅人口的自然增长快,而且要承受巨大的人口机械增长,即城市人口的扩散与外来流动人口的聚集;另一方面它又是城乡建设发展最快的地区,城市要素及功能的扩散与乡村非农业的发展,大量占用了各种农田与耕地,造成土地资源不可逆转的流失。

(3) 土地质量下降

全国高、中、低产田比例由过去的 3∶3∶3 变为 2∶5∶3,在全国 14 亿亩耕地中,目前旱涝保收的面仅占 20%。农村上地质量下降主要表现在:一是肥力衰竭。长期重用轻养,重产出轻投入,重化肥轻有机肥的掠夺式经营,导致土壤有机质小于 0.6 的农田已占 11%,耕地中氮、磷、钾不平衡,大约有 59% 的耕地缺磷、25% 的耕地缺钾、14% 的耕地磷、钾俱缺,氮素的缺乏各地不一。二是土地被污染。垃圾一般产生于城乡人们的生产、生活中,但它的处理却都在城乡交错带内,而且又多以堆积、掩埋、焚烧为主。在城乡交错带内,这些缺乏妥善处理和再生利用的垃圾,在日晒、雨淋、风吹、渗沥、径流、高温分解、自燃等自然机制作用下,通过各种途径进入土壤、水体、大气,对农作物、航运、水上养殖、动植物生长及人类造成直接威胁,并殃及宇宙太空,它还侵噬土地与农田,诱发滑坡与水灾,破坏交错带内的环境卫生,造成的经济损失十分严重。

(4) 大量土地非农化

由于农民从事种植业的比较效益低,他们或将耕地挪作他用,或干脆将本来就十分有限的耕地资源抛荒。据统计,目前农村各业投入产出大致分为:工业 1∶8,农村商业服务业1∶6,种植经济作物 1∶5,种植粮食作物 1∶3,由于效益悬殊,加剧了耕地非农化进程。辽宁省 16 个县(市)以及 3 个县(市)的部分乡镇调查材料显示,弃耕、抛荒的农户达 11.53 万户,面积共 34.66 万亩,分别占农民和耕地总数的 4.38％和 2.12％。这样,一方面耕地资源十分有限,另一方面各种弃耕、抛荒又使大量的耕地非农化。同时,由于土地无偿使用、土地管理体制不健全、节约用地与合理用地作为一项基本制度未能形成,难以有效控制耕地大量"农转非"。

2. 城乡交错带土地的可持续利用对策

(1) 制定特殊的城乡交错带耕地保护政策

我国采取了世界上较为严格的耕地保护措施,但每年耕地还是在大量减少。这其中很大一部分减少发生在城乡交错带。减少城乡交错带的耕地占用是实施保护耕地战略的有效途径。因此,有必要在城乡交错带建立更为详细和严厉的耕地保护措施。特殊的保护政策应从三个方面着手:一是采取透明的用地政策,让群众监督用地情况,坚决杜绝违法用地的发生;二是要加强建设用地审批制度,严守审批的各个环节,对用地项目效益采取预评价制度,对利用效率低下的项目严把审批关;三是在占补平衡中,考虑补充耕地的质量因素,并将质量因素换算到数量上来。

(2) 在城乡交错带开展土地整理,缓解人地矛盾

土地整理对于优化土地利用布局,改善土地生态环境,缓解人地矛盾具有重要的作用。在城乡交错带大力开展土地整理不仅可以改善日益恶化的生态环境,同时也是整治污染闲置土地和调整农村居民点布局的有效措施。

(3) 运用现代科学技术,实现土地管理信息化

城乡交错带是一个不断变化的动态系统,因此其土地利用的科学规划、决策与实施都必须建立在对交错带土地利用动态研究的基础上,以动态研究获得的现实性信息为依据。传统的土地管理方式和手段高耗、低效且精度低,使得土地管理中的时空信息不能得到及时更新。随着信息时代的到来,计算机技术、网络技术和通讯技术等的飞速发展,利用计算机和 3S 技术(GIS、CPS、RS)为支撑的土地管理软件应运而生,可对交错带的空间范围和土地利用演变进行多时段、全方位的动态研究,揭示交错带土地利用的形成和演变机制,为土地利用规划、决策提供科学依据。同时可对土地利用规划、城市规划等的执行情况进行动态监测,以便及时制止土地利用违法行为的发生。

(4) 制定城乡交错带土地利用专项规划

针对城乡交错带土地利用的复杂性和重要性,在城乡交错带开展土地利用专项规划。专项规划在分析城乡交错带土地利用现状的基础上,对非农建设占用耕地、基本农田保护目标进行准确的预测,提出规划期内的具体目标,对城乡交错带土地利用的战略目标进行研究,找出解决城乡交错带土地利用问题的应对措施。在规划、编制过程中,应加强公众参与程度,增强规划实施基础。同时,在规划图件的编制上,应向城市规划看齐,采用大比例尺图件,改变目前土地规划重指标、轻图件的弊病。

(5) 理顺土地管理体制上的纵横关系,切实保证城乡地政统一管理

实行乡、镇土地管理所直属县、区土地管理局领导,县、区土地管理局直属市土地管理

局领导,方能使全市城乡土地的统一管理真正到位,有效防止越权批地现象的发生。对目前土地管理部门与其他有关部门在涉及土地管理问题上的模糊界线应予以消除,明确土地管理部门代表政府集中统一管理土地的职能。在横向上,土地管理部门应实行城乡地政的统一管理;在纵向上,土地管理部门实行土地规划、开发和利用的全程管理及土地出让、转让、出租和抵押的全程管理。坚决杜绝多头管理,以防止出现管理混乱和管理不力,切实保证科学合理地利用土地资源。

5.2.4 城乡交错带土地合理利用的模式

城乡交错带土地具有较为复杂的土地利用的制约因素,如何合理利用好这一带土地,对于保持耕地总量动态平衡、土地的合理发展、城市环境的美化、交错带经济的发展、城市的规划前景等都具有至关重要的作用(侯莉琴,2006)。

1. 盘活集体土地市场

经济的发展必然导致建设用地的增加,为了适应城市发展,就不可避免地会对一定量的耕地进行占用,这是城市总体规划的要求。但另一方面土地利用总体规划规定必须严格控制非农建设用地占用耕地,要保持耕地总量动态平衡。通过实践证明,充分利用农村存在的大量闲散的集体建设用地进行土地流转是可行的。

2. 大力发展大棚蔬菜区和园林观赏农业区

根据德国经济学家、经济空间模式的创始人冯·杜能的农业区位理论,提出以城市为中心、向外辐射呈同心圆分布的六个农业地带。我们可理解为城乡交错带就是冯·杜能区位理论中的自由农业带。此带接近城市,主要生产一些不宜长途运输的蔬菜和易腐蚀的农副产品,如蛋、奶等。

例如,太原市尖草坪区城乡交错带由于受汾河影响,交通便利,气候适宜,农用地土壤肥沃,水源充裕,适宜发展蔬菜,现已进行开发利用,发展了高效农业日光节能温室、塑料大棚,其经济效益非常可观。但从总体规划的角度来看,这些分布面积只是占了很少的一部分,还应积极推广种植。园林观赏农业区是最新提出的一种新型农业区,随着经济的发展、城市化进程的加快,人们越来越有一种回归自然的愿望。园林观赏农业区可作为一种人们短途的假日旅游休闲区,不仅可大大提高经济效益,而且由于种植绿色植被,对生态环境也有很大的改善,同时可以保持水土,增肥土壤,对土壤质量不会造成任何的伤害,在必要的时候还可以还耕、还园、还林等。

3. 引导农地农用

随着我国加入 WTO 之后,经济的全球化表现得愈加明显,而且新的国际贸易规则会迫使农业生产结构按照比较利益原则进行调整。同时与农业生产结构紧密联系的农村土地管理政策也就必须得到相应的调整。目前我们一方面要继续坚持保护耕地,另一方面加强土地利用总体规划的控制,进一步放开农村集体土地的抵押范围,放宽长期执行的农地农有的限制,引进资金、技术,提高竞争力,允许非农民购地从农。

4. 规范存量建设用地管理

20 世纪 80 年代以前,在行政指令性计划和土地无偿使用的前提下,企业内进行部门分割,生产和生活服务各自成体系,不讲求土地集约利用效益,各类建设用地结构不协调,企业内部大量空地闲置,造成用地的浪费。20 世纪 80 年代以后,城镇土地有偿使用的市场价值被发现后,城乡交错带用地结构在政府收入的资金支持下得到了一些良性调整,于是在企业用地内部使得第三产业用地和厂矿居民住宅用地得到较合理和较快的发展,规范了部分存量建设用地,使得建设用地得到集约利用,提高了土地集约利用率。

5.3 城乡交错带景观规划基本原理

5.3.1 城乡交错带的景观演化过程

城市化进程加快,引起了一系列的地域空间变化,城乡交错带的格局也产生变化,主要的演化形式有以下三个方面。

(1) 以道路为轴线的指状延伸而形成的城乡交错带向两侧扩展的模式。指状模式引起城乡交错带沿指状城市两边分布,被城市道路和城市系统分割成两部分,并且随城市的发展而向外扩展。

(2) 以城市为核心向外扩张的"摊大饼"而形成的城乡交错带向外扩展的模式。"摊大饼"的模式的后果就是城乡交错带不断向外扩展,城市逐步地侵蚀乡村自然生态系统,而城市中心更加远离乡村自然生态系统,城乡交错带也逐步外扩。

(3) 卫星城和新城的形成而产生的城乡交错带变化的模式。这种模式是城市发展中为了解决城市过大带来的不便,而另外建立的新的城市区域,能够改善城市过大带来的一系列生态环境和用地紧张的矛盾。由于新城和卫星城的产生而产生了新的城乡交错带,并且出现了新的变化格局的景观带。

5.3.2 生态交错带的景观生态学特性

(1) 生态脆弱性。城乡交错带是由城市向乡村的过渡区域,由于人口的数量和质量、经济形态、供需关系、物质和能量变化水平、生活水平和社会心理等因素的影响,使得这一地带的时空变化表现出极大的不稳定性。

(2) 边缘效应。在生态学中,把边缘地带可能发现不同的物种组成和丰度的现象叫做边缘效应(王健锋等,2002)。边缘效应有正负之分,好的空间格局,适宜的资源利用,以及环境的保护会使边缘效应向正方向发展;否则,二者都会被破坏,或者单个受益。

(3) 频繁的生态流过程和廊道、半透膜作用。城市和乡村的发展过程中两者是相互依赖的,二者的相互之间的联系通过一系列的生态流来实现。常见的生态流有城市和乡村之间的物质交换流;城市对乡村的污染流,通常是以三废的形式来流动;乡村为城市输送新鲜氧气的气体流;动植物在二者之间进行迁徙,物种的相互传播(如病虫害和鸟类等动物的迁徙)。其中最重要的是人为的流动带来的污染和人为对景观有意识改造的各种物质流。

(4)廊道作用。景观中的许多流(物流、能流、信息流、物种流等)是沿景观边界流动的,此时边界的生态交错带相当于廊道。在城市建设中可以利用两者的共同的优点,衔接城市和乡村,促进共同的发展。

(5)半透膜作用。穿越交错带边界的流在质、量和速度上大都会受到不同程度的影响,此时边界相当于一个半透膜。所以在防止城市污染外扩时,有必要加强景观边界的生态过滤效应,减少城市污染对于广大乡村的环境污染,这一点对于城市的污染治理有至关重要的作用(傅伯杰等,2001)。

5.3.3 城乡交错带景观类型的划分

景观分类是景观格局分析的基础。对于景观分类,一般而言,景观命名的传统是以主导植被类型或土地利用类型冠之。对于人类活动地区的景观类型,Naveh 提出了总人类生态系统的概念,将景观分为开放景观(自然景观、半自然景观、半农业景观和农业景观)、建筑景观(乡村景观、城郊景观和城市工业景观)和文化景观等类型;肖笃宁提出景观分类应突出体现人类活动对于景观演化的决定作用,人类活动改变了土地利用和景观格局,将自然和半自然景观转化为人工管理的农田和工业化的城市区,基本的景观分类体系为自然景观、经营景观、人工景观等三大类(肖笃宁等,1998),但这些分类比较适合于大尺度区域的研究。对于城乡交错带的景观分类,应该更细致一些,主要突出其土地利用的特点。建设部颁布的《城市用地分类与规划建设用地标准》主要适用于城市地区,共分 10 个大类,其下还有 43 个中类和 78 个小类;城乡交错带是城市和乡村之间的过渡区域,土地利用有其自身的特点,其景观类型应该涵盖农村地区和城市地区,同时作为景观类型,其信息主要在遥感图像上获取,还需要进行景观格局指数分析,因此城乡交错带的景观类型划分一般要少于同等尺度下的土地利用类型,这样才便于进行分析研究,并在此基础上建立区域景观数据库和景观制图。据此将城乡交错带的景观类型划分为一级景观类型 5 个,二级景观类型12 个:

A——建筑用地 A1 农村居住用地,A2 城镇居住用地,A3 大型文教用地,A4 工业仓储用地;

B——交通用地 B1 道路广场用地,B2 铁路用地,B3 机场用地,B4 港口码头用地;

C——绿地 C1 大田,C2 菜地,C3 林地苗圃,C4 公共绿地;

D——待开发用地(包括特殊用地);

E——水体。

农田仍是城乡交错带内主要的斑块类型,它构成了景观的基质;城市景观中的商业用地、工矿用地斑块和农村景观的林地、湖泊(池塘)、农村聚居地斑块以及城乡交错带特有的小城镇建筑、高产蔬菜地和花卉园艺种植斑块交替出现;各类道路和河流则构成了城乡交错带的廊道,它们与各类异质斑块共同构成了城乡交错带景观的镶嵌格局。在城市要素不断侵入乡村景观,城乡交错带景观向城市景观过渡的动态演替过程中,交错带的形状和面积在不同的时空尺度上表现出相应的动态变化特征。其空间形状由于受到地理环境、人文风俗、资源分布以及城市规划等多方面的影响,可以归为四种类型:①圆环状(如北京、成都);②带状长条型(如兰州、常州);③环带交替型(如杭州、广州);④指状树枝型(如南京、重庆)(姚士谋等,1993)。其面积在城市化加速发展的阶段有增大的趋势,在城市化稳定发展的阶段将趋于稳定。

5.3.4 城乡交错带景观格局规划思想

城乡交错带具有相邻地域城乡的共同的优势,资源组成丰富,因而区位优势显著。同时处理好城乡交错带景观对于城市和乡村景观的优势互补也有很大的作用。为了形成良好的城市乡村格局,促进城市和乡村景观的共同发展,针对城市和乡村的生态交错地带可以提出以下几种生态景观格局思想。

1. 包围和反包围的思想

在城市绿地系统规划中,通常城市的热岛效应的缓解办法,除了限制城市的排热系统和排气系统外,还通过在城市内部建设大面积的绿地,在城市的内部形成大量的绿地斑块,对城市热岛进行破碎,从而形成完整的城市绿地生态系统。但是城市的绿地面积毕竟是有限的,由于历史的原因大多数的城市都没有充分考虑城市的绿化生态用地。反而大量的工厂和社区聚集,形成具有很强经济效应的工业和商业区,城市公园的面积不足,人们日渐远离乡村的自然环境。改善的办法是从城市的外围着手来弥补城市内部的绿地的不足,用乡村来包围城市,形成楔形绿地伸入城市的内部,相成环状绿地来包围城市。绿地的城市包围和反包围战略的完成,需要在城乡交错带的位置建立大量的卫生防护林和生态绿地,形成绿色的屏障,促进热力循环和气流循环,达到乡村的绿地和城市的绿地斑块的包围和反包围的态势,共同来瓦解城市热岛,营造良好的城市生态环境。工厂和社区聚集,形成具有很强经济效应的工业和商业区,城市公园的面积不足,人们日渐远离乡村的自然环境。改善的办法是从城市的外围着手来弥补城市内部的绿地的不足。

2. "集中与分散相结合"模式

它是进行土地利用空间格局优化的主要理论依据,是美国景观生态学家 Forman 基于生态空间理论提出的景观生态规划格局,被认为是生态学上最优的景观格局。这一问题,它包括以下七种景观生态属性:①大型自然植被斑块用以涵养水源,维持关键物种的生存;②粒度大小,既有大斑块又有小斑块,满足景观整体的多样性和局部点的多样性;③注重干扰时的风险扩散;④基因多样性的维持;⑤交错带减少边界抗性;⑥小型自然植被斑块作为临时性栖息地或避难所;⑦廊道用于物种的扩散及物质和能量的流动(包志毅等,2004)。

这一模式强调集中使用土地,保持大型自然植被斑块的完整性,充分发挥其生态功能;引导和设计自然斑块以廊道或小型斑块形式分散渗入人为活动控制的建筑地段或农耕地段;同时在人类活动区沿自然植被斑块和廊道周围地带设计一些小的人为斑块,如居住区和农业小斑块等。显然,这种规划原则的出发点是管理景观中存在着多种组分,包含较大比重的自然植被斑块,可以通过景观空间结构的调整,使各类斑块大集中、小分散,确立景观的异质性来实现生态保护,以达到生物多样性的保持和视觉多样性的扩展。这种景观模式是根据美国和欧洲的乡村情况,融合生态知识与文化背景的一种创新。它有许多生态学上的优越性, 方面,这一模式有大型植被斑块,也有小的人为斑块,提高了景观多样性,实现了生物多样性的保护;另一方面,大型植被斑块可为人们提供旅游度假和休憩的去处,小的人为斑块可作为人们的工作区和商业集中区,高效的交通网络可方便人们的活动。

3. 规划和反规划思想在城乡生态交错带中的应用

反规划的思想并不是说城市不经过规划而直接进行建设,而是指城市规划中先规划出生态预留地,再进行其他建设用地的规划(俞孔坚等,2003)。根据反规划思想,我们可以把城市和乡村的优势共同利用起来,在城市规划的过程中优先考虑城市和乡村的关系,预留一些不被利用的乡村自然用地,成为将来城市扩大后的山水骨架。并且逐步形成城市和乡村交错,相互渗透、镶嵌的格局。对于城市局部生态环境恶劣地段的边缘交错区域保留较多的绿色用地,利用绿色植物的净污作用,防止污染外渗形成良好的屏障。反规划思想是优先考虑自然山水生态体系的生态规划方法,它可以打破城乡交错带的直线格局,形成城市和乡村两者相互交错、又相互补充的局面。

5.3.5 城乡交错带景观规划原则

理想的城乡交错带景观生态规划应能达到保护自然生态环境,优化景观结构与功能,完善整个生态系统的目的,必须遵循以下原则。

(1)自然资源保护原则。当地的自然景观资源(森林、湖泊、自然保留等)最能与整个生态系统协调,维持当地自然景观结构、过程及功能,是保护生物多样性的基础,是发挥城乡交错带生态系统整体效益的保证。

(2)景观适地原则。不同区域的景观都有它不同的特征,这些特征集中反映了当地的景观特色。因此,在景观生态规划中要因地制宜,适应当地的大环境,突出当地景观的特色。

(3)多样性原则。多样性原则包括两个方面:保护生物多样性原则,即景观多样性、特种多样性;保护文化多样性,即保护当地特有的文化景观,包括建筑风格、古城风貌的保护等。

(4)可持续原则。城乡交错带具有动态性,在景观生态规划上以可持续发展为基础,立足于景观资源的可持续利用和生态环境的改善,才可能顺应景观动向,进而保证社会经济的可持续发展。

(5)综合规划原则。景观生态规划是一项综合性的研究工作,需要多学科合作,包括城市规划、区域规划、自然资源保护、景观建筑、地理等;在景观生态规划中,需要涉及到自然、社会、经济、人文等方面,这就要求在全面和综合分析景观自然条件的基础上,同时考虑社会经济条件、经济发展战略和人口问题,还要进行规划方案实施后的环境影响评价,只有这样,才能增强规划成果的科学性和应用性。城乡交错带的发展离不开城市、乡村的发展,在对城乡交错带的规划中必然要综合到两者对它的影响。

5.4 城乡交错带景观生态问题与优化策略

5.4.1 城乡交错带景观生态环境现状

1. 生态连通性降低

在城乡交错带内部,各种人工斑块随意布局,自然斑块被任意切割,降低了同类景观斑块间的连通性。而在城市建成区与农村地区之间发挥着运输功能的各类不同等级的公路也破坏和隔断了生物的转移路径和栖息地,减弱了廊道的生态功能。同时,由于很多城市采用工程措施保护河堤,也使河流廊道的自然生态过程中断,降低了生态的连通性。

2. 自然景观和人文景观不协调

由于各种不同外来人文景观渗入,对本地人文景观的保护不力,对自然景观的改造利用没有注意与当地人文景观的结合,使得城乡交错带的人文景观复杂多样,没有整体性。

3. 景观破碎化

城乡交错带与土地利用直接相关的基础设施、水资源供应和娱乐设施的建设正迅速地影响着区域内原有的自然景观结构,这些四通八达的带状基础设施将均质的景观单元分割成众多的岛状斑块,使土地的整体性被分割,导致景观破碎化。大量的人工景观要素出现在城乡交错带内与农村景观要素争夺生态位,居住景观区,大企业区,并且夹杂着园林绿地、交通用地,同时保留着大片农田和自然保护区。城郊公园景区,农村居民点与工矿用地各自分散经营,导致交错带内自然、半自然景观较为破碎,其结构和功能的稳定性受到了严重的影响。

4. 居住斑块内环境混乱

主要表现在农村居住区凌乱,庭院缺乏合理的规划;小城镇道路狭窄,基础设施(尤其是基本的环卫设施)缺乏;工矿用地和居住地混杂,各类生活垃圾和固体废弃物混合堆放。因而造成景观功能分区混乱,给城乡交错带实现集中引水和废物的有效处理和资源化带来许多困难。

5. 绿色廊道功能不健全

城市空间在扩展的过程中,人工环射状廊道(道路等)不断的压缩自然廊道(林带等)使后者在城乡交错带内发生形变(宗跃光,1999),限制了绿色廊道功能的发挥。农民围河造田不仅引起了水土流失,也减弱甚至破坏了廊道对于田间营养物质的截留以减少面源污染的功能。河流廊道抵御洪水的生态功能也得不到充分的发挥,反而成为灾害的根源。如每年7至9月份居住在成都西郊清水河河岸边的居民常受到洪灾的威胁,洪水侵入民房内,水深最高可达1 m。

5.4.2 城乡交错带的规划建设现状问题

1. 生硬的圈地运动,城乡交错带生态系统被破坏

所谓"圈地",就是把农村中从很早时候起就已普遍存在的"敞田"用栅栏圈围起来,成为整片地段,在这片地段上养羊或从事其他耕作,如种植新的农作物。在城市建设中圈地有两层含义:一是土地的外延扩展,即向大自然"要地";二是原有土地的重新分配,即土地在原有规模下的内部调整(姜锋,2007)。对于城乡交错带建设的"圈地运动"来说,外延的扩展使土地用途置换迅速,原本山水相依、村落傍山水的局面,被生硬的宽马路、连排的高楼等打破,侵占了良田,破坏了城乡交错带的生态系统。

2. 非农用地扩展迅猛,土地系统功能退化

城市化进程中,城乡交错带的土地利用变化较大,其中土地利用用途转换最典型的表现是农地被建设用地侵占。由于城市建成区的快速扩展,该区域"城进田退",加之城市产业结构的调整及工业、居住用地的扩散及城市边缘区自身经济的发展,带来了各项建设用地面积的急剧上升,绿化隔离带逐渐消失,对农地保护直接构成威胁,导致土地系统功能退化。土地利用粗放,利用率和产出率低,土地浪费严重,土地系统功能退化。

3. "三废"物质处理不当,城乡交错带环境污染严重

土壤污染——随着工业化和城市化的快速推进,城乡交错带大量未经妥善处理的污水肆意排放、污水灌溉、矿山开采、大气降尘、固体废弃物的任意堆放、农膜的覆盖以及大量不合理施用化肥、有机肥、农药,造成该地区土壤污染十分严重。

水体污染——城市污水排放,城乡交错带水处理设施不完善,导致水体污染严重,直接影响城市及城乡交错带的工农业和生活用水。未经任何处理就直接排入水域,使河流、湖泊、水库遭受污染,水质不断下降。另外,在局部地区,由于乡镇企业经济环境、基础条件及管理水平的限制,造成了严重的污染。

空气污染——城乡交错带乡镇企业的废气排放量较高,净化处理率较低,废气中 SO_2、CO_x、NO_x 等有害气体和悬浮颗粒物质如 Pb、Cd、Zn、Fe、Mn 等的微粒含量很高。此外,交通带来的污染也日益显现。

5.4.3 基于景观结构的城乡交错带生态风险分析

在区域生态系统研究中,生态系统交错带越来越受到人们的关注。城乡交错带作为典型的生态系统交错带,土地利用状况变换剧烈(董玉祥等,2004),既是社会经济非常活跃的地带,又是人地关系严峻、矛盾比较尖锐的区域(高峻等,2003)。由于人地之间不能有效地耦合,自组织能力弱,无法抵抗外部突发性因素的侵袭,使城乡交错带呈现脆弱性的生态环境特征。

生态风险指一个种群、生态系统或整个景观的正常功能受外界胁迫,从而在目前和将来减少该系统内部某些要素或其本身的健康、生产力、遗传结构、经济价值和美学价值的一种状况(McDaniels et al,1995;李国旗等,1999)。它反映生态灾难和生态毁坏,以及生产系统和项目因受到污染和经济活动过程中的破坏而不能正常运转的概率和规模。

下面按照生态风险评价的基本理论框架和方法体系,基于景观结构和土地利用信息构建综合生态风险指数,利用空间分析方法,对长春市净月开发区进行生态风险分析,为区域生态安全分析,促进环境、经济与社会的协调发展提供依据(荆玉平,张树文,李颖,2008)。

1. 研究地区与研究方法

(1) 研究区概况

长春净月开发区(125°22′12″N—125°34′12″N,43°40′13″E—43°53′48″E)依托净月潭设立,处于吉林省东部长白山地向西部科尔沁草原的过渡地带,位于长春市中心城区东南部(图 5-7),距长春火车站 16 km,距长春新机场 29 km,海拔高度在 195~407 m,气候属亚欧大陆中温带半干燥半湿润季风气候,最高温度 28.3℃,最低温度—22.4℃,年均降水量654.3 mm。区内有高等植物近 800 种、脊柱动物 82 种。净月开发区下辖净月街道办事处、永兴街道办事处、玉潭镇,开发区成立 10 年来,以其优越的地理位置,独特的森林景观优势,成为长春市城市空间发展的重要方向。该地区既是长春市社会经济十分活跃的地带,又是人地关系较严峻、矛盾尖锐的地区。

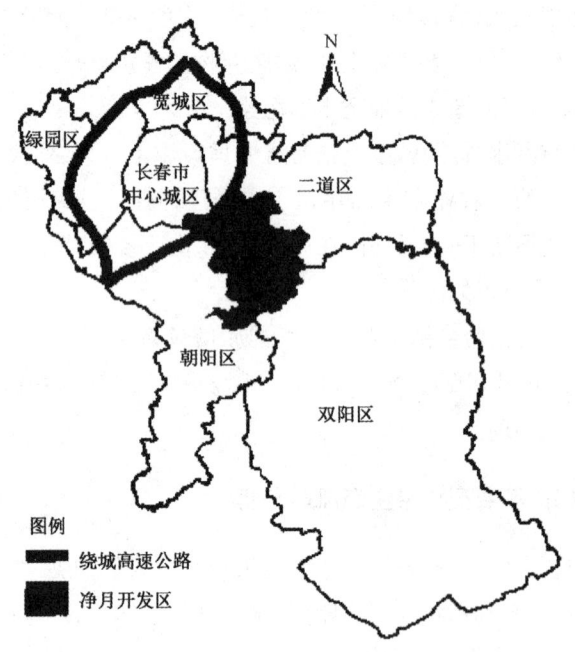

图 5-7 净月开发区示意图①

① 资料来源:荆玉平,张树文,李颖.基于景观结构的城乡交错带生态风险分析[J].生态学杂志,2008,27(2):229-234.

（2）研究方法

① 数据来源与处理

利用 2005 年 10 月 4 日接收的净月开发区 2.5 m 分辨率 SPOT 5 遥感影像,利用波段运算的方法进行融合,以目视解译为主,根据数据分类体系建立相应的解译标志进行影像解译,建立研究区土地利用信息数据库,分类结果利用 1∶2000 正射影像数据进行精度评价,总体精度达到了 90% 以上。将研究区域划分为 0.5 km×0.5 km 的单元网格,选取多样性指数、分形维数、破碎度指数,结合基于土地利用的脆弱性特征构造综合性生态环境风险指数,利用系统空间采样方法对生态风险指数进行空间化,采用克里金插值获取区域的生态风险分析分布图。利用 1∶10000 比例尺的 DEM 数据、区域经济统计数据、地价数据,分析生态风险的空间分布特征。

② 景观分类体系

景观分类是景观格局分析的基础,城乡交错带是城市和乡村之间的过渡区域,土地利用有其自身特点,根据城乡交错带景观的特点以及研究尺度特征,采用了二级分类系统。具体分类结果如下:

绿地,主要指旱田、菜地、高覆盖草地、低覆盖草地;

林地景观,主要指林地、灌木林、疏林地;

建设用地,主要指城镇居民地、农村居民地、大型文教用地、工业仓储用地、交通建设用地、工矿用地;

水域,主要指水库坑塘;

待开发用地,主要指裸地(空地)、待开发用地。

（3）城乡交错带生态风险评价方法

① 基于景观格局的生态环境指数

景观格局是对自然和人为多种因素相互作用所产生的区域生态环境体系的综合反映。选择了景观破碎度(F_i)、多样性指数(S_i)、分形维数(D_i)来反映景观格局对生态风险的影响,通过景观格局指数反应区域受干扰的程度,对各个指数进行叠加,用其反映不同景观所代表的生态系统受干扰的程度。生态环境指数(E_i)可以表示为

$$E_i = aF_i + bS_i + cD_i$$

式中,a,b,c 为各指数的权重值,分别赋予 0.5,0.3 和 0.2。

② 基于景观组分的脆弱度指数

生态系统脆弱性指数表示不同生态系统的易损性。土地利用程度反映了土地利用中土地本身的自然属性,也反映了人类因素与自然环境因素的综合效应。研究中把土地覆盖类型与景观脆弱性相关联,将景观脆弱性分为七级,未利用地最为脆弱,交通建设用地、城镇居民地、大型文教用地最稳定,各类景观的脆弱程度分级情况如下:未利用地、空地(7级);工业仓储用地(6级);菜地、水库坑塘、工矿用地(5级);旱田、农村居民地(4级);高覆盖草

地、低覆盖草地(3级);林地、灌木林、疏林地(2级);交通建设用地、城镇居民地、大型文教用地(1级)。利用各类型的面积比重与脆弱度指数的乘积反映不同土地利用类型的脆弱性。

③ 生态风险综合指数

根据生态风险与景观格局之间的经验关系,可以构建生态风险综合指数(曾辉等,1999;李晓燕等,2005),将每一单元格网内生态风险的程度用格网内各景观结构类型的生态环境指数和脆弱度指数来表示:

$$ER = \sum_{i=1}^{n} \frac{A_{ki}}{A_k}(10 \times E_i \times F_{r_i})$$

式中,ER 为生态风险指数;n 为景观类型的数量;A_{ki} 为第 k 个小区 i 类景观组分的面积;A_k 为第 k 个小区的总面积;E_i 为生态环境指数;F_{r_i} 为脆弱性指数。

(4) 空间变异理论

区域生态风险指数本身是一种空间变量,空间变化特征具有结构性和随机性,因此可以用半变异函数来衡量其在空间上的变化规律,即空间依赖性和空间异质性(徐建华,2002)。半方差函数的计算公式为

$$\gamma(h) = \frac{1}{2N(h)} \sum_{i=1}^{N(h)} [Z(x+h) - Z(x)]^2$$

式中,$\gamma(h)$ 是样本距为 h 的半方差;$N(h)$ 是间距为 h 的样本对的总个数;$Z(x)$ 是位置 x 处的数值;$Z(x+h)$ 是在距离为 $x+h$ 处的数值。半方差函数一般有三个主要参数:块金值(nugget)、变程(range)和基台值(sill)。其中,块金值代表一种由非采样间距所造成的变异;变程值反映了空间变异特性,在变程值以外,生态风险具有空间独立性,在变程值以内,是空间非独立的;基台值是指在不同采样间距中存在的半方差极大值。空间依赖性和空间异质性水平在不同的方向上差异显著,因此半变异函数存在着各向同性和各向异性(王军等,2000)。

2. 结果与分析

(1) 景观结构及景观分布格局

从表5-2和图5-8可见,林地景观面积占总面积的38.75%,该景观类型占的比重最大;农田景观占景观总面积的37.27%。其中林地和旱田不仅面积大,其平均斑块面积也远远大于其他景观类型,说明林地和旱田的完整化程度较高。研究区的森林资源得到了较好的保护,丰富的森林资源,确保了该区生态环境的平衡。农村居民地的景观破碎度最大,而城镇居民地较低,随着城市化的发展,将会有大量的农村居民地转化为城镇居民地,说明农村居民地受人类扰动因素影响较大,稳定性较低,脆弱度指数也较好地反映了二者的差别。从分形维数上看城镇居民地、菜地、工业仓储用地、大型文教用地等具有较低的分形维数,表明这些土地景观类型具有相对规则的几何形状,分析其原因,受人类活动范围的加大和城市化进程的加快,在高强度的人类干扰下,这些人工景观类型受到强制性的规划开发,使斑块形状趋于简单化;而旱田、林地、农村居民地、草地等自然和半自然景观的分维数较高,

具有较高的不规则特性,表明这些景观处在较为自然的发展状态。景观结构及格局可以看作人类干扰过程中某个时段的情景,而破碎化、斑块化等景观格局指数是不同景观类型所体现的生态风险的补充。

表5-2   净月开发区斑块要素组成分析[①]

景观类型	类型面积/hm²	类型比例	斑块数/个	破碎度	分形维数	平均面积/hm²	脆弱度指数
旱田	6926.14	34.92%	185	0.93	1.47	37.44	4
林地	7255.05	36.58%	200	1.00	1.43	36.28	2
农村居民地	1152.63	5.81%	279	1.40	1.33	4.13	4
灌木林	371.00	1.87%	81	0.41	1.55	4.58	2
高覆盖草地	882.20	4.45%	136	0.68	1.35	6.49	3
菜地	466.88	2.35%	24	0.12	1.14	19.45	5
裸地(空地)	81.06	0.41%	25	0.13	1.33	3.24	7
水库坑塘	542.74	2.74%	108	0.54	1.40	5.02	5
工矿用地	246.14	1.24%	55	0.28	1.31	4.48	5
工业仓储用地	316.79	1.60%	44	0.22	1.10	7.20	6
交通建设用地	327.25	1.65%	3	0.02	1.02	109.08	1
低覆盖草地	17.26	0.09%	5	0.02	1.01	3.46	3
城镇居民地	715.85	3.61%	62	0.31	1.10	11.54	1
待开发用地	169.26	0.85%	17	0.08	1.57	9.96	7
大型文教用地	305.35	1.54%	9	0.04	1.03	33.92	1
疏林地	58.82	0.30%	11	0.06	1.48	5.35	2

(2)生态风险空间分布

① 生态风险区域分布

净月开发区的生态风险整体上呈现出中间低,四周高的格局(图5-9)。研究区中部有相对稳定的净月潭水库及大面积的净月潭森林公园,多年来,得到了较好的生态保护,自然景观较为完整,受人为干扰较少,具备较好的生态功能。而研究区的周围,除局部地区分布有城市居民地外,以待开发用地、菜地、旱地等为主。随着城市的扩展,该类用地将会直接得到征用,生态风险性较高。生态风险的高值区主要位于研究区的西侧,分析其原因,该区域位于长双公路与长伊公路之间,经济较为活跃,且地势平缓,有利于开发建设,也反映出了道路作为人工廊道对生态系统的影响(张镱锂等,2002;李月辉,胡远满,2003)。

---

①   资料来源:荆玉平,张树文,李颖.基于景观结构的城乡交错带生态风险分析[J].生态学杂志,2008,27(2):229-234.

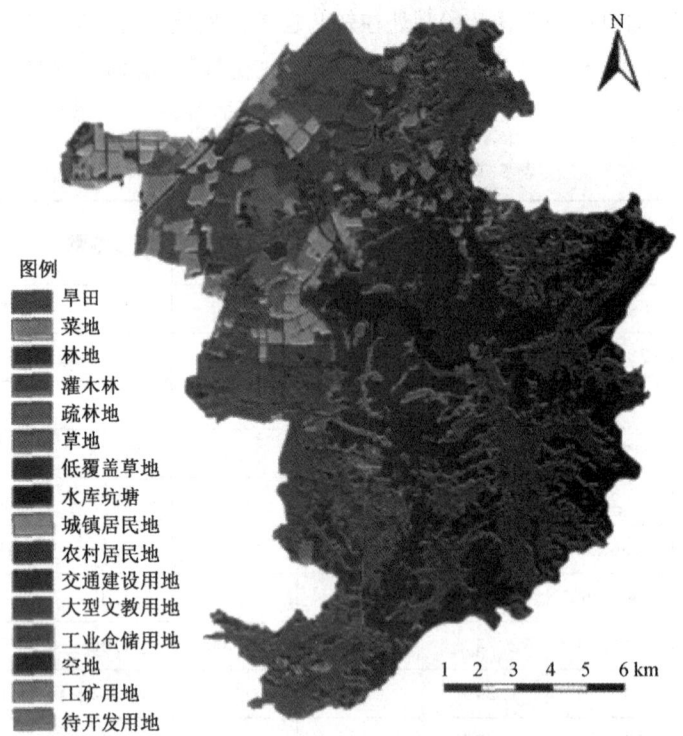

图例

旱田
菜地
林地
灌木林
疏林地
草地
低覆盖草地
水库坑塘
城镇居民地
农村居民地
交通建设用地
大型文教用地
工业仓储用地
空地
工矿用地
待开发用地

1 2 3 4 5 6 km

图 5-8　净月开发区的土地利用图①

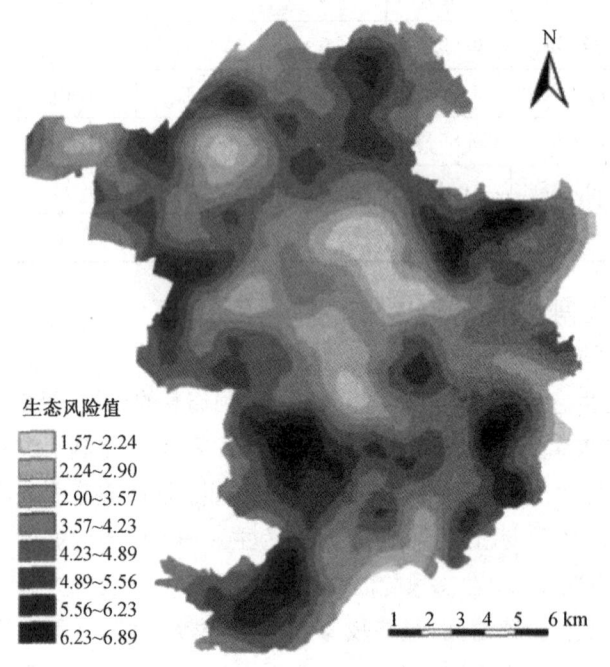

生态风险值

1.57~2.24
2.24~2.90
2.90~3.57
3.57~4.23
4.23~4.89
4.89~5.56
5.56~6.23
6.23~6.89

1 2 3 4 5 6 km

图 5-9　净月开发区的生态风险空间分布图②

①②　资料来源:荆玉平,张树文,李颖.基于景观结构的城乡交错带生态风险分析[J].生态学杂志,2008,27(2):
229-234.

城乡景观规划理论与应用

从平均生态风险强度来看,永兴街道办事处最高,生态风险均值为 4.37,明显高于全区的平均生态风险水平(表 5-3)。该地区紧邻长春市城区,人口密度较大,土地利用受到人为扰动因素较大,且分布有大量的空地和待开发用地有直接的关系。从景观格局上来看,该地区的景观破碎度及多样性指数较高,生态环境指数较低。永兴街道办事处平均风险指数较高也与该区面积较小、局部生态风险性对整体生态风险影响较大有关。而地区的生态风险性与人口密度、经济总量并非呈现出线性关系,净月街道办事处的人口密度及经济总量均较高,但其生态风险性却较低,说明该地区经济结构较为合理,生态环境建设较好,也与该区大片森林资源及水域得到了良好保护有直接的关系。

表 5-3　净月开发区生态风险区域差异分析[①]

	水兴街道办事处	净月街道办事处	玉潭镇	净月三镇
总面积 /hm²	2 150	6 335	11 348	19 833
人口 /人	16 964	54 841	15 840	87 645
人口密度 /(人·hm⁻²)	7.90	8.70	1.40	4.40
经济总量 /万元	84 700	1 194 500	460 300	1 739 500
人均经济量 /(万元·人⁻²)	4.90	21.78	25.06	19.84
生态风险均值	4.37	3.79	4.21	4.09
生态风险最大值	6.35	6.10	6.89	6.89
生态风险最小值	2.15	1.57	1.66	1.57

(3) 生态风险的空间结构

半变异函数拟合中,由于球状模型拟合结果比较理想,生态风险空间结构分析主要基于球状模型计算结果,选择变异程度差异较大的 2 个方向进行讨论,分别为 4°和 94°方向(表 5-4)。变程则用于说明生态风险指数的空间相关距离,生态风险的空间变异性分析显示,研究区内生态风险指数的方向性差异并不是十分显著,长短轴变程的差距为 295 m,表明景观的人为改造活动在空间的分布较为均匀,大规模开发活动的延伸与南北方向基本相同。生态风险指数的这种方向性分布格局,与研究区的城市扩展方向有直接的关系。

表 5-4　净月开发区生态风险理论模型及相应参数[②]

理论模型	角度 /(°)	块金值	基台值	块金值/基台值	变程 /m	决定系数	容限角度	残差
球状模型	4	0.80	2.75	0.29	1955	0.80	22.5	0.01
球状模型	94	0.84	2.92	0.29	2250	0.80	22.5	0.01

①② 资料来源:荆玉平,张树文,李颖. 基于景观结构的城乡交错带生态风险分析[J].生态学杂志,2008,27(2):229-234.

基台值反映了生态风险指数的波动。长短轴基台值分别为2.75和2.92,差异较小但绝对值较高,说明研究区内不同方向上生态风险强度的空间分布有较大差异,随着大量土地被征用于城镇建设,城乡交错带地区的土地利用结构发生变化,导致生态风险指数的空间分布将发生变化。

5.4.4 城乡交错带的景观生态建设

在对城乡交错带的景观生态规划的实践中,主要问题在于对斑块和廊道的设计,重点涉及绿地斑块(包括树篱等线状廊道)的适当"超前"布置,以保证在城市扩展中景观格局和生态过程的连续性不受破坏。

1. 斑块的建设

(1) 因地制宜的增加分散的绿地斑块

在人类聚居地以及工矿用地间适当地增加不同粒径的绿地斑块,引入生态缓冲带与防护系统,提高景观异质性;在影响生物群体转移的重要地段和关键点(如农田与道路的交汇点以及道路的交叉处)添设生物生境地,用以保护水系和满足物种空间运动的需要。在城市地下水位较低的地区、浅丘、台地地区大量发展果林种植,并且充分利用空间镶嵌与多熟种植原理,合理组合作物的空间结构,适当安排轮作顺序,改善土壤环境,提高土壤肥力,发挥景观物质生产和环境保护的多重生态功能。

(2) 加强庭院生态建设

采用先进的科学技术,合理安排和利用农村居民居住区的空间和土地资源,发展农村庭院经济。如采用沼气技术充分利用农业废弃物和畜禽粪便等,不仅可以优化能源结构,降低生产和生活对能源的消耗,还能塑造优美的与自然相协调的人居环境。将农业种植与水产养殖相结合,也可以提高景观中各种生态系统的总体生产力,取得经济效益与生态效益的同步增长。

(3) 增设新的景观元素

在原有的景观生态系统中引入负反馈环,可以增加系统的稳定性。如利用区位优势,在原有的农村产业结构中加大对二、三产业的发展力度,增加绿肥的种植和饲料的加工生产,引进食品加工和蔬菜脱水保鲜工艺等,以此拉长整个生态系统的生态链,使生态流形成"闭环"循环。以成都市为例,由于成都市区园林绿化面积不到40 km²,人均占有园林绿化面积仅为3.4 m²,每到节假日市区公园以及郊区"农家乐"内人多为患。因而可以在城市建成区外围发展观光农业区,满足城市居民接触大自然的要求,缓解城市公园的压力。同时也促进乡村经济的发展,使自然与城市环境相融合,最终把城乡交错带的绿地统一到城乡生态绿地的空间中来。

2. 廊道的建设

(1) 合理设计农田林网

在大块农田之间合理地布置一些树篱,改进田间主干道的质量,提高各分散斑块的连接度,加强景观单元之间在功能和生态过程上的有机联系。尤其在农灌条件较好的城市西、北部的耕地中适当地引入一些绿色廊道,不仅可以提高农田的生物多样性,显著减少农药施用量,从而提高农产品的安全性,并且能使农田基质处于抵抗自然干扰的正边缘效应之内。

(2) 建设与城市之间的绿色林带

建立城市与乡村之间的空间绿化格局,尤其是在高级公路和农田之间建立环城林带,可以将乡村的田园风光和绿林气息带入城市,实现城乡间生物物种良好的交流,也可促进城市环境质量的提高和改善。同时有利于吸收、降低和缓解城市向农田输出的污染物,也可作为城市固氮制氧、补充新鲜空气的源地,充分发挥城乡交错带廊道的生态功能。

(3) 完善廊道的生态功能

将绿地廊道与道路廊道结合起来,利用绿色植物的降噪滞尘的功能改善道路的环境质量,同时促进小动物在镶嵌体中沿廊道移动。减少对生态脆弱区(如河岸)的人为干扰,避免采用过多的工程措施对其进行改造,通过不同树种、不同林相和季相的组合搭配,在扩大廊道宽度的同时使景观在不同的空间和时间尺度上产生异质性,从而丰富景观多样性,提高景观的视觉效果。

5.4.5 "反规划"理念下城乡交错带生态环境规划建设战略

"反规划"是应对我国快速的城市进程,和在市场经济下城市无序扩张的一种物质空间的规划途径。"反规划"不是不规划,也不是反对规划,它是一种景观规划途径,本质上讲是一种通过优先进行不建设区域的控制,来进行城市空间规划的方法。当前的城市规划与设计中,已逐步构建了景观生态安全格局。"反规划"思想是优先考虑自然山水生态体系的生态规划方法,它可以打破城乡交错带的直线格局,形成城市和乡村两者相互交错,又相互补充的局面。

1. 坚定"反规划"思想,重视绿化隔离带的建设和保护

绿化带能够有效地保护和改善城乡的生态环境,保持水土,防止风沙,提供大量新鲜空气,调节小气候,缓解城市热岛效应等。因此,要继续充分发挥城乡交错带的生态屏障功能,维护该区域的生态系统安全,需要严格控制城市建设吞食城乡交错带的农田或绿地,加强城区与城乡交错带之间的农田隔离带或绿地隔离带的建设,在城乡交错带内,将农田生态系统嵌入各城市组团以及农村居民点之间,并以蔬菜、副食品生产为主,发展观光农业。

2. 发挥"反规划"的调控作用,制定科学合理的土地发展战略

构建城乡交错带生态屏障,维持自然地貌的连续性,按照科学发展观的要求,协调城乡交错带土地利用与生态环境保护建设,避免或预防土地利用生态环境问题的发生;保持具有重要生态功能的耕地、园地、林地、牧草地、水域等用地的基本稳定。根据规划确定的建设用地指标,在统筹城乡建设用地的基础上,确定了"三界四区",即建设用地规模边界、扩展边界和禁止建设用地边界,在规划区域范围内形成允许建设区、有条件建设区、限制建设区、禁止建设区四个管制区域。

3. "反规划"理念下发展循环经济发展战略

第一,加强资源综合利用,最大程度地利用生产和消费中产生的各种废物,大力发展农村沼气,推广秸秆综合利用。第二,全面推行清洁生产,从生产和服务的源头减少污染物的产生和排放。要重点抓好高耗能、重污染行业及重点流域、重大工程污染预防;支持企业实施清洁生产技术改造,逐步实现由末端治理向污染预防的转变,采取科学、有效、可行的措施,建立长效机制,坚决堵住污染源。

4. 控制污染源,制定生态建设战略

一是调整产业结构,加快产业升级。这是解决生态环境污染的根本措施。结合农业结构调整和生态农业建设,完善农业土地规划,调整种植结构,大力发展绿色产业,贫瘠土地退耕还林还草。二是禁止畜禽粪便未经任何处理就直接排放,保护好地下水不受污染。

5.5 城乡交错带废弃地的治理

在区域生态系统研究中,城乡交错带一直是人们研究和关心的热点问题。近年来,随着我国城市化进程的加速,作为城市化过程最显著地域的城乡交错带越来越受到人们的关注。由于城乡交错带常被视为只是城市发展进程中的一个环节,而不是城市发展的目标和归宿,因此空间上是十分的不稳定和不确定,时间上则比较短暂,不合理的景观格局常常成为城市生态问题产生的症结所在。既是社会经济非常活跃的地带,又是人地关系严峻、矛盾比较尖锐的区域。

5.5.1 城乡交错带废弃地引发的问题

废弃地是指由于人类或自然因子的强烈干扰,使生态环境发生巨大的变化,景观的结构与功能急剧退化的土地系统。废弃地持续对资源环境造成不利影响,原有的景观异质性被破坏,结构受损,引发功能退化。

1. 土地资源的破坏与浪费

废弃地的粗放型开采方式,造成了大量的耕地被侵占和破坏,如采矿、取土、挖沙等对地表的直接挖损,地下开采造成的煤矿塌陷地,以及工业垃圾和生活垃圾的堆放对地表的压占等。

2. 生态退化

由于过度利用资源和环境污染等原因,造成草地、森林等生态系统退化。破坏生态平衡,造成物种栖息地萎缩或丧失,生物多样性减少,生物生产力降低,土壤微环境恶化,并加速了土地的荒漠化、盐碱化。人为地破坏地表,改变了一些地区的原生生境,阻隔了生物的迁徙。乡土植物群落受到破坏,植被急剧发生逆向的演替过程,这些过程大多是不可逆的。

3. 景观破碎化

景观破碎化是指景观中各生态系统之间的功能联系断裂或连接性减少的现象。景观破碎化引起生物生境的丧失或退化,从而造成生物多样性的丧失。景观破碎化造成的物种多样性变化主要表现为影响物种、遗传和生态系统多样性的丧失。堆放垃圾、挖掘土地和沿岸挖沙都会造成地表景观的改变,土地面貌变得千疮百孔,支离破碎,直接影响景观的生态服务功能。

4. 污染环境

垃圾堆放经过腐蚀和氧化,产生大量的有害气体,影响空气质量,污染周围环境。露天堆放的废弃物经过雨水的淋溶,地表水冲刷形成浊流。废弃物中的有毒元素会加剧土壤的污染和退化,其中的毒性成分和重金属成分,可以通过径流和大气扩散,造成污染的范围远远超过了废弃地本身区域。没有覆盖的疏松堆积物在风和水蚀的作用下,加剧水土流失,作物减产,大风吹起时灰尘飞扬污染环境,影响人类健康;暴雨时大量泥沙流入河道或水库,污染和淤积水体,影响水利设施的正常使用,增加洪水的危害(李洪远,2005)。

5. 影响城市形象

破败废弃的视觉景象严重影响了市容市貌,不利于建设良好的人居环境,降低了城市招商引资的实力,阻碍了城市的建设和发展。

5.5.2 城乡交错带废弃地的生态修复

恢复生态学是研究生态系统退化的原因、退化生态系统恢复与重建的技术、方法、过程与机理的科学,致力于研究那些在自然灾变和人类活动压力条件下受到破坏的自然生态景观的恢复和重建问题(徐嵩龄,1995)。生态恢复是相对于生态破坏而言的,生态破坏可以被理解为生态系统的组分、结构发生变化,功能退化或者丧失,关系紊乱等。

有学者指出(关文彬,2003),景观的恢复与重建是针对景观退化而言的,是构建安全的区域生态格局的关键途径。景观中某些关键性点、位置或关系的破坏对整个生态安全具有毁灭性的后果,研究景观层次上的生态恢复模式及恢复技术、选择恢复的关键位置、构筑生态安全格局已成为景观生态学家关注的焦点。

景观恢复与重建并不是单纯的景观重现,而应是在区域生态背景下,根据景观格局与过程对维持生态安全的能力,基于功能与动态的景观类型与格局的恢复与重建。在这里,单纯的景观美学价值和经济价值都不是生态恢复与重建的重要评价标准,而是景观的生态服务价值的持续能力。通过在景观尺度上的生态安全与评价研究,将为景观生态恢复与重建提供可靠依据,将有利于提高生态恢复与重建的效率与效果(张艳芳,任志远,2005)。现代的恢复方法,除了继续深入研究如土地肥力恢复(李永庚,蒋高明,2004)、生产力和植被恢复(杨修高,林德兴,2001),更注重景观的整体性和功能复合性研究(王仰麟,韩荡,1998)、资源的合理利用、综合开发和废弃地的社会价值(刘青松等,2003)。

对于特定的退化生境,恢复生态学也给出了具体的技术和方法,如对于受破坏的农田、草场、林地等生态系统,当塌陷深度不大时,可以采取土地整理和污染治理等改良措施,例如"充填式治理"等,实现生态系统的地表基底稳定性,为生态系统的存在、发育、演替、发展提供载体;对于地表塌陷和表层土壤破坏的极端退化的生境,完全恢复不仅难以确定原始条件数据,而且投入成本很高,是较不现实的。因此,以"改良"和"重建"作为工业废弃地生态恢复的主要目标,然后恢复植被和土壤,提高土地生产力,进而增加种群种类和生物多样性,提高生态系统的自我维持能力和景观美学价值。对于塌陷深度较大甚至形成积水的塌陷区,采用"非充填式治理",并视积水深度和生态状况区别对待。中、低水位塌陷区宜"改良"成养鱼池塘或梯田。高潜水位塌陷区,可以通过"重建"措施形成"次生湿地生态系统"。该生态系统具有较高的生态价值和自组织(自我维持、自我恢复)的能力,但系统较脆弱,应加以保护。

与以往的生态恢复不同,景观恢复从景观尺度上考虑恢复,以地块为单元,研究景观要素间的物质、能量交换与动态平衡,往往涉及两个或更多相互作用的生态系统或生态交错带,强调对景观中历史、文化和其他非人类因素对景观格局的影响进行量化描述或对比分析,推测景观的演化轨迹。它是指恢复生态系统间被人类活动破坏或打破的自然、联系。这表明,景观生态恢复不是仅局限于某个生态系统,而注重于景观格局及其各要素间的功能联系,合理的景观管理措施可以使生态系统回到以前,或与之相近的状态。

5.6 城乡交错带旅游景观开发及旅游地空间布局

5.6.1 城乡交错带旅游景观生态设计模式的讨论

运用旅游景观基本原理讨论城乡交错带内景区的景观生态设计模式。相对于城乡交错带,这些景区为拼块;相对于次一级的景区、景点,则又是模地。景区的景观生态设计主要有风景名胜区和森林公园两种模式。交错带内近城区作为边缘缓冲带的内圈,面对城市化的发展,建成区的扩展,景区中绿地面积不断缩小等状况,应降低建筑密度,使之尽可能融于绿色的模地中,选用或借鉴风景名胜区模式。交错带内的近郊和远郊区为边缘缓冲带的外圈,宜选用或借鉴森林公园模式。

1. 森林公园模式

森林公园是利用城乡交错带内原有的风景优美的森林环境,改造后辟为供游览和休憩之用的公园。森林公园不但具有公园的功能,还具有自身的生态特点。森林中气候宜人,空气中含有大量负离子;利于游客消除疲劳,促进新陈代谢,提高免疫功能;森林公园面积较大,可供游客较长时间游憩(胡长龙,1995);同时,森林对于附近尤其是城市环境还具有防护功能,是维持城区生态平衡或净化环境的有效措施。

森林公园多由城乡交错带中近郊和远郊区原有的森林区或大型苗圃改造而成,地点的选择要遵循资源充足和与中心城市连通性好的原则,这样才能吸引游客。森林公园应有一定面积的水面、疏林、草地。改造工作以增加景观的异质性和多样性为原则,主要包括开辟道路,增加林间小屋、水电、卫生等设施,丰富植被及林型,设置林中空地和疏林地。改建工程以不破坏自然景观为前提。适宜在森林公园开展的旅游活动项目有野餐、野营、游泳、划船、垂钓、狩猎、游览、散步、登山、科普活动和其他健身活动等。在森林公园中应根据旅游活动性质划出各类功能区并以小路连接。功能区尽可能设置在两种构景元素的边缘地带，利用边缘效应取得景观构图上的最佳效果。林间小路的设计是森林公园景观生态设计的重要方面，以小路为廊道，互相交叉形成的网络。网络中的网眼越大，生态效益越好；网眼越小而景观异质性大则景观的美学质量越高。森林网眼大小的最小景观美学阈值应是森林公园设计者研究的重要课题。

　　森林公园模式以保护城乡交错带森林公园为前提，进行适度的旅游开发，适应城市居民"回归自然"的需要，并对中心城市发挥生态效益。森林公园的修建和管理比较容易，投入也不算大，但是经济效益相对较低，对周边地区的经济和社会发展直接影响也不大。南京近郊区和远郊区中的大部分景区可采用或借鉴这一模式。

2. 风景名胜区模式

　　风景名胜区是一个法定概念，是国家或地方政府批准的是一个区域范围明确并分级别的地域。与森林公园相比，除自然景观以外，交错带中的风景名胜区必须依托文化内涵丰富、历史悠久的人文景观。这里仅讨论那些分布于城乡交错带的风景名胜区。位于这一地带中近城区的风景区是城市旅游的重要去处，一般也都得到较好的开发。目前主要任务是分析景区的生态状况，根据生态位理论，确定其生态容量。对于生态状况恶化的风景名胜区，应及时修订已有的风景名胜区规划。同时，应以满足人们旅游活动的需要为主要目的和以开发、利用、保护风景名胜资源为基本任务，对景区进行调整、改造，丰富物种，提高绿地面积比例，增加景观生态系统的多样性，输入负熵，以恢复生态系统的良性运转。对于尚未规划的景区，应组织专业人员进行景观生态设计，避免走入人造文化景观的选题误区。按旅游功能划分，风景名胜区的主体是风景区。风景名胜区的各景区的景观应各有特色，体现景观的异质性，连接景区之间的廊道长度要适宜，过长就淡化了景观的精采程度，过短了又会影响风景生态系统的正常运行。风景名胜区中的旅游接待区既要方便游人，又要分散布点和适当隐蔽，不影响景观的美学功能，还能使拼块面积尽量减小而易于融入模地中。作为大面积游憩绿地的模地是风景名胜区的基调，作为各景区的拼块则应有自己的绿化主调，以强化不同的特色，形成生态系统的多样性。如南京钟山风景名胜区中梅花山之梅，中山陵之雪松，明孝陵之柏，都是有主调之佳例。在风景名胜区中应杜绝和减少作为干扰拼块的人造文化景观的建设。在景观生态设计中，将人文景观与自然景观有机结合起来。这一模式适合于自然和人文景观资源较好的地区采用。在南京城乡交错带近城区的四片风景区采用或借鉴这一模式，可以提高近城区旅游开发的层次，形成更好的生态景观以吸引游客。

5.6.2　旅游系统空间布局基本原理及流程

1. 旅游空间布局的界定及影响因素

　　旅游空间布局是通过对土地及其负载的旅游资源、旅游设施分区划分，对各区进行背景分析，确定次一级旅游区域的名称、发展主题、形象定位、旅游功能、突破方向、规划设计、项目选址，从而将旅游六要素的未来不同规划时段的状态，落实到合适的区域，并将空间部署形态进行可视化表达的过程。

影响旅游区空间布局的主要因素包括：旅游资源分布、景区交通条件、游览线路设计、活动项目安排、配套设施建设、长远发展战略等。

2. 旅游系统空间结构特点

旅游空间是一种动态空间，它既是一种自然空间也是一种经济空间，是区域内在的经济与地理的客观联系。旅游空间将随着所反映的区域内在联系的波动和演变发生结构变动，其变动方向反映了区域旅游开发的成败与否。旅游发展中生态环境遭受破坏的根源之一就在于旅游地的旅游空间发展无序，以及空间规划布局的不合理。旅游空间具有以下特性。

（1）开放性

旅游业本身就是一个开放的系统，由此决定了区域旅游持续发展必须基于一个开放性很强的旅游空间结构。旅游空间的发展不仅应注重区域内部各要素的协调平衡，还应注重区域联合、本区利益与它区利益相结合，体现区域集团化的大趋势。

（2）人文性

旅游空间结构还具有人文性，对旅游活动的主体旅游者来说真正吸引他们拜访旅游目的地的是当地的人文吸引力；对旅游地当地居民来说，真正区别自身与外界的是当地的习俗、气质和文化认同。而当地历史文脉、本土意境的延续也是区域旅游空间结构人文思想的体现。

（3）统一性

区域旅游空间结构的可持续发展是公平与效益原则的统一。其公平原则应体现在游客与当地居民对旅游资源、服务设施的公平享有和区域间旅游资源分享的利益均等上；效益原则体现在资源的优化配置、高效利用与永续利用、组织管理与消费方式变革等方面。

3. 城乡交错带旅游系统空间布局的基本原则

（1）三个视角，四层合一

合理的空间布局应是资源层面、行为层面、区位层面、城市层面的有机结合，资源层面是指各类旅游资源的空间布局，行为层面是各类旅游需求的行为模式，区位层面是规划区在不同层面上的区位格局，城市层面是城市体系的空间分布格局。这四个层面的融合方式直接影响服务设施与城市的组合关系、与主体景区的组合关系、城市与游憩地的组合关系。要有效的解决这个问题，必须从区域、市域、城区三个视角综合观察分析。

（2）突出中心，分清主次

在旅游区范围内，旅游发展不能遍地开花、均衡发展，必须突出主题，突出中心，构建中心体系。处理好心与翼的关系，线与面的关系。

（3）背靠乡村，融入城市

城乡交错带最大的优势就是拥有乡村和城市的双重资源，因此，应一方面背靠乡村，利用其优美的自然环境和绿色资源，另一方面积极融入城市生活，增加都市元素，增强吸引力。同时应遵循城市总体规划，与之相协调。

（4）保护资源，深度开发

产品开发战略是通过具体功能分区来实现的,而功能分区是建立在资源保护与合理利用原则基础上的。综合分析资源、环境与区位特点,对其进行保护的同时结合社会经济发展趋势,对其进行深度开发。

(5)突出个性,综合布局

在区域分析、资源分析、功能分析的基础上,综合考虑,整体布局,但更需要突出个性,增强创新意识。

4. 旅游系统空间布局方法

旅游空间布局的理论基础是地理空间理论和经济区位论,基本依据是旅游规划区背景分析结论、市场分析成果和旅游资源评价结果,以此来确定旅游功能区和旅游建设项目的位置,具体方法如下:

(1)认知绘图法

认知绘图法由弗里更(1983)提出,主要是通过综合旅游者对旅游地域形象的认知,计算旅游位置分数,依次为空间布局的依据。

认知绘图法的步骤主要有以下几方面:①选择抽样调查方法,以确保获得具有代表性的随机样本。②向被调查者提供一张空间布局底图,要求他们在认为是旅游地(区、景区)中心的地方画上预先定好的标注"X",并画出 3～5 个旅游区范围。③计算出每个旅游区位置的分数(TLS),即 $TLS=(A+B+C)\times(A+B)/(1+C)$,其中 A 为一个区得到的"X"数;B 为该区被划为旅游区的次数;C 为一个区部分被划入旅游区的次数。④汇总 TSL 分数,并标注在地图上,分数最高处,即为旅游区的位置中心,然后沿低谷处画线,可得出各区之间的界限。

(2)降解区划法

史密斯(L. J. Smithh,1986)提出,是一种大尺度地域范围区划定位方法。该方法从较大区域范围入手,逐渐按两分法分解成越来越小的区域。流程如图 5-10 所示。

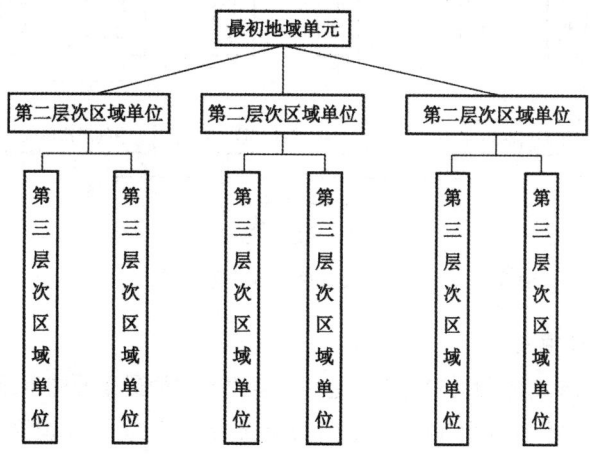

图 5-10 降解区划法流程图[1]

---

[1] 资料来源:王娟. 城乡交错带旅游地空间布局研究[D]. 武汉:华中师范大学,2011.

对于某一点的主题定位或功能设定,同时也可以利用图 5-11 的逻辑流程图。

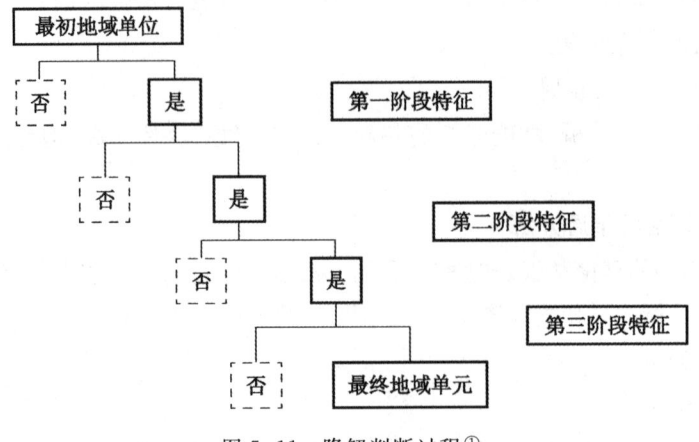

图 5-11　降解判断过程①

(3) 聚类区划法

聚类区划法又称上升区划法,是一个由下而上的思考过程,是与降解区划法相逆向的空间划分方法(图 5-12)。该方法从小的地域系统入手逐渐合并为数量较少的大区域,对已经定位的旅游规划地域系统(旅游地、旅游区、景区),进行分类、命名、定功能、定级别,以确定各自特色、主题、功能和发展方向,各区域之间的分工协作关系,进行旅游规划的"区块"层次空间布局,从而确定旅游地域系统和旅游项目的位置、边界和占地面积。

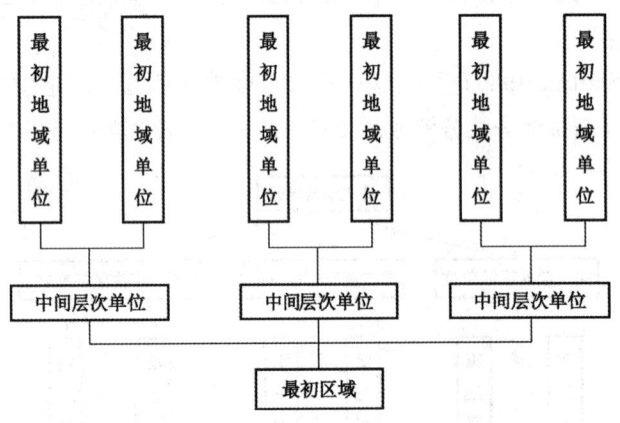

图 5-12　聚类划分法②

5. 旅游空间布局模式

分区制是城乡交错带旅游地进行规划、建设和管理等方面最重要的手段之一,是用以保证城乡交错带的大部分土地及其生物资源得以保存野生状态,把人为的设施限制在最小限度以内。

国家公园往往是处于城乡交错带的主要旅游地,以国家公园为例,为了正确处理好公

---

① ②　资料来源:王娟.城乡交错带旅游地空间布局研究[D].武汉:华中师范大学,2011.

园的保护与利用关系,一般把国家公园划分为3～5个不同的功能区,即生态保护区、特殊景观区、历史文化区、游憩区和一般控制区,如图5-13所示。

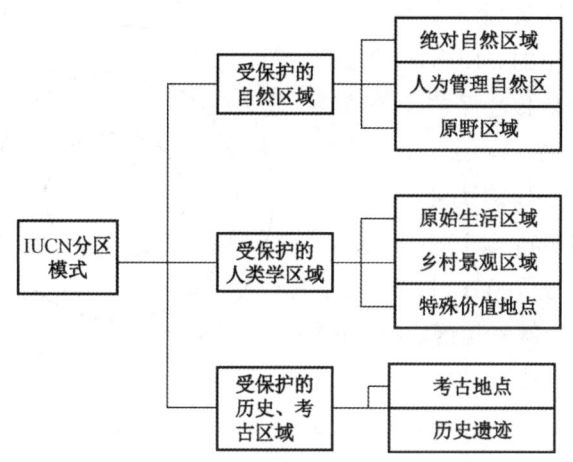

图5-13　IUCN国家公园分区方案示意图[①]

生态保护区是研究生态的自然区,只对工作人员而不对游人开放;特殊景观区是指美学价值很高、供旅游者游览观赏的自然区,除必要的安全、卫生及道路外,不得新建任何建筑物,严格限制开发;历史文化区是保护历史文物及其环境的地区,在不影响历史原貌的原则下,其附近可以适当建卫生、保护设施和绿化;游憩区是公园设施集中的区域,是公园的服务区,可建设必要的服务设施,如游客中心、旅馆、商店、车站、停车场、电讯、管理等设施,但要求其建筑尺度小,采用地方材料、地方风格,保持与环境协调一致;一般控制区属于普通管理区域,除上述四种区域外都是一般控制区,有的控制区包括公园界外的相邻地区。

Mieezkowski(1995)提出了一个"旅游区内分散化集中"(Deeentralized Concentration in a Turist Region)的空间模式,来帮助规划人员理解和布置旅游功能区,如图5-14所示。该模式的主要内容是指旅游者在若干游客活动中心(度假区、宾馆接待区)相对集中,以这些入住中心为基地,向四周单个吸引物(旅游景区景点)或吸引物群进行一日游式的出游活动。这一模式也可

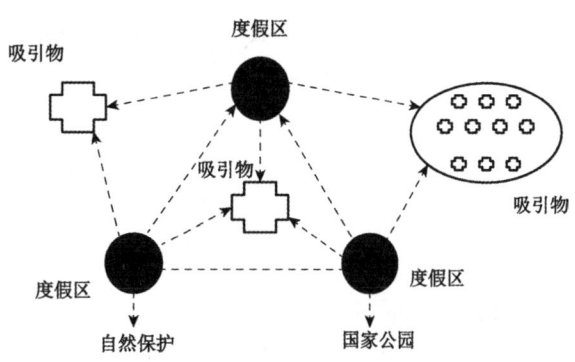

图5-14　旅游区内分散化集中空间模式[②]

理解为以某些靠近城市的游客导向型的旅游区为集中区域,旅游者逐渐向远离城市的资源导向型的旅游区扩散。

---

①②　资料来源:王娟.城乡交错带旅游地空间布局研究[D].武汉:华中师范大学,2011.

此外,城乡交错带的国家公园空间布局模式还有如下六种。

(1) 同心圆空间布局模式

同心圆模式是美国景观建筑师 Richard Forster 于 1973 年提出的。Richard 将国家公园由中心向四周分成核心保护区、游憩缓冲区和密集游憩区三个同心圆。这一模式得到了世界自然保护联盟的认可。在 Richard 的基础上,C. A. Gunn 于 1988 年提出了 5 圈层国家公园旅游分区模式,将公园分成重点资源保护区、荒野低利用区、分散游憩区、密集游憩区和服务社区,被广泛应用于加拿大国家公园建设。我国自然保护区、旅游区的布局模式基本上也源于此,并根据实际情况,一般分为核心区、缓冲区和实验游憩区、游客集散服务区等。

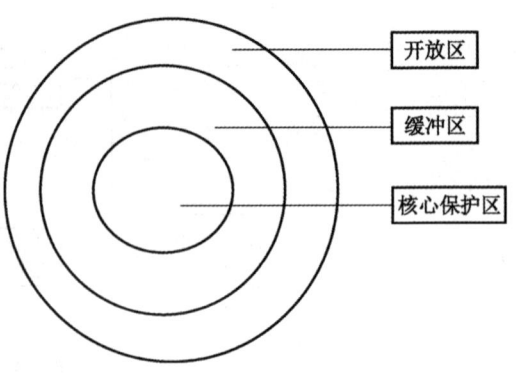

图 5-15　同心圆空间布局模式①

(2) 社区——吸引物空间布局模式

吸引物空间布局模式是 1965 年由甘恩(Gunn)首先提出的,在旅游区中心布局社区服务中心,外围分散形成一批旅游吸引物综合体,在服务中心与吸引物综合体之间用交通线连接,如图 5-16 所示。

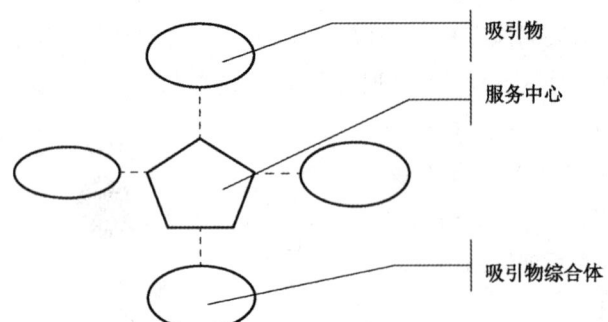

图 5-16　社区——吸引物空间布局模式示意图①

(3) 三区布局模式

三区结构模式是由弗斯特(Forster)提出的,核心是受到严格保护的自然特色区,限制乃至禁止游客进入,如图 5-17 所示。围绕它的是娱乐区,在规划娱乐区时配置了野营、划船、越野、观景点等服务设施。最外层是服务区,为游客提供饭店、餐厅、商店服务或或高密度的娱乐设施。

(4) 双核布局模式

---

①② 资料来源:王娟.城乡交错带旅游地空间布局研究[D].武汉:华中师范大学,2011.

双核布局模式由特拉维斯(Travis)于 1974 年提出,该布局方法为游客需求与自然保护区之间提供了一种商业纽带,如图 5-18 所示。在保护区的边缘,布局一个辅助型的社区集中各种服务功能。

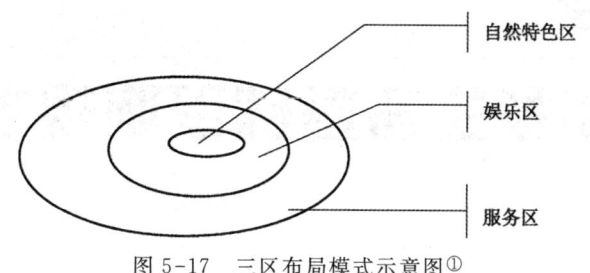

图 5-17 三区布局模式示意图①

（5）核式布局模式

在城乡交错带自然风景魅力突出的旅游区,通过此布局模式可进一步提高自然风景点的吸引力,布局重点是娱乐,其次是住宿,如图 5-19 所示。

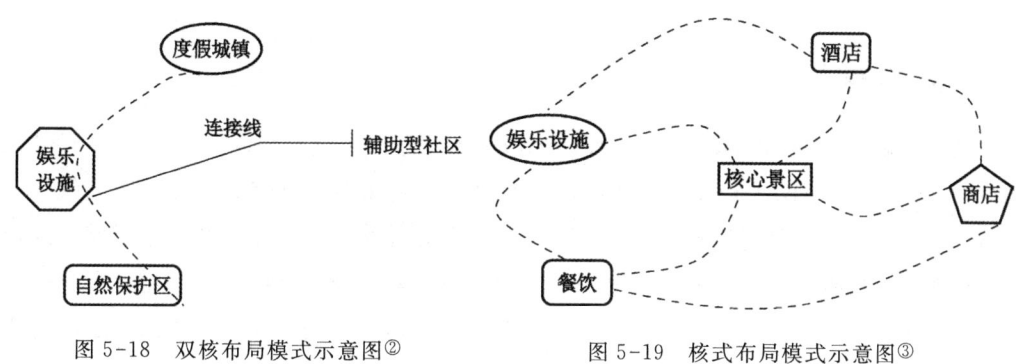

图 5-18 双核布局模式示意图②　　　图 5-19 核式布局模式示意图③

（6）环旅馆布局模式

若城乡交错带旅游区缺乏明显的核心自然景点,则可尝试通过环旅馆布局模式使豪华(或特色)旅馆成为旅游区核心,布局的重点是旅馆的建筑风格和综合服务设施体系,如图 5-20 所示。

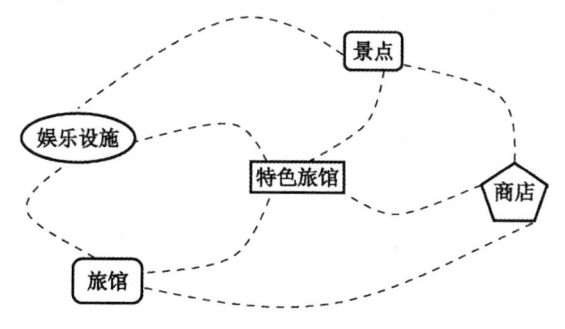

图 5-20 环旅馆布局模式示意图④

①②③④ 资料来源:王娟.城乡交错带旅游地空间布局研究[D].武汉:华中师范大学,2011.

第6章

城乡生态基础设施规划

6.1 生态基础设施概述

6.1.1 发展由来

生态基础设施(Ecological Infrastructure,EI)的概念最早见于联合国教科文组织的"人与生物圈计划"(MAB)的研究。1984 年,在 MAB 针对全球 14 个城市的城市生态系统研究报告中提出了生态城市规划五项原则,其中生态基础设施表示自然景观和腹地对城市的持久支持能力。相隔不久,Mander(1988)和 Selm(1988)等人从生物保护出发,用此概念标识栖息地网络的设计,强调核心区、廊道等组分作为生态网络在提供生物生境以及生产能资源等方面的作用。Beatly(2000)则用此概念泛指城市建成区域相对应的自然区域。此后,生态基础设施及生态网络的思想在欧洲得到了较多的应用。

相对于作为自然系统基础结构的生态基础设施概念,它的另一层含义是"生态化"的人工基础设施。认识到各个人工基础设施对自然系统的改变和破坏,如交通设施被认为是导致景观破碎化、栖息地丧失的主要原因,人们开始对人工基础设施采取生态化的设计和改造,来维护自然过程和促进生态功能的恢复,并将此类人工基础设施也称为"生态化的"基础设施,或者"绿色"基础设施("绿色"即强调生态化)。北美及欧洲的许多城市都在开展实施"绿色"基础设施计划。如纽约生态基础设施研究(New York Ecological Infrastructure Study),涉及气候、能量、水文、健康以及政策和成本效益等方面。加拿大卡尔加里 1996 年在 Elbow Valley 建立用于水体净化和污染处理的实验性人工湿地,并在其 Nature as Infrastructure 报告中强调了生态基础设施在生态及教育方面的巨大意义。

6.1.2 生态基础设施的基本概念

生态基础设施是近年来在生态城市、生态经济学、生物保护等领域出现的一个新的概念。这一概念集中体现了在现有生态系统服务功能受到损害和景观破碎化的背景下,维护连续、完整的生态格局的重要意义。它强调生态系统服务功能在物质空间中的具体化,是实现可持续发展的可操作的景观战略。生态基础实施的涵义在日益拓展,在生态学、生态系统管理、生态经济学、生态工程学、生物保护学、景观生态学等许多学科都有涉及。由于生态基础设施是跨学科领域的研究,因此生态基础设施思想具有丰富的内涵和意义。

生态基础设施是维护生命土地的安全和健康的关键性空间格局,是城市扩张和土地开发利用不可触犯的刚性限制,是城市的可持续发展所依赖的自然系统,是城市及其居民能持续地获得自然服务的基础,这里所说的生态服务包括提供新鲜空气、食物、体育、游憩、安全庇护以及审美和教育等。生态基础设施不仅包含已习惯的城市绿地系统的概念,而是更广泛地包含一切能提供上述自然服务的大尺度山水格局、自然保护地、林业及农业系统、城市公园和绿地系统、城市水系和滨水区、广场开放空间系统以及以自然为背景的文化遗产网络(俞孔坚等,1997,2004)。具体包括各种自然要素:河流、湿地、蓄滞洪区、湖泊、水库、海岸线、滩涂;防风林带(其他防护林带);重要山体、森林基质、栖息地;重要的经济林、高产农田;廊道;以及历史文化要素,如重要历史文化景点及历史遗产廊道。

6.1.3 生态基础设施的特征

生态基础设施属于基础设施,那么它具备以下一般基础设施的特征:

(1) 不可贸易性。大多数基础设施所提供的服务基本是不可以通过贸易进口的。每个国家可以从国外引进技术设备和融资,但要从国外直接整体引进公路、机场、水厂是无法想象的。

(2) 整体性和不可分性。一般情况下,基础设施只有具有一定规模时才能提供服务,或者说才能有效的提供服务,像机场、公路、电信、港口、水厂等这些行业,小规模的投资是不能发挥作用的。如连接两城市的轻轨不能只建一半、电站大坝不能只建到河中间、机场跑道不能留半截不修完等。

(3) 准公共物品性。有些基础设施提供的服务具有相对的非排他性和非竞争性,与公共物品类似。非排他性是指当某人使用基础设施所提供的服务时,不可能禁止他人使用;或要在花费很高的成本后才能禁止,对这样的服务,实际上任何人都不可能将另外的人排除在外即存在免费搭车。非竞争性是指物品的生产成本不会随着物品消费的增加而增加,即边际成本为零。比如国防这种公共物品,每年的国防费用都是固定的不会因为今年一个新出生的婴儿而增加国防费用。

(4) 基础性和先行性。基础设施所提供的公共服务是所有的商品与服务的生产所必需的,如果没有这些公共服务,其他商品与服务(主要指直接生产经营活动)便很难生产或提供。

此外,生态基础设施还有以下对人类生存意义重要的特征:保障可持续发展的多功能性;全民共享的公共性与同一性;建设和使用的超前性与长期性;服务的连续性和多层次、网络化系统性。

从不同学科角度来讲,EI 无论是作为生物的自然栖息地系统,还是针对人类的城市栖息地系统,它都强调关键性的生态格局及资源、产品、服务等对系统栖居者和整体系统的正常运行和持久生存的基础性支持作用。而从人类的可持续发展角度,EI 是一类为人类提供生态系统服务功能的基础设施,是为维护健康和生态安全的自然结构和基础框架。

6.1.4 生态基础设施的内涵及诠释

1. 城市生态基础设施的内涵

城市生态基础设施是城市所依赖的自然系统,是城市及其居民持续获得自然生态服务的保障,也是城市及其居民能持续地获得自然服务的基础,这些生态服务包括提供新鲜空气、食物、体育、休闲娱乐、安全庇护以及审美和教育等。它不仅包括习惯的城市绿地系统的概念,而是更广泛地包含一切能提供上述自然服务的城市绿地系统、林业及农业系统、自然保护地系统。完善的城市生态基础设施建发是现代城市建设的需要,是生态城市的重要标志(张明亮,2002)。

2. 城市生态基础设施内涵的诠释

由于生态基础设施的多学科交叉的特性,研究的出发点很多,本章仅从生物多样性保护与生物安全战略、生态经济学、生态化工程基础设施以及它的演化和发展对这一概念的内涵进行诠释。

(1) 维护完整的生态网络

从生物安全战略与生物多样性保护的视角,生态基础设施的概念较早出现在 Mander 等人在生物多样性保护的研究中。1988 年,他在《作为地域生态基础设施的补偿性区域网络》一文中用此概念表示栖息地网络的设计,强调核心区、廊道等组分对生物保护的作用。而几乎同时,Selmand Van 在《生态基础设施:设计栖息地网络的概念框架》一文中也进行了类似的研究。随后,荷兰农业、自然管理和渔业部于 1990 年颁布的自然政策规划(Nature Policy Plan)中在全国尺度上较早提出了 EI 的概念。这些都是从生物和环境资源的保护与利用角度提出的。

关于 EI 或生态网络的构成,Jongman 认为生态网络包括了核心区、廊道、缓冲区以及必要的自然恢复区,并且提出城市生态网络建设的三个特点:前瞻性、作为自然政策制定的基础、作为国土和区域规划的一部分。Hubert 提出生态网络和 EI 建设即保护自然资源,包括空气、水、土壤以及保护生物多样性。Bohemen 以荷兰生态主干基础设施为例,提出 EI 由自然核心区、自然发展区、廊道和连接、缓冲带等四部分组成。

可以看出,从生物保护研究出发,EI 主要指景观中有助于或能够引导生物在不同生境中运动的综合特征,如景观镶嵌体中的廊道等线性景观要素,核心栖息地的空间分布、连续性、内部结构的变化以及与周边生境的差异等,并强调形成连续的整体生态网络的重要性。因而在生物保护研究中,EI 与生态网络、生境网络等概念是基本同义的(刘海龙等,2005)。

（2）维护生态系统服务

生态经济学领域对 EI 的研究主要试图强调生态系统服务在当前经济平衡体系中的价值，以及能够提供这些服务的生态系统和自然资本的可量化的价值。EI 的概念出现在生态经济学研究中体现了对生存危机与可持续目标的认识的加深。首先应该明确生态系统服务的含义。目前比较统一的认识是：生态系统服务是指生态系统与生态过程所形成及所维持的人类赖以生存的自然环境条件与效用（Oliver Fromm，1999）。Constanza 等把这些服务归纳为 17 类，Daily 将其归纳为 15 类。综合起来，主要包括生态系统的产品生产、生物多样性的产生和维持、气候气象的调和稳定、旱涝灾害的减缓、土壤的保持及其肥力的更新、空气和水的净化、废弃物的解毒与分解、物质循环的保持、农作物和自然植被的授粉及其种子的传播、病虫害爆发的控制、人类文化的发育与演化、人类感官心理和精神的益处等方面。生态系统服务是生态经济学研究的核心。而 EI 的概念在这里不仅指能够提供这些服务的生态系统和结构，还强调了其在当前生态环境背景下的稀缺性（刘海龙等，2005）。

（3）恢复自然过程与功能

EI 的另一种理解是"生态化的工程基础设施"。在人类的生存环境中，各种基础设施对社会、经济的运行和发展都起到了极为重要的作用。人类的各种基础设施是与不同时代的社会发展需求紧密联系的。进入到 21 世纪，城市蔓延、全球化、可持续发展成为了时代的主题或需求，因此绿色（生态）基础设施应当成为解决目前问题并且保障未来发展的关键。

对于当前工程化基础设施日益交织成网，对生态过程和自然系统带来多方面影响的现实，许多研究者试图寻找能够平衡和补偿这些工程基础设施带来的生态破坏和退化的途径。基础设施生态学作为在基础设施工程规划、设计和实施阶段改善和协调多种生态功能的框架，基本内容包括尊重生态格局与过程的连续性，采取生态工程技术来降低工程建设所带来的栖息地破碎等影响。而强调改善和强化周边的生态基础设施，如加强景观连续性等被认为是重要的补偿措施。

目前此方面主要集中在用生态化手段来改造或替代道路工程、不透水地面、废物处理系统以及洪涝灾害治理等问题。如建立用于水体净化和污水处理的试验性人工湿地，绿色屋面不同层次的暴雨洪涝治理、邻里步行系统、公园系统设计等生态基础设施研究等。最具有代表性的是荷兰政府 1997 年强调实施可持续的水管理策略，其重要内容是"还河流以空间"。以默兹河为例，具体包括疏浚河道、挖低与扩大漫滩（结合自然）、退堤以及拆除现有挡水堰等，其实质是一个大型自然恢复工程，称为生态基础设施，旨在建立全国性的广阔而相连的自然区网络。这些研究试图在硬质的人工化环境中恢复各种自然生态功能和过程，从而发挥对人类有益的各种服务职能，并尽可能减少人工基础设施对自然过程和服务的破坏。

以上的尝试都表明人们开始重视通过生态化改造和维护自然过程来恢复生态服务功能，因为主要针对各种工程化基础设施，如交通运输、给排水、防灾、环保等，所以将之也称为"生态"基础设施或者"绿色"基础设施。

（4）成为土地利用、开放空间及绿地系统规划的指导思想土地利用和开放空间对策在国外的发展因地理、文化和体制的不同而有所差异,但在欧美等发展相对完善和活跃的地区,目前出现了用 EI 思想来指导土地利用和开放空间规划,甚至影响整个区域发展与保护的探索。

自 19 世纪以来,为解决城市环境问题,公园绿地一直作为一种重要的城市基础设施。包括绿带、绿心、公园道、公园系统,以及田园城市等概念都强调了"绿化环境对城市文化极为重要的意义",尤其是 Olmsted 的波士顿"蓝宝石项链"等实践更体现了可贵的前瞻性规划思想(蔡雨亭等,1997)。随着概念的发展,有人采用绿地基础设施(Green Infrastructure,GI)表示连续的绿地空间网络与生命支持系统,实际上与生态基础设施的概念趋于一致,国内也一直将园林绿化作为城市基础设施中的生态环境保护子系统,但目前从指导思想与实际操作手段和效果看还存在着诸多问题。

6.1.5 生态基础设施的实践意义

1. 生态基础设施的规划意义

人类的各种基础设施对实现可持续发展无疑都具有重要的影响,但是如果抛开基于人性扩张欲望的膨胀式发展模式,而从一种良性和稳定的发展角度来看,当前的各种基础设施对人类所起的作用各不相同。有人认为社会、经济、基础设施和自然系统几部分是一种平行关系,它们相互交织,相互联系,相辅相成,相生相克。可持续金字塔表明了一个可持续的生态系统是如何通过向人类系统和人工环境提供生存的自然资源而成为我们社会的基础(图 6-1)(Karen Williamson,2003)。这座金字塔中包括了建设资本(灰色基础设施)、

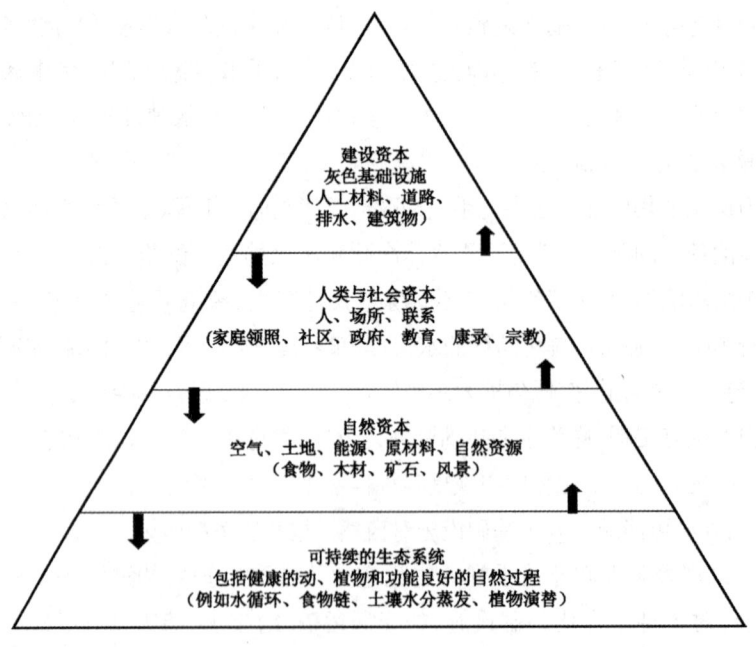

图 6-1 可持续金字塔

人类与社会资本(可认为是社会基础设施)、自然资本和可持续的生态系统(可认为是生态基础设施,包括物质要素及各类生态过程和功能)。它们形成自上而下依次增大的支撑结构,这样才能构成一个稳固的人类生存环境的支持体系,也是一种人与自然和谐的可持续生存环境。城市复合生态系统理论也强调,在城市复合生态系统中,自然子系统是基础,经济子系统是命脉,社会子系统是主导。

生态系统服务功能为人类提供了生存保障,它们的强弱取决于生态系统中的生态资本存量,而生态资本存量的多少反映了一个国家可持续发展能力的大小。生态系统服务被认为是 EI 的核心特征(Andreas Seiler,1995),这一认识的目的不仅在于强调能够提供这些服务的生态系统和结构,更强调其在当前生态环境背景下的稀缺性。即自然资本已不再充足丰富,唾手可得,在许多地方,尤其是城市地区,自然组分成为残遗斑块和廊道甚至已经消失殆尽。而与此相反,大量人工基础设施和建筑日益成为大地景观的主体。就全球来讲,森林、淡水等资源无疑已经成为了整个人类可持续生存的战略性要素。

就我国而言,还面临着如何利用外部资源以及如何维护自身生态资本存量的问题。生态资源现状对我国未来经济发展的影响,生态系统对维持我国社会经济体系的保障能力等问题亟待研究。这些不可再生的资源将是制约我们生存和发展的新的瓶颈。这种状况迫使我们必须要转变观念。

2. 生态基础设施的实践意义

将生态系统放在一个十分重要的位置对于规划领域具有巨大的意义。如同其他基础设施一样,如果没有前瞻性的规划,城市将无法运转,人类将无法生存。且随着人类生存空间的膨胀,这种威胁将越来越大。如果只是被动地追随城市的扩张,只是后续的"添绿",则无法起到积极的生态平衡作用。从规划方法来讲,从单纯被动性的绿带规划和只从休闲游憩出发的公园设计是不够的。生态系统服务功能需要综合生物、水文、气候等学科知识,通过空间规划手段建立生态安全格局。而从空间形态来讲,根据区域与城市的内在生态过程需要来判别最为关键的生态格局,构建连续、完整的绿色网络是生态基础设施思想的核心。

因此,尽管 EI 概念理论方法的研究是一个新的领域,即便在欧洲和北美洲,这一概念仍然和其他思想发生着频繁的交叉,也不断出现与之关联的新思想、新理念。但可以看出,这种思想是经过了西方数百年工业化和城市化发展后,对于人地关系的客观发展态势和规划的主观意识走向的深入思考。虽然我国的人情、地情以及文化背景与之不同,但却正在面临着更为严峻的人地关系危机的现实。该理论为我们提供了一个理解土地的生态过程和生态安全,基于生态伦理与价值观层面来重新认识生态系统服务功能价值的平台。

6.2 城市生态基础设施建设理论与实践

城市生态基础设施是城市可持续发展所依赖的基础设施,本质上讲它是城市所依赖的自然系统,是城市及其居民能持续地获得自然服务的基础。它不仅是城市休闲生活的重要资源,更是城市公共服务设施或功能调配的储备资源,城市公共安全防护和紧急避难的战略资源。没有生态基础设施这个基本条件,也就没有城市的可持续发展。因此,研究城市生态基础设施建设实践,并总结经验和教训,对城市可持续发展具有重要的推动作用。

6.2.1 国内城市生态基础设施建设理论与实践

国内有研究人员将国内外生态基础设施建设实践归纳如下(屠凤娜,2013):从20世纪90年代生态基础设施的概念提出至今,世界各地的研究者对生态基础设施建设进行了探索和实践。在生态基础设施建设中取得效果较为明显的是美国、英国等国家。近年来,我国部分地区也对生态基础设施体系建设的相关内容进行了实践。他们从绿道建设、生态网络、土地利用模式等方面,为生态基础设施体系建设提供了范例。研究学习这些实践,会对城市生态基础设施建设产生良好的指导作用。

我国生态基础设施的研究和实践起步较晚。从文献上看,首次有关生态基础设施的论文发表于2001年,而集中地探讨和应用大致始于2006年。2001年,俞孔坚教授提出了中国城市的生态基础设施体系建设的十大景观战略:①维护和强化整体山水格局的连续性;②保护和建立多样化的乡土生境系统;③维护和恢复河道和海岸的自然形态;④保护和恢复湿地系统;⑤将城郊防护林体系与城市绿地系统相结合;⑥建立非机动车绿色通道;⑦建立绿色文化遗产廊道;⑧开放专用绿地,完善城市绿地系统;⑨溶解公园成为城市的绿色基质;⑩保护和利用高产农田作为城市的有机组成部分等(俞孔坚等,2001),并在北京大运河区域、广州萝岗区、浙江台州、山东东营等地区展开了实践。此外,北京、深圳、广州、海南等地根据其自身的优势和特色,也进行了生态基础设施的相关建设。

北京:以生态基础设施为依托,构建城乡一体化的绿地系统。20世纪80年代以来,北京市开展了以荒山绿化、绿化隔离带、平原农田林网和城市公园为主要内容的绿化建设。随着建设"绿色北京"目标的提出以及规划理念的更新,城市绿地系统规划的地位大大提升,它不再仅仅是城市总体规划的一个附属部分,而是作为独立规划编制完成,这也进一步推进了北京市城市绿地建设,构建了一个集自然生态、遗产保护、文化教育和市民游憩于一体的综合性城市绿色生态网络。

深圳:基于"生态优先"理念,深圳在2005年颁布实施了《深圳市基本生态控制点管理规定》,在全国率先通过法律形式对生态用地划定了保护范围。据统计,深圳全市1952.8 km²的陆地面积中,50%的用地被纳入其中(董培军等,2012)。通过立法的形式,既保护了生态控制线内的生态用地,也为进一步进行生态基础设施建设奠定了坚实的基础。

广州:广州在2003年开展了《广州市生态区划政策指引及番禺片区生态廊道控制性规划》,该规划属于专项规划,与深圳的基本生态控制线相似,规划廊道的建设项目实行严格控制,最值得借鉴的是,该规划按照不同的重要性梯度,把生态廊道里的各个地块在廊道系统中的生态功能定位划分为三个层级:一级控制区、二级控制区、三级控制区,并对应每一层级建立一系列保护、控制与建设指标。指标由"控制性指标"和具体的"建设导引"两部分组成。2010 年以来,广东省再吸纳欧美国家的成果,并结合珠江三角洲的实际情况和需要,由政府强有力推动的民生工程,有广泛的专家咨询队伍和专业设计团队的支持,快速而有条不紊地推进绿道建设,短时间内取得丰硕成果。

海南:海南是生态省建设的先行者和探路者,它始终倡导生态优先,建立起绿色基础设施系统(生态、环境系统),从而达到建立绿色基础设施系统的海南示范之效果。海南生态基础设施体系建设强调应该优先于灰色基础设施和社会性基础设施(学校、医院、图书馆)的建立,同时建议在海南启动建立"绿色基础设施"的研究与实施纲要,为全国范围内建立"绿色基础设施"示范并确立指标体系。

6.2.2 国外城市生态基础设施建设实践

美国:二战后美国城市化快速发展并进入高潮时期,人口的增长、郊区的放任发展造成了畸形的城市蔓延,导致城市土地的过度消耗,生态系统的平衡被破坏。1990 年北美学者开始检讨这种肆意开发、不受控制的城市增长方式,并提出"生态基础设施"的概念。1999年,美国可持续发展总统顾问委员会在《走向一个可持续的美国——致力于 21 世纪的财富、机遇和健康环境》报告中,强调生态基础设施是一种能够指导土地利用和经济发展模式往更高效和可持续方向发展的重要战略,并将"生态基础设施体系建设"作为国家可持续发展的一种关键战略和自然生命支持系统,从而掀起了美国生态基础设施规划的热潮。波士顿的"蓝宝石项链"、南佛罗里达地区的"生态绿道"活动、马里兰州"绿图计划"、新泽西州的"花园之州绿道"等,都形成了一个网络化的具有良好服务功能的生态基础设施体系,成为业内典范。其中,佛罗里达州的生态基础设施体系由生态网络和文化游憩网络组成,生态网络由自然门户、自然连接、河流走廊以及海岸线组成,文化游憩网络由连接公园、市区和文化场所的休闲、娱乐、步行系统组成。2001 年马里兰州推行的绿图计划,通过绿道或连接环节形成全州网络系统,减少了因发展带来的土地破碎化等负面影响,并形成了相应的评价体系。

英国:尽管英国没有出现美国的大规模城市蔓延现象,但城市化过程中的生态保护、气候变化以及旧城改造问题仍然比较突出。因此,英国生态基础设施体系建设更侧重于关注城市内外绿色空间的质量、维持生物多样性、野生动物栖息地之间的多重联系以及注重协调生态保护和利益相关方的矛盾。比如,伦敦市拥有大面积的绿地并已形成了网络,其环城绿带宽度达 8000～30000 m。伦敦还保留了许多自然生态系统,仅市级自然保护场所就有 130 多处,其中大型皇家公园 9 个。此外,英国西北部地区在编制生态基础设施规划导则之初便强调协调投资者、政府、公众等相关主体的利益,为进一步保障规划实施的可操作性,该地区所提出的干预性计划中,囊括了政策、经济等多方面的措施,如区域之间合作机制的建立、基金债券等资金筹集方式的提供等。各地区也进行了一系列生态基础设施体系建设实践,主要包括(吴晓敏,2011):2004 年英国伦敦东部绿网项目的实施,2005 年英国东伦敦地区以社会经济发展和环境重塑为目的的生态网格体系建设,2006 年成立了西北生态基础设施小组,提出生态基础设施建设是一种自然环境和绿色空间组成的系统,2007 英国东北部的堤斯瓦利为实现城市中心区经济复兴展开的生态基础设施战略,2008 年英国西北部地区为指导下层次规划而编制的生态基础设施规划导则等,均是对生态基础设施体系建设的有益探索。

加拿大:加拿大生态基础设施概念不同于英美等国家,主要是指基础设施工程的生态化,通过科技手段来改造或代替道路工程、排水、能源、洪涝灾害治理以及废物处理系统等传统基础设施的污染和能耗问题,使传统基础设施在其全寿命周期内,最大限度地节约资源(节能、节地、节水、节材等)、保护环境和减少污染,为社会生产和居民生活提供舒适、健康、高效、便利的公共物质工程设施。1996 年,加拿大卡尔加里在 Elbow Valley 建立了用于水体净化和污染处理的实验性人工湿地,并在其发展报告中强调了生态基础设施在生态建设及教育发展方面的巨大意义(俞孔坚等,2005)。2001 年,赛伯斯亭·莫菲特(Sebastian Moffatt)撰写了《加拿大城市绿色基础设施导则》。他在报告中分析了绿色基础设施的若干生态学内涵及实施绿色基础设施的关键(吴伟等,2009)。

德国:德国倡导循环经济教育、绿色认证和采购、信息与咨询服务等,并在循环经济发展方面走在世界前列。特别是太阳能技术方面,是值得夸耀的地方。目前废弃物处理成为德国经济支柱产业,年均营业约 410 亿欧元,并创造 20 多万个就业机会。主要是通过立法如《废弃物处理法》《嫌弃物限制处理法》《循环经济和废物管理法》,使废物利用率逐年提高。此外,德国较为成功的是"双轨制回收系统"和"德国联邦废物处理工业协会"。该组织和协会一方面向企业提供相关技术咨询,另一方面提供垃圾回收或再利用的服务。因此,德国的垃圾分类系统是最完善的。每户德国居民住宅门前一般都有黄蓝黑绿四只色彩鲜明的垃圾桶,桶上都贴有简明易懂的垃圾分类图案。这些措施既受到居民的普遍认可,又提高了人们的环保意识。

澳大利亚:澳大利亚在生态基础设施体系建设方面,政府发挥了主体作用。政府采取大量收购未开发利用的土地、废弃的工厂等方案,按照城市规划组织建设道路、绿化、河流以及各种配套的设施建设,然后将土地出售给开发商,之后政府再用从中获得的收益按照之前规划的方案进行学校、医院等公共配套服务设施的建设。

巴西:巴西的成功在于将重点放在综合交通运输及土地利用计划上。从 20 世纪 60 年代后期开始,用强有力的土地利用方法将可利用的城市植被面积由 1970 年的人均 0.5 m² 提高到 1992 年的人均 50 m²。城市留出带状的土地禁止开发。1975 年,残留的河川洼地被严格地保护起来,转变为城市公园。由于保护了自然的排水河道,城市避免了在控制水灾上投入大量的资金,使代价高昂的水灾成为历史。较为著名的项目是 1989 年该城市面对不断加大的垃圾山,提出了有创造性的"垃圾不是垃圾"的计划。这项计划要求每一个家庭将废品分类,使市政费用显著消减。

6.2.3 城市生态基础设施建设经验总结

总结国内外实践经验,城市生态基础设施建设的主要抓手包括:在土地开发之前规划和设计生态基础设施,实现生态网络化和连通化,通过立法使保护和发展相结合,单一的生态基础设施管理机构,政府主导多方参与。

1. 在土地开发之前规划和设计生态基础设施

生态基础设施建设的核心思想是要最大限度地促进隐性资源的开发和利用,发掘特定空间下的经济、社会和生态功能和效益。同时,国外经验表明,将一片区域恢复为自然状态比保护未开发的自然地花费更大。因此,强调生态基础设施作为土地保护和发展的框架,要先行于其他建设。马里兰州的蒙哥马利县在面临开发时,就为其溪谷公园制定了生态基础设施规划,保护了环绕公园 2.5 万英亩的区域。并在未来 10 年内,为该项目投入 1 亿美元,逐步建成由农场、溪谷公园、生态保护地和条形廊道组成的生态网络(黄丽玲等,2010)。

2. 构建生态化网络,实现"通道"联系和"孤岛"衔接

波士顿的"蓝宝石项链"、南佛罗里达州的"生态绿道"、马里兰州的"绿图计划"表明,成功的生态基础设施体系建设提供保护性的网络而不是孤岛式的公园,要注重连接性。这里的连接性既指功能性自然系统的资源、特性及过程之间的连通,又指各项工程和不同机构、非政府组织及私人部门人员之间的连接性。芝加哥荒野项目是一个包含社区机构组织在内的、齐心协力完成生态保护工程的例子。

3. 通过立法使保护和发展相结合,互相促进

德国经验表明,制定生态基础设施规划,确定受保护和值得优先保护的土地,然后通过法律法规保障其顺利实施。美国利用 GIS 技术,设定保护的优先次序,政府根据次序进行开发和保护。深圳提出基本生态控制线,也是依据法律形式保护和发展生态用地。

4. 单一的生态基础设施管理机构

从美国、英国、德国经验看,成立相应的委员会或工作组,对生态基础设施体系建设进行协调和管理,可以避免管理上模糊和重叠,使监管更有效。而且由政府牵头实施的生态基础设施规划普遍受到公众的欢迎。

5. 政府主导,多方参与,注重协调生态保护与利益攸关方之间的矛盾,强调实施可行性

从英国生态基础设施规划编制、建设和管理过程可以看出,邀请各领域专家、土地拥有者、当地居民、房地产开发商、社区里具有影响力的人物等相关利益群体参与规划的讨论会有助于项目的进行,并减少阻力。为保障规划实施的资金,提倡政府给予持续投入,并通过进行各类奖励,吸引非政府组织和民众参与其中。

6.2.4 我国城市生态基础设施建设存在的问题

近年来,我国生态城市建设取得了一定成效,为生态基础设施建设提供了很好的基础,尤其是在绿道建设方面为生态基础设施提供了很好的框架性基础。但由于城市生态基础设施建设仍处于起步阶段,加之人口、环境、资源等方面存在的巨大压力,使其在建设过程中仍面临一些问题和挑战。

1. 城市生态基础设施建设应遵循的生态理念和生态意识欠缺，公众参与力度不够

生态基础设施建设强调注重提升居民生产和生活的场所品质、环境品质和生活品质。其目的不是创造一个独立的生态空间，而是要让自然融入社会，以一种弹性的方式，让自然生态系统为城市居民服务。然而，在城市生态基础设施建设中，却过多地重视量的提升，对于质量、水平、利用率等更高层次、更多内涵的建设问题却关注不够。比如常常注重生态用地面积的提高，而忽视生态网络格局的优化和调控；往往从塑造城市理想形态的角度进行规划和设计，过于重视后续的添绿以及景观的美化作用，而无法起到积极的生态平衡作用。

目前公众参与生态基础设施决策和保护的意识薄弱。一方面公众对生态基础设施概念比较陌生，且部分市民的生态责任和义务感有待提高。比如生活垃圾的分类问题。尽管垃圾箱上标有"可回收""不可回收"和"其他"等字样，但公众却不能做到分类处理，给处理工作造成困难。究其原因在于：一是城市居民生态保护意识不强，没有形成自觉将生活垃圾分装处理的习惯；二是不能清楚辨别生活垃圾的分类，比如可降解与不可降解；可回收与不可回收等等。另一方面生态基础设施建设缺乏与公众的沟通，没有把公众参与上升到一切决策的出发点和最终目的的高度上来，公众也没有参与规划和建设的意识。从参与形式来看，主要集中在宣传教育方面，在互动交流方面欠缺；从参与的过程来看，主要侧重于事后监督，事前参与不够；从参与的保障看，政府组织的较多，制度性建设不够；从参与的效果来看，流于口头的多，见诸行动的少。

2. 生态基础设施建设内部协调性欠缺，与其他基础设施的衔接性不够

从空间形态来讲，生态基础设施建设的核心是构建具有协调性的生态网络体系。从生态规律上考虑，生态基础设施建设内部也应该具有一定的协调平衡性。如能源供应应该与其他设施的消耗相平衡，排水及污水处理能力应与给水相平衡，防灾安全与灾害程度相平衡等。但在实践上，生态基础设施规划大都在不同空间尺度、不同规划层面单独进行探索和试点，使各种生态基础设施被相互隔离开来，没有形成带状、面状或者网状，而是形成了点状，加剧了生态基础设施的破碎化、岛屿化发展趋势，从而缺少彼此之间的协调和整合。比如城市所建的公园、绿化广场、滨水地带、广场被建筑物包围，各绿色斑块之间缺乏联系，市区基本上没有绿色的生态廊道与外界相连。

生态基础设施是城市基础设施重要组成部分，是有生命的基础设施（付彦荣，2012）。城市各种基础设施之间不是孤立的，而是彼此相关联的。任一部分的缺失都会影响系统的功能。例如，缺少污水处理设施，会污染水资源，造成供水危机，从而危及整个基础设施系统。事实上，许多基础设施与生态基础设施建设不能配套进行和协调发展，如缺乏环境考虑的高速公路网；自然植被被工程化的护堤和"美化"种植所代替；农田防护林和乡间道路林带由于道路拓宽而被砍伐；等等。目前城市化过程中的主要环境问题，如交通拥挤、空气污染、城市垃圾、水污染和城市沉降等，大多数都是由于城市其他各项基础设施建设缺乏协调性造成的。

3. 城市生态基础设施建设中保护与发展目标之间存在不平衡

正如《波特兰都市绿色空间规划》提出的,城市保护的关键是在允许开发强度和保护自然资源这对看似矛盾的目标之间寻找平衡。影响这种平衡的要素有两个:其一是城市增长的动力和控制建设的阻力;其二是不同利益主体之间的博弈关系(李博,2009)。这是因为,生态基础设施建设要保护的地区往往是生态环境较好的地区,这些地区又往往是发展压力较大的地区,从而形成不同利益主体间的一种博弈。比如,原来狭小的街道理应趁城市改造之机拓宽,按照现代交通网络的要求进行改造;但事实却是不顾规划的红线、绿线而随意侵占,缺乏足够的城市绿地和公共空间。美国的绿色基础设施采取了很多措施来平衡保护和开发这对矛盾,比如在规划过程中广泛征求各方意见,充分考虑城市扩张的压力;在管理过程中综合运用各种政策方法,使其融合到现行的多层级规划管理体系中,促使规划成果被各方接受和实施。

4. 生态基础设施的管理和实施面临困难

生态基础设施研究尚在起步阶段,而生态基础设施体系构成要素涉及环保、市容、林业、国土部等多个部门,容易造成多头管理或无序管理。通常,城市绿地系统规划被认为是行政主管部门和园林部门的工作,而农林地的规划更多是林业部门和国土部门的管辖范围,自然保护地有专门的林业、水利部门负责。比如某地数个公交站台上都种满了绿化树,这种既设公交站台,又搞种树绿化,给当地市民的出行带来了很多不便,但这个问题出现了很长时间都未能解决,究其原因主要是该区域在建设和管理的多元性上。纵然有明确的管理部门,在后期的所谓"动态规划"过程中,建设主体与管理部门之间也经常出现管理上的模糊性。这种管理的模糊性最终导致生态基础设施地位的不确定性和随意性。为了避免这种问题的出现,美国的许多州政府与土地利用部门都成立了相应的委员会或工作组。伦敦实行三级管理,市政厅和区政府是决策者和指导者,机关、学校和志愿者组织是具体的维护和管理者。

6.2.5　完善我国城市生态基础设施建设的对策和建议

针对上述的几个问题,主要从树立生态观,提高公众生态意识;强化生态基础设施建设的整体性和协调性;合理规划和建设生态基础设施;完善生态基础设施管理机制;构建生态基础设施评价体系五个方面,完善和建设城市所赖以持续发展的生态基础设施,对于城市的可持续发展意义重大。

1. 牢固树立生态观,提高公众生态意识

首先,要对生态基础设施这一个概念有个全面的认识和了解。它不仅仅是公园、绿带等概念的延续,更具复合性功能,即通过保护和连接分散的绿地服务于市民,通过保护和连接自然区域来维系生物的多样性,避免生态的破碎。因此,在城市生态基础设施建设中要牢固树立生态基础设施优先的生态观念和生态意识。其次,要通过公益广告、电视网络媒体等形式来对生态基础设施进行宣传,让公众了解生态基础设施的概念,并倡导全民保护生态基础设施。要想提高公众的保护意识,还需使生态基础设施走近普通公众,让公众都感觉到保护生态基础设施不光是政府的责任,而是人人都有权利和义务。最后,还要完善公众全程参与生态基础设施建设的体制和机制,不仅要把公众的意愿、看法、憧憬、建议等逐步吸收到生态基础设施建设中,更要让公众的参与形式多样化,参与保障制度化,参与效果明显化。

2. 强化生态基础设施建设的整体性和协调性

生态基础设施注重"空间结构的完整性和生态服务功能的综合性",从这个意义上来说,生态基础设施建设强调整体性和协调性。一方面要求生态基础设施体系内部各个子系统的协调,另一方面要求传统基础设施系统与生态基础设施之间的生态系统协调,强调传统基础设施系统的建设发展不应影响破坏其他物种的生存环境。因此,生态基础设施建设既要考虑内部的整体性和协调性,又要考虑与其他基础设施的衔接和配合。必要时,生态基础设施还可能承载其他基础设施的某些特定功能,实现彼此共存。田雨灵等主张城市地铁建设在开发地下发展空间的同时,应着重考虑生态基础设施建设。他分析了城市交通与生态基础设施的现状,以及地铁与生态基础设施之间关系,提出了地铁与生态基础设施的复合规划策略(田雨灵等,2009)。这一做法,不仅体现对其他基础设施的生态化改造,也拓展了生态基础设施实体空间的有效途径。

3. 合理规划和建设城市生态基础设施

生态基础设施的管理和实施面临着复杂的情况,以及经济发展和资源环境保护的挑战。如何处理长期生态过程和短期社会、政治、经济需求之间的矛盾,也是生态基础设施管理和实施面临的难题,为此,要合理规划和建设生态基础设施。一方面从根源上寻求解决这些问题的办法。问题的根源在于不合理的城市结构,不健全不到位的城市生态基础设施没有能够发挥应有的作用。可通过建设优化城市生态基础设施从而整合城市结构,可保留必要的天然或人工的城市绿地成为城市绿肺或绿心,或以河流、铁路、公路、农田防护林为载体建立城乡连续的生物廊道网络,给城市化和工业化带来新鲜的"氧气",这在优化城市结构、缓解工业化带来的各类环境污染问题上将发挥重要作用。另一方面要建立与法定规划之间的协同规划办法,建立可靠的法制保障,以便协同各利益主体共同进行生态基础设施建设。

4. 完善生态基础设施的管理机制

为避免因机构重叠、业务交叉、部门之间权责不清,造成的政出多门、政令不一、相互推委等现象的出现。生态基础设施的规划、管辖和管理,应建立相应的配套管理机制;同时,作为一项长期战略,生态基础设施的管理和实施工作很重要。需要一个长期稳定的组织机构和各级政府部门的长期合作(应君等,2011)。因此,可以借鉴美国生态基础设施的管理经验,设立专门机构,或授权某政府职能部门,代表政府行使权力和职能,协调国家与集体所有制土地的关系,协调不同部门机构的矛盾和利益关系。进一步地,还可以动员全社会的力量,实行分层级的管理和监督。城市生态基础设施建设不是孤立局部的个体努力,而是必须依赖于包括政府和区域合作在内的,全社会达成共识与共同努力下的一种长期策略。

5. 构建生态基础设施指标评价体系

生态基础设施建设的优劣需要作出适时的评估和评价,为此,需要建立一整套有关生态基础设施的评价指标体系。构建生态基础设施指标评价体系的目的是为基础设施系统生态化服务,包括:为制定理想状态的生态基础设施技术标准提供依据;为衡量城市生态基础设施的现状水平提供准绳;为分析现状水平与理想状态的差距、判断基础设施系统生态化发展到何种阶段提供标尺;运用得出的数据结果为未来的生态基础设施建设或生态规划作出指导。其指标评价体系不仅涉及环境方面的评价,还要将园林城市评价指标体系、土地利用评价指标体系等纳入进来。

6.3 城市生态基础设施构建的途径与方法

传统城市基础设施规划编制方法已经显露出诸多问题,需要运用逆向思维来应对变革时代的城市扩张。因为传统的城市基础设施规划总是先预测近中远期的城市人口规模,然后根据统计人均用地指标确定用地规模。再依此编制土地利用规划和不同功能区的空间布局,这样的做法存在不少弊端。基于此背景,当前国内正在实践一些比较新的城市基础实施规划的方法。

6.3.1 反规划和景观安全格局

由于生态基础设施是永远为城市所必须,需要恒常不变,因此需要逆向思维的城市规划方法论,即应在城市和区域规划中首先设计城市与区域生态基础设施,这种规划方法被称之为"反规划"(俞孔坚等,2005)。所谓"反规划",是指城市规划师应该在城市建设发展计划确立之前,就通过识别和设计景观的生态、文化遗产以及休憩的基础结构,引导和框限城市发展,即建立生态基础设施。作为城市所依赖的自然系统,生态基础设施保障着城市的生态和健康,保护着人们的地域特色和文化身份,重建着人与土地的精神联系。在《城市景观之路——与市长们交流》一书中,俞孔坚和他的同事李迪华对"反规划"概念作了详细的说明。书中这样写道:城市开发的可持续性依赖于具有前瞻性的市政基础设施(道路系统,给排水系统等),如果这些城市的市政基础设施不完善或者前瞻性不够。在随后的城市开发过程中必然要付出沉重的代价。关于这一点,许多城市决策者似乎有了充分的认识,国家近年来在投资上的推动也促进了城市基础设施建设。同样,城市生态环境的可持续性依赖于前瞻性的生态基础设施,如果城市的生态基础设施不完善或前瞻性不够,在未来的城市环境建设中必将付出更为沉重的代价,决策者和学术界对此的认识和研究还远远不够。

景观安全格局(Security Patterns, SP)的概念最早见于1995年,指景观过程中存在着对某种景观过程至关重要的景观要素、空间位置及其联系(Yu K J,1995),借助 GIS 技术的空间分析技术,可以对景观过程的动态和趋势进行模拟分析,从生态安全格局进行判别和设计(Yu K J,1996)。

综上所述,反规划是区域和城市规划的新思路,是首先从自然、生态和文化过程出发进行城市规划的方法论;景观安全格局是判别生态安全格局的具体途径;生态基础设施则是在生态安全格局分析的基础上,进一步与相关规划进行用地博弈,最终将生态安全格局落实在土地空间上的结果。这一格局因具备多种生态服务,同城市的市政基础设施一样,对城市的可持续发展至关重要,因此被称为城市生态基础设施。三者形成系统的理论和方法,成为优化国土空间开发格局、解决发展与保护问题的具体途径。

6.3.2 城市生态基础设施的景观战略

眼下轰轰烈烈的城市美化和建设生态城市的运动,至少过于短视和急功近利,与建设可持续的、生态安全与健康的城市,往往南辕北辙:拆掉中心旧房改成非自然的铺装广场;推平乡土的自然山头改成奇花异木的"公园";伐去蜿蜒河流两岸的林木,铲去其自然的野生植物群落,代之以水泥护岸;把有千年种植历史的高产稻田改为国外引进的草坪;更不用说那些应付节庆和领导参观的临时花坛摆设。

如同城市的市政基础设施一样,城市的生态基础设施要有前瞻性,更需要突破城市规划的既定边界。这就需要从战略高度规划城市发展所赖以持续的生态基础设施。同时,必须认识到,在一个既定的城市规模和用地范围内,要实现一个完善的生态基础设施,势必会遇到法规与管理上的困难。所以,规划师的认识水平的提高,决策者非凡的眼光和胸怀,以及对现行城市规划及管理法规的改进,是实现战略性城市生态基础设施的基础。以下十大战略可以为城市生态基础设施的构建提供参考。

1. 维护和强化整体山水格局的连续性

城市是区域山水基质上的一个斑块。城市扩展过程中,维护区域山水格局和大地机体的连续性和完整性,是维护城市生态安全的一大关键。当前,高速公路及城市盲目扩张,山脉被切割,河流被截断,造成自然景观基质的破碎化,长此以往,大量物种将不再持续生存下去,自然环境将不再可持续,人类自然也将不再可持续。因此,维护大地景观格局的连续性,维护自然过程的连续性成为区域及景观规划的首要任务之一。

2. 保护和建立多样化的乡土植物生境系统

在大规模的城市建设、道路修筑及水利工程以及农田开垦过程中,毁掉了太多独具特色且弥足珍贵、被视为荒滩荒地的乡土植物生境和生物的栖息地。大地景观是一个生命的系统,是一个由多种生境构成的嵌合体,而其生命力就在于其丰富多样性。哪怕是一种无名小草,其对人类未来以及对地球生态系统的意义可能不亚于大熊猫和红树林。

另外城市中即使达 30%甚至 50%的城市绿地率,但由于过于单一的植物种类和过于人工化的绿化方式,尤其因为人们长期以来对引种奇花异木的偏好以及对乡土物种的敌视和审美偏见,其绿地系统的综合生态服务功能并不很强。所以在城市生境建设时应尽量模拟自然群落结构,构筑乔、灌、草、藤复合群落,形成与自然环境相互适应、各种群落对时空条件资源利用相互补充和协调的生物生境系统。现代生态型城市的建设应特别强调城市生物的多样性和乡土生物的保护。

3. 维护恢复河道和海岸的自然形态

河流是大地景观生态的主要基础设施,是现代生态型城市的主要标志之一。治理城市的河流水系往往被当作城市建设的重点工程来对待。欧美的一些城市因水而出名,如阿姆斯特丹、威尼斯、巴黎、布鲁日等,可以说河流水系是城市生命的血脉。然而长期以来,河流水系往往因城市建设而失去自然特征,严重破坏了河流生态系统。具体表现在:水泥护堤衬底、裁弯取直、拦河筑坝等。因此,在城市生态基础设施建设中,维护和保持城市河流的自然性是十分重要的问题,在对河流的治理和维护工作中应严禁破坏河流河道,保护河流的自然特点,充分发挥河流应有的生态、社会、经济等综合效益。

4. 保护和恢复湿地系统

湿地不仅是人类最重要的生存环境,也是众多野生动物、植物的重要生存环境之一,对城市及居民具有多种生态服务功能和社会经济价值。如提供丰富多样的栖息地,调节局部小气候,减缓旱涝灾害,净化环境,满足感知需求并成为精神文化的源泉,湿地丰富的景观要素、物种多样性,为环境教育和公众教育提供机会和场所。在城市化过程中要保护、恢复城市湿地,避免其生态服务功能退化而产生环境污染。这对改善城市环境质量及城市可持续发展具有非常重要的战略意义。

5. 城郊防护林体系与城市绿地系统相结合

带状的农田防护林网是中国大地景观的一大特色。到目前为止,已启动了十大生态防护体系工程,例如,以"三北"防护林为代表的防护林体系、京津周围的防护林体系,长江中上游防护林体系,沿海防护林体系等。但这些国土生态系统工程无论在总体布局、设计、林相结构、树种选择等方面都忽略了与城市、文化艺术、市民休闲、医疗健康、保健等方面的关系。这些已成熟的防护林体系,往往在城市规划和建设过程中被忽视和破坏。

因此,在城市规划和设计过程中,需要将原有防护林网保留并纳入城市绿地系统之中。如对沿河林带的保护,对沿路林带的保护,改造原有防护林带的结构。通过逐步丰富原有林带的单一树种结构,使防护林带单一的功能向综合的多功能城市绿地转化。

6. 建立非机动车绿色通道

以汽车为中心的城市是缺乏人性、不适于人居住的,也是不可持续的。"步行社区""自行车城市"已成为国际城市发展的一个标志。作为城市发展的长远战略,利用目前城市空间扩展的契机,建立方便生活和工作及休闲的绿色步道及非自行车道网络,具有非常重要的意义。这一绿道网络不是附属于现有车行道路的便道,而是完全脱离车行的安静、安全的绿色通道,它与城市的绿地系统、学校、居住区及步行商业街相结合。这样的绿色系统的设立,关键在于城市设计过程的把握,它不但可为步行及非机动车使用者提供了一个健康、安全、舒适的步行通道,也可大大改善城市车行系统的压力,同时,鼓励人们弃车从步,走更生态和可持续的道路。

7. 开放专用绿地完善城市绿地系统

单位制是中国城市形态的一大特征,围墙中的绿地往往只限于本单位人员享用,特别是一些政府大院、大学校园。由于中国社会长期受到小农经济影响,大工业社会形态很不发育,对围合及领地的偏爱,形成了开放单位绿地的心理障碍。而现实的安全和管理等考虑也强化了绿地的"单位"意识。但现代的保安技术早已突破围墙和铁丝网的时代。事实上,让公众享用开放绿地的过程,正是提高其道德素质和公共意识的过程,在看不见的保安系统下,一个开放的绿地可以比封闭的院绿更加安全。

8. 溶解公园使其成为城市的绿色基质

在现代城市中,公园应是居民日常生产与生活环境的有机组成部分,随着城市的更新改造和进一步向郊区化扩展,工业化初期的公园形态将被开放的城市绿地所取代。孤立、有边界的公园正在溶解,而成为城市内各种性质用地之间以及内部的基质,并以简洁、生态化和开放的绿地形态,渗透到居住区、办公园区、产业园区内,并与城郊自然景观基质相融合。这意味着城市公园在地块划分时不再是一个孤立的绿色块,而是弥漫于整个城市用地中的绿色液体。

9. 溶解城市农田作为城市组成部分

随着网络技术、现代交通及随之而来的生活及工作方式的改变,城市形态也将改变,城乡差别缩小,城市在溶解,正如公园在溶解一样。而大面积的乡村农田将成为城市功能体的溶液,高产农田渗透入市区,而城市机体延伸入农田之中,农田将与城市的绿地系统相结合,成为城市景观的绿色基质。这不但可以改善城市的生态环境,为城市居民提供可以消费的农副产品,同时,提供了一个良好的休闲和教育场所。

10. 建立乡土植物苗圃

城市建设者和开发商普遍酷爱珍奇花木,而鄙视乡土物种,缺乏培植当地乡土植物为苗圃系统。关于前者,有赖于文化素质的普遍提高,而后者则是前瞻性的物质准备。因此,建立乡土植物苗圃基地,应作为每个城市未来生态基础设施建设的一大战略。

6.3.3　生态基础设施规划案例及其相关应用

在生态基础设施理论研究的基础上,北京大学景观设计学研究院开展了不同尺度的生态安全格局分析与生态基础设施规划,并与土地规划、城市规划、景观设计、文化遗产保护等应用领域相结合。典型案例研究如下:

1. 国土尺度生态安全格局规划

2007年,我国开展了国土生态安全格局规划研究。该研究针对我国核心生态与环境问题,确定国土生态安全格局分析的重点为江河源区水源涵养、洪水调蓄、水土保持、沙漠化防治和生物多样性保护五个方面。基于景观生态学的基本原理和景观安全格局理论,借鉴生态学、水文学、水土保持与荒漠化防治、生物多样性保护等学科较为成熟和常用的方法，以可获得的资源与环境数据为基础，在 GIS 和遥感技术支持下，分析和判别了国土尺度上维护关键性生态系统服务的安全格局。根据国土生态安全格局分析的结果，可以按照生态保护面积的大小，将我国的生态安全格局分为以下三个水平(Wikham J D,2010)。

(1) 底线格局占我国陆地总面积的 29.23％，是生态保护的最低限度和最小范围、即保障国土生态安全的最小范围，应该成为国土发展建设中不可逾越的生态底线，需要进行严格保护和重点生态恢复。

(2) 满意格局在最低保护限度的基础上增加了更多的保护区域，约占 60.18％。

(3) 理想格局是在满意格局的基础上进一步增加保护区域，约占 82.37％，是国土尺度上生态保护与恢复空间战略中的理想格局(图 6-2)。同时，研究也提出国土生态安全格局是一个多层次的、连续完整的网络，包括宏观的国土生态安全格局、区域的生态安全格局和城市及乡村的微观生态安全格局，在不同尺度上维护着国土生态安全(俞孔坚等,2009,2012)。

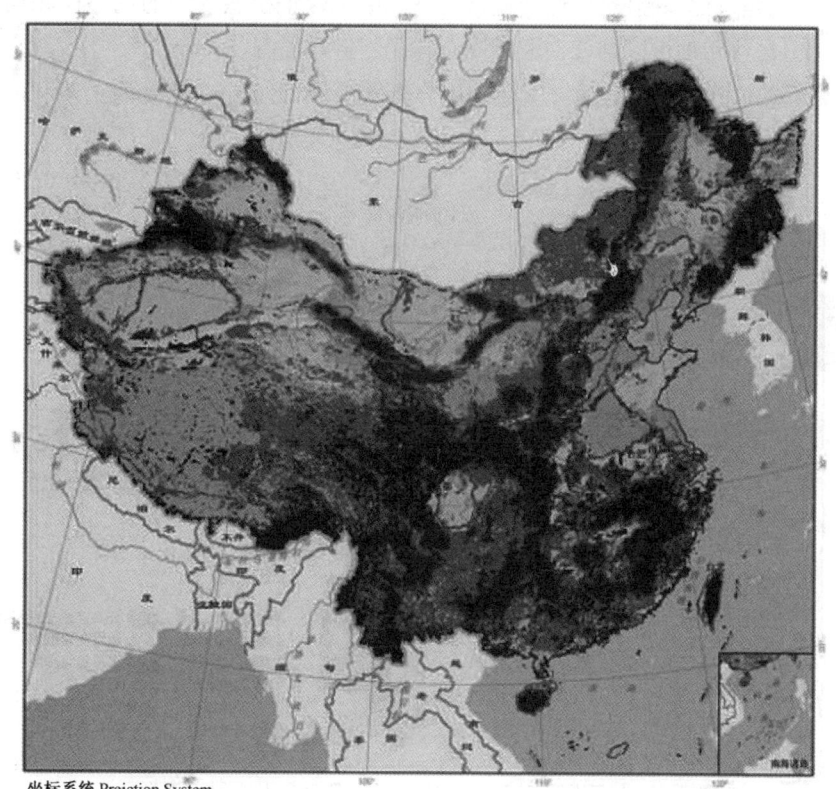

坐标系统 Prejction System
Krasovsky 1940-Albers

图 6-2　国土生态安全格局①

---

① 资料来源:乔青,陆慕秋,袁弘. 生态基础设施理论与实践北京大学景观设计学研究院相关研究综述[J]. Special//GREEN INFRASTRUCTURE,2013:38-44.

2. 生态基础设施与土地利用规划

2007年,北京市开展了生态安全格局研究。在此基础上,将生态基础设施引入土地利用规划,作为土地利用空间布局和开发控制的基础(俞孔坚等,2009,2012);从参与《全国土地利用总体规划纲要》编写到参与北京市、区(县)、乡镇三级的土地利用总体规划编制研究;从可持续土地利用战略研究到控制性土地利用详细规划的探索性研究;从规划到土地分类标准和空间管制方法研究,生态基础设施与土地利用规划和管理的结合已经逐步全面化和系统化(俞孔坚等,2009)。总体而言,以生态基础设施为基础来完善现行的土地利用规划和管理体系,主要表现在以下五个方面。

(1) 基于土地生态系统服务的土地价值观,从维护土地生态安全和促进可持续发展的目的出发进行土地利用规划,先行开展生态安全格局的研究。

(2) 基于生态安全格局安排各类用地布局。例如,通过生态安全格局分析,结合相应的人口密度或者建设密度要求,可反向约束建设用地总体格局;协调安排大型市政基础设施建设用地,特别是线性基础设施,适当避让生态网络以保证生态系统的完整性和连续性;旅游用地和部分居住用地可以结合在游憩安全格局附近布局等。

(3) 将生态基础设施用地纳入土地利用分类体系,如北京市东三乡的土地利用规划(图6-3)。

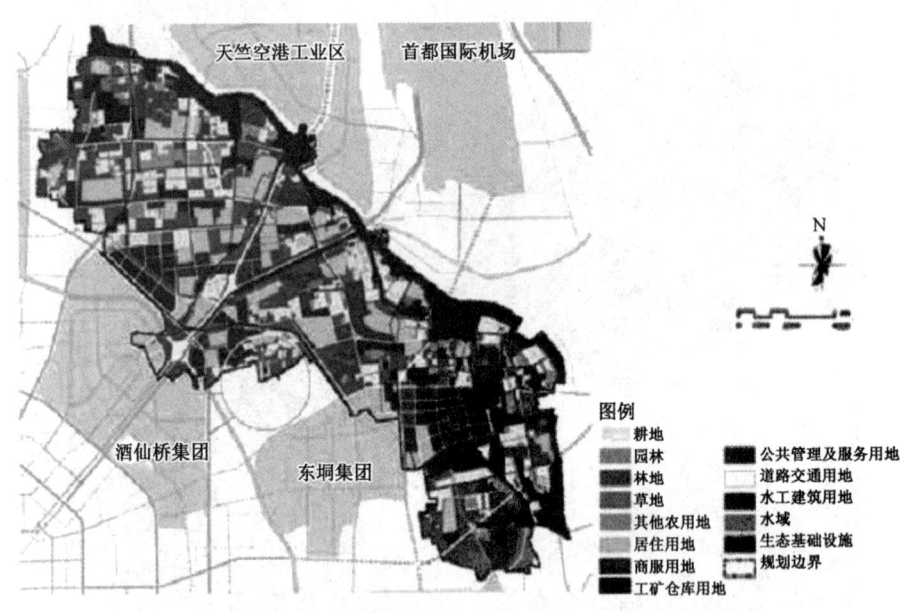

图6-3 基于生态基础设施的北京市东三乡土地利用规划①

(4) 在"北京市浅山区土地利用控制性规划"的探索性研究中,以土地生态控制为重点,详细规定生态基础设施用地的边界、性质和相应的实施导则,为土地利用提供依据。

---

① 资料来源:乔青,陆慕秋,袁弘.生态基础设施理论与实践北京大学景观设计学研究院相关研究综述[J].Special//GREEN INFRASTRUCTURE,2013:38−44.

(5) 开展"北京市生态基础设施用地划分标准"的专题研究,提出了生态基础设施用地划分的一般方法。

3. 生态基础设施与城市绿地系统规划

生态基础设施强调对自然生态系统服务功能的维护,这一核心思想具体到城市尺度中,便与城市绿地系统是相一致的,但是现行绿地系统规划受诸多因素影响,在空间布局和生态功能上还存在不足,使绿地系统未能承担起生态重任。针对该问题,研究以北京市为例,提出用"反规划"途径建立城乡生态基础设施,进而进行城市绿地系统的规划和建设(俞孔坚,2010),主要观点包括以下四个部分。

(1) 绿地系统的整体布局和功能定位必须先于城市建设用地规划。

(2) 绿地系统是城市生态基础设施的核心网络,应能提供水源涵养、雨洪管理、碳氧平衡、生物保护、缓解城市热岛效应、休闲游憩、审美启智等功能。

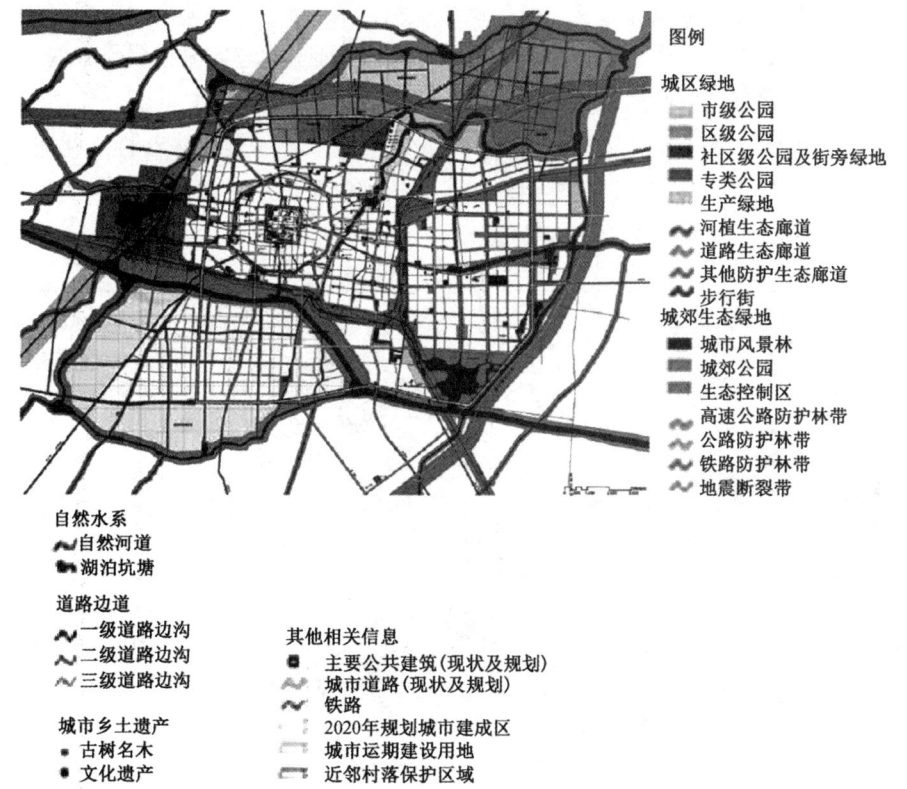

图 6-4　菏泽市基于生态基础设施的绿地系统规划①

(3) 要从城乡一体的空间尺度构建大绿地系统,即通过绿地系统规划使城乡自然和生物过程得以延续。

---

① 资料来源:俞孔坚,张蕾.基于生态基础设施的禁建区及绿地系统——以山东菏泽为例[J].城市规划,2007(12):89-92.

（4）城市绿地系统的核心应该是永久确定的,不同阶段的城市建设是对这一系统的完善和补充,而不是肆意侵占或改动。在指导思想下,完成了众多的城市绿地系统规划,典型的案例城市有菏泽和东营(俞孔坚等,2007)。其中,菏泽市绿地系统规划案例中重点分析了生态基础设施、禁建区和绿地系统之间的关系,形成了基于生态基础设施的城市禁建区划定和绿地系统规划的方法,并在与现行城市绿地分类统一和衔接的基础上,建立了生态基础设施的分区、分类、编号和登录体系,对生态基础设施进行了明确的控制和管理(图 6-4)。

4. 生态基础设施与文化遗产保护

生态基础设施概念的提出,也为文化和遗产保护提供了思路。首先,文化遗产内涵和保护范围不断扩大,新增加的文化景观、历史城镇、遗产运河、文化线路等遗产类型需要在景观或区域尺度上进行保护(UNESCO World Heritage Center,2005)。其次,我国过去多注重对遗产本身的保护,对遗产地和周围区域共同组成的景观整体,往往缺乏系统的保护架构。生态基础设施则强调保护文化遗产及其景观背景,成为乡土文化景观和文化遗产保护的有力工具。2006 年,俞孔坚为首的研究团队提出在国土生态安全格局研究的基础上建立乡土遗产景观网络,并在随后的国土生态安全格局规划中,通过文献研究与德尔菲法相结合,判别了由 19 个线性文化遗产约 250000 km 线性要素构成的国家线性文化遗产网络,主要涵盖了交通线路、军事工程、自然河流与水利工程以及历史主题事件四大类型的 19 个线性文化遗产(俞孔坚等,2009)(图 6-5)。

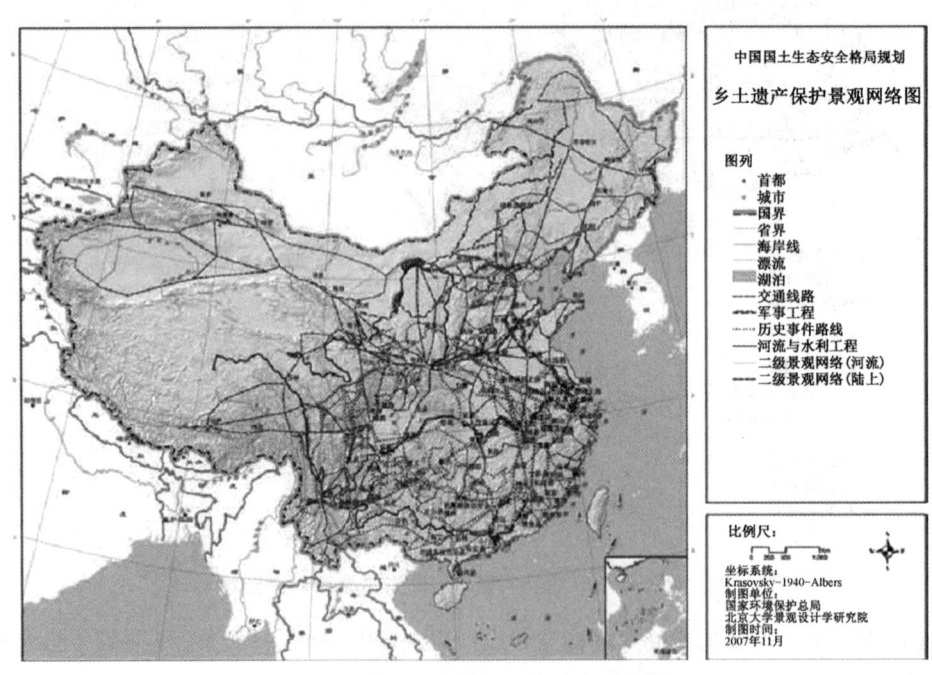

图 6-5　中国国家线性文化遗产网络①

　　①　资料来源:乔青,陆慕秋,袁弘.生态基础设施理论与实践北京大学景观设计学研究院相关研究综述[J].Special//GREEN INFRASTRUCTURE,2013:38-44.

在区域尺度上进行的生态基础设施与文化遗产保护的典型案例是大运河的整体保护研究。2004年受国家文物局"中国京杭大运河整体保护研究"项目委托,对大运河文化遗产进行了全面研究。确定了京杭大运河的四大基本价值及其"国家遗产与生态廊道"的地位,提出从区域—城市—历史共轭集聚区—相关企业及单位—建构筑物五个层次来构建大运河遗产廊道(朱强等,2008)(表6-1,图6-6)。

表6-1　遗产廊道各层次、范围以及保护与再利用重点[①]

层次	保护与再利用重点
区域	以城镇间的协调为核心内容。从地区文化遗产脉络及特征入手,分析、评价城镇节点构成和遗产分布,确定各节点遗产主题,开展节点旅游规划,将广阔的区域和关键节点的解说系统结合,阐释廊道与区域的联系
城镇	以保护和利用城市格局与风貌的完整性为核心,结合城市遗产特色,对城市文化遗存的分布与现状开展全面型普查工作
历史工业聚集区	以关键地区为中心,关注建筑群落、标志性地标、场所记忆,以弘扬地段历史风貌特色和保护整体格局为主。强调现有遗产及社区要素
相关企业及单位	集合城市或地段的功能定位,以弘扬场地原有特色、发掘场所记忆为主要原则,对相关遗存构成要素、布局特点进行分析与评价,以实施相应的保护与再利用策略
建构筑物及遗产单体	对列入遗产清单的建构筑购物及遗产点进行评价分级,综合形态和功能等方面综合考量其保养、修复、管理与再利用方式

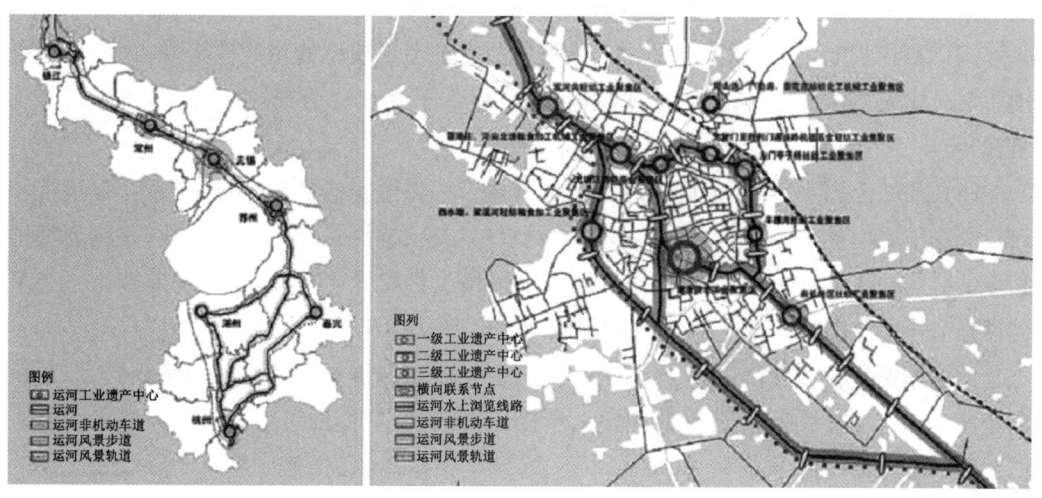

图6-6 大运河遗产廊道的构成[②]

5. 生态基础设施在场地尺度上的生态设计

如果说城市生态基础设施规划的重点是生态安全格局研究,那么生态基础设施在城市

---

① 资料来源:乔青,陆慕秋,袁弘.生态基础设施理论与实践北京大学景观设计学研究院相关研究综述[J].Special//GREEN INFRASTRUCTURE,2013:38-44.

② 资料来源:朱强,俞孔坚,李迪华,等.大运河工业遗产廊道的保护层次[J].城市环境设计,2008(5):16-20.

中的具体实现则离不开场地尺度的生态设计。将城市中的绿色开放空间等作为构建城市生态基础设施的微观单元,通过湿地公园、滨河带恢复等生态设计,让单一的场地实现城市雨洪控制、水质净化、水源涵养、地下水回补、生物多样性维护和休闲游憩等综合目标(刘海龙等,2008)。例如:

(1) 上海后滩湿地公园建立了一个可以复制的水系统生态净化模式,同时实现了生态化的城市防洪和雨水管理,使景观成为生命的系统,通过让自然做功实现低成本维护,为解决当下中国和世界的水环境问题提供一个可以借鉴的湿地公园的设计样板(俞孔坚,2010)。

(2) 浙江台州黄岩永宁江公园提出了"与洪水为友"的设计理念,不但用生态的方法进行洪水控制和暴雨管理,而且通过应用乡土物种进行河堤生态恢复,形成多样化的滨江乡土生境系统,阐释了乡土植物的生态价值;使一个只具备防洪单一功能的水泥硬化堤岸成为充满生机的现代生态与文化休憩地(俞孔坚,2009)。

(3) 广东中山岐江公园是一个建立在城市工业棕地上的滨水区生态恢复案例,该项目保留利用了遗存的船坞工业和机器,恢复了滨水湿地,创建了新的公园使用空间,阐释了生态设计是如何将废弃地恢复、工业遗产、创造游憩空间以及改善城市环境相融合的(俞孔坚,2002,2004)。

(4) 天津桥园则是将城市废弃地经过简单的生态修复工程,使其成为具有雨洪蓄留、乡土生物多样性保护、环境教育、休闲游憩等多功能的生态型公园,向城市居民展示了建立在环境伦理与生态意识之上的公园设计方法(俞孔坚,2010)。

(5) 沈阳建筑大学校园景观设计案例利用雨水创造了校园的生产性景观,为使用者提供了生产体验、环境教育和休闲游憩功能,充分展示了生产性景观的广阔应用空间(俞孔坚,2005)。

(6) 迁安三里河生态廊道的设计案例在河岸带生态恢复的同时,将河岸带作为步行和自行车系统的景观载体,与城市慢行交通网络有机结合,向沿途社区完全开放,在创造精神和美学价值的同时方便通勤与娱乐,带动城市环境改善和社会发展,充分发挥城市生态基础设施节点的综合效应(城市生态廊道亮相河北迁安,2010)。

上述案例尽管在设计目标、场地背景、空间尺度、功能诉求等各方面均不相同,但都以充分发挥综合生态系统服务为核心理念,力求使城市开放空间通过生态设计方法真正成为城市的生态基础设施(俞孔坚,2012)。

城市生态基础设施以景观生态学为基础理论,强调生态系统服务,从这个意义上来说,生态学家所关注的生态系统服务功能,通过生态基础设施规划,可变为城市建设中可以被规划和控制的过程。从方法上看,通过景观安全格局的方法对自然过程、生物过程和人文过程的分析,来判别和建立生态基础设施,整个逻辑是清晰而可操作的,是可以被广泛应用的。因生态基础设施研究涉及领域较多,生态基础设施规划应该加强与各相关部门的联系,力争将规划和设计落实在具体空间上,切实实现对重要生态过程的保护,充分发挥出综合生态功能。

6.4 村落生态基础设施理论

生态环境建设是改善农村人居环境的必要手段,是新农村建设的核心内容之一,是农村全面可持续发展的必由之路。村落生态系统的状况直接影响城市生态系统的运行,应作为一个相对独立的开放系统进行研究。村落生态系统的正常运行是城市生态系统正常运行的前提,村落生态系统的可持续发展是城市生态系统可持续发展的基础。

村落生态基础设施是村落生态系统及村落生态环境建设的重要内容。集中体现了维护健康、完整、持续的自然生态系统的重要意义。加强村落生态基础设施的研究,对于提升村落人居环境和区域生态环境建设,以及实现社会主义新农村的建设目标有其重要的理论意义和现实意义。

6.4.1 村落生态基础设施的概念

生态基础设施是生态系统服务功能在实际物质空间环境中的具体体现,是实现人类社会可持续发展的具有可操作性的自然生态恢复和维护手段。综合关于生态基础设施的相关研究,并结合村落生态系统特点和村落发展要求的具体内容,定义村落生态基础设施的概念,即"村落范围内,具有自然生态功能的、村落和城市可持续发展所必须依赖的村落生态生产性土地等自然生态要素"。

6.4.2 村落生态基础设施的内涵

村落生态基础设施既是村落居民赖以生存和发展的生态基础,又是城市得以正常运行的生态基础;既为村落居民提供自然服务,又为城市的可持续发展提供自然服务。村落生态基础设施包括村落范围内的各种生态生产性土地,如自然或人工林地、农田耕地草地、河流湿地、海岸滩涂、村落建成区内的各种绿地和水体。这些村落生态基础设施应该能够有效联系,并形成一个完整的村落生态基础设施系统。村落生态基础设施只有作为系统、有机的整体,才能发挥整体功能,更好地发挥其应有的生态基础作用。

6.4.3 村落生态基础设施的特征

从村落生态基础设施的概念可以看出,村落生态基础设施具有以下特征:

(1)突出了生态生产性土地重要性。使村落自然生态土地摆脱了只是作为初级生产者来提供初级农副产品的从属地位的尴尬境地,而上升到了基础设施的高度。

(2)协调了村落范围内各种生态生产性土地之间的有效连接,以及村落生态基础设施作为一个有机系统的特征。

6.4.4 村落生态基础设施研究模型及计算

村落生态基础设施的研究包括研究指标体系的建立、指标权重的计算、研究模型的建立、研究等级划分标准的确定及研究结果的分析。

1. 研究指标体系的建立

目前,国内外的相关论著主要集中在城市生态对生态基础设施概念和内涵的讨论上,对生态基础设施的考核及评价指标的研究很少,对于村落生态基础设施的研究更是凤毛麟角。由前文所述定义,村落生态基础设施研究的指标体系可以归纳到村落范围内的各种生态生产性土地的范畴,但同时也有其自身特点。它更强调自然生态服务功能,包含了村落自然环境、村落耕地系统、村落草地系统、村落林地系统、村落水域系统以及村落建成用地系统等 6 个系统和 26 个研究因子,采用定量指标与定性指标相结合的方法建立。本书根据村落生态基础设施的内涵和人类活动对村落生态系统服务功能的影响,参考(毛靓等,2012)生态村与生态基础设施相关的各项研究指标,本着综合性、代表性、层次性、可比性、可操作性等原则,从村落所依赖的自然环境系统出发,以村落生态承载力计算为依据,综合其他村落生态环境的研究结果,提出研究村落生态基础设施的指标体系(表 6-2)。在指标体系中,村落自然环境反映村落生态基础设施所处自然环境状况,其余 5 个系统反映各种生态生产性土地提供的各种自然生态服务状况。

表 6-2　村落生态基础设施研究体系表[①]

研究目标 A	研究部系统 B	研究因子 C
基础生态	村落自然环境 B1	气候环境 C1
		地形地貌 C2
		生物资源 C3
	村落耕地系统 B2	耕地占村落用地比重 C4
		人均耕地生态盈余或赤字 C5
		耕地系统内防护林规模 C6
		耕地系统的文化娱乐功能 C7
	村落草地系统 B3	草地占村落用地比重 C8
		人均草地生态盈余或赤字 C9
		草地范围内物种丰富程度 C10
		草地系统的文化娱乐功能 C11
	村落林地系统 B4	林地占村落用地比重 C12
		人均林地生态盈余或赤字 C13
		林地范围内物种的丰富程度 C14
		林地系统的文化娱乐功能 C15

① 资料来源:毛靓,李桂文,徐聪智.村落生态基础设施研究[J].城市建筑,2012(5):120-123.

研究目标 A	研究部系统 B	研究因子 C
基础生态	村落水域系统 B5	水域与陆地面积比例 C16
		人均水域生态盈余或赤字 C17
		水域污染程度 C18
		水域系统的文化娱乐功能 C19
	村落建成用地系统 B6	建成用地占村落用地比重 C20
		人均建成用地生态盈余或赤字 C21
		建成用地范围内绿化率 C22
		建成用地范围内道路绿化程度 C23
		建成用地范围内庭院绿化程度 C24
		建成用地范围内集中绿化规模 C25
		建成用地系统的文化娱乐功能 C26

2. 研究指标权重的计算

由于各指标因子在指标体系中的贡献不同,对村落生态基础设施的影响程度有所差异,为了区分其对系统影响的差异性,采用层次分析法(简称 AHP 法)来确定村落生态基础设施研究指标体系的权重。按照指标体系确定的层次结构,根据 AHP 法要求,咨询有关专家意见,构成判断矩阵,获得各层次指标的权重值(李德清等,2004)。

以村落生态基础设施研究体系的系统层为例,经过评判后,对结果算数平均,形成如下矩阵,见表 6-3。

表 6-3　村落生态基础设施研究体系系统层判断矩阵[①]

A	B1	B2	B3	B4	B5	B6
B1	1	1/7	1/3	1/7	1/5	1/5
B2	7	1	5	1	3	3
B3	3	1/5	1	1/5	1/3	1/3
B4	7	1	5	1	3	3
B5	5	1/3	3	1/3	1	1
B6	5	1/3	3	1/3	1	1

利用方根法计算步骤如下:

$$\overline{M_1} = 0.2546, \quad \overline{M_2} = 2.6085, \quad \overline{M_3} = 0.4870,$$

$$\overline{M_4} = 2.6085, \quad \overline{M_5} = 1.0889, \quad \overline{M_6} = 1.0889,$$

---

① 资料来源:毛靓,李桂文,徐聪智.村落生态基础设施研究[J].城市建筑,2012(5):120-123.

$$\sum_{i=1}^{6} \overline{M_i} = 8.1364$$

进行归一化处理,得

$$M_i = \frac{\overline{M_i}}{\sum\limits_{i=1}^{n} \overline{M_i}} \quad (i = 1, 2, \cdots, n)$$

即 $\quad M_1 = 0.0313, \quad M_2 = 0.3206, \quad M_3 = 0.0599,$

$\quad M_4 = 0.3206, \quad M_5 = 0.1338, \quad M_6 = 0.1338,$

计算特征根:根据 $A \cdot M = \lambda_{max} \cdot M$,有

$$A \cdot M = \begin{pmatrix} 1 & \frac{1}{7} & \frac{1}{3} & \frac{1}{7} & \frac{1}{5} & \frac{1}{5} \\ 7 & 1 & 5 & 1 & 3 & 3 \\ 3 & \frac{1}{5} & 1 & \frac{1}{5} & \frac{1}{3} & \frac{1}{3} \\ 7 & 1 & 5 & 1 & 3 & 3 \\ 5 & \frac{1}{3} & 3 & \frac{1}{3} & 1 & 1 \\ 5 & \frac{1}{3} & 3 & \frac{1}{3} & 1 & 1 \end{pmatrix} \begin{pmatrix} 0.0313 \\ 0.3206 \\ 0.0599 \\ 0.3206 \\ 0.1338 \\ 0.1338 \end{pmatrix} = \begin{pmatrix} 0.1964 \\ 1.9626 \\ 0.3712 \\ 1.9626 \\ 0.8176 \\ 0.8176 \end{pmatrix}$$

则

$$\lambda_{max} = \frac{0.1964}{6 \times 0.0313} + \frac{1.9626}{6 \times 0.3206} + \frac{0.3712}{6 \times 0.0599} + \frac{1.9626}{6 \times 0.3206} + \frac{0.8176}{6 \times 0.1338} + \frac{0.8176}{6 \times 0.1338}$$

$$= 1.0458 + 1.0203 + 1.0328 + 1.0203 + 1.0184 + 1.0184 = 6.1587$$

检验:$CI = \dfrac{\lambda_{max} - n}{n - 1} = \dfrac{6.1587 - 6}{6 - 1} = 0.0317;$

当 $n = 6$ 时,$CR = \dfrac{CI}{RI} = \dfrac{0.0317}{1.26} = 0.0252 < 0.1,$

故判断矩阵具有满意的一致性。

求得的权重 $= (0.0313 \quad 0.3206 \quad 0.0599 \quad 0.3206 \quad 0.1338 \quad 0.1338)^T$ 有效。

各研究因子指标权重的计算与要素指标权重计算方法一致,其结果如下:

村落自然环境因子权重 $= (0.25 \quad 0.25 \quad 0.5)^T$;

村落耕地系统因子权重 $= (0.5579 \quad 0.2495 \quad 0.0963 \quad 0.0963)^T$;

村落草地系统因子权重 $= (0.5 \quad 0.1667 \quad 0.1667 \quad 0.1667)^T$;

村落林地系统因子权重 $= (0.4167 \quad 0.0833 \quad 0.4167 \quad 0.0833)^T$;

村落水域系统因子权重 $= (0.4167 \quad 0.0833 \quad 0.4167 \quad 0.0833)^T$;

村落建成用地系统因子权重 $= (0.2862 \quad 0.0445 \quad 0.2862 \quad 0.1129 \quad 0.1129$

$0.1129 \quad 0.0445)^T$。

3. 研究模型的建立及计算

在建立村落生态基础设施研究指标体系的基础之上,结合相应的研究标准,对村落生态基础设施的各项因子进行评判,判断标准采用五个等级,即分别对应 4—5,3—4,2—3,1—2,0—1,确定各项因子的评判分值后,采用多因子线性加权函数进行计算的方式,建立村落生态基础设施研究模型:

$$P = \sum_{j=1}^{m} \left(\sum_{i=1}^{n} C_i M_i \right) B_j$$

式中,P 为总得分;C_i 为单项指标得分;M_i 为单项因子指标权重;B_j 为研究系统指标权重;m 为研究系统指标个数;n 为单项因子指标个数(李德清等,2004)。

此研究的村落生态基础设施研究指标体系中,n 为单项指标个数,取 26 个;m 为研究系统指标的个数,在本指标体系中,取 6 个。本研究满分为 5 分。

4. 村落生态基础设施研究等级划分

通过对村落生态基础设施进行对比研究,根据相关资料,按上述公式即可计算得出各级指标评价结果,再进一步对综合指数进行分级,以确定村落生态基础设施质量优劣状况。参考国内外相关研究及各种综合指数等级方法,可确定了一个 5 级等级标准,即把[0,+5]区间,并给出相应的等级特征描述(表 6-4)的村落生态基础设施研究指标体系。

表 6-4 村落生态基础设施研究等级划分标准[1]

等级	研究得分	特征描述
1	4.0000~5.0000	研究对象具有很强的生态基础设施功能,能够对村落及更大范围内的生态及社会经济的可持续发展提供充足的生态物质基础和保障
2	3.0000~3.9999	研究对象具有一定的生态基础设施工呢,或通过合理建设而形成一定的生态功能,能够对村落及周边地区的生态及社会经济的可持续发展提供必要的生态物质基础和保障
3	2.0000~2.9999	研究对象具有的生态基础设施生态功能较弱,但通过合理建设能够形成一定的生态功能,能够为村落自身的的生态及社会经济的可持续发展提供必要的生态物质基础和保障
4	1.0000~1.9999	研究对象具有的生态基础设施生态功能很弱,即使通过建设也不能够形成一定的生态功能,不能为村落自身的生态及社会经济的可持续发展提供必要的生态物质基础和保障,需要依靠外界的物质、能量和信息的输入,才能维持自身的正常运行
5	0.0000~0.9999	研究对象不具有生态基础设施生态功能,即使通过建设也不能形成生态功能,不能为村落自身的生态及社会经济的可持续发展提供必要的生态物质基础和保障,即使依靠外界的物质、能量和信息的输入,也不能维持自身的正常运行

6.4.5 实例应用

选取辽宁省葫芦岛市东窑村为研究对象,运用村落生态基础设施研究方法,对该村落

---

① 资料来源:毛靓,李桂文,徐聪智.村落生态基础设施研究[J].城市建筑,2012(5):120-123.

的生态基础设施进行实例研究(毛靓,李桂文,徐聪智,2012)。

1. 村落概况

东窑村隶属辽宁省葫芦岛市龙港区双树乡,距市区 20 km,北靠丘陵山地,东临辽东湾。全村 820 户,2300 人。全村陆地面积约 631 hm^2,其中耕地 267 hm^2、林地 124 hm^2、草地 163 hm^2、建成用地约 77 hm^2;全村海域面积约 2074 hm^2,其中滩涂 133 hm^2。村落全境平原占陆地面积的 80%,河流占 5%,坡地占 15%。

2. 村落生态承载力状况

根据相关研究,该村落 2008 年生态承载力状况如下:

人均生态足迹需求(hm^2/人):耕地 0.52694,草地 0.03572,林地 0.00110,化石燃料用地 0.51462,建成用地 0.17097,水域 0.08575,人均生态足迹 1.3351。

人均生态容量供给(hm^2/人):耕地 0.5272,草地 0.0069,林地 0.1270,化石燃料用地 0,建成用地 0.1521,水域 0.3697,人均生态容量 1.1829,可利用的人均生态容量1.0410。

人均生态赤字(hm^2/人)为 0.2941。

该村落各项生态生产性土地的生态赤字或盈余(hm^2/人)情况如下:耕地+0.00026,草地-0.02882,林地+0.1259,化石燃料用地-0.28395(生态赤字为-,盈余为+) (Maoliang,Liguiwen,2010)。

3. 计算研究结果

根据计算模型,最终确定葫芦岛东窑村村落生态基础设施研究单项指标得分(表 6-5)。即东窑村村落生态基础设施研究计算结果如下:

表 6-5　东窑村村落生态基础设施研究单项指标得分[①]

研究目标 A	研究系统 B	研究因子 C	研究因子指标评判分值
村落生态基础设施研究单项指标得分	B1	C1	3
		C2	4
		C3	4
	B2	C4	4
		C5	3
		C6	2
		C7	2
	B3	C8	2
		C9	1
		C10	4
		C11	4

---

① 资料来源:毛靓,李桂文,徐聪智.村落生态基础设施研究[J].城市建筑,2012(5):120-123.

研究目标 A	研究系统 B	研究因子 C	研究因子指标评判分值
村落生态基础设施研究单项指标得分	B4	C12	3
		C13	5
		C14	4
		C15	4
	B5	C16	5
		C17	5
		C18	4
		C19	4
	B6	C20	2
		C21	2
		C22	2
		C23	3
		C24	2
		C25	2
		C26	2

东窑村村落生态基础设施总体 3.4071；村落自然环境 3.7500；村落耕地系统 3.3653；村落草地系统 2.5003；村落林地系统 3.6666；村落水域系统 4.50000；村落建成用地系统 2.1131。

4. 村落生态基础设施研究结果分析

东窑村村落生态基础设施总体得分为 3.4071。依据村落生态基础设施研究等级划分标准该村为 2 级，即研究对象具有一定的生态基础设施生态服务功能，能够对村落及周边地区的生态及社会经济的可持续发展提供必要的生态物质基础和保障。

从各系统单层权重的计算结果来看，得分最高的为该村村落水域系统得分为 4.5000。依据村落生态基础设施研究等级划分标准，该项等级为 1 级，这与该村落范围内的水域所处的生态和生产能力状况是吻合的。村落依靠临海地域优势，充分发挥海洋经济作用，以捕捞、养殖及旅游服务业为重要经济来源，不但体现了海域的生态生产功能，其生物多样性保护、气候调节、娱乐休闲等村落生态基础设施的生态服务功能也得到较好的利用。

其次是村落自然环境、村落林地系统和村落耕地系统，分别得分 3.7590，3.6666，3.3653。依据村落生态基础设施研究等级划分标准，这 3 项等级均为 2 级，反映出村落生态基础设施的基础条件较好，具备建立具有完善生态服务功能的村落生态基础设施的自然物质基础条件。

在村落生态基础设施研究指标系统层中，村落草地系统和村落建成用地系统的得分最低,分别为 2.5003 和 2.1131。依据村落生态基础设施研究等级划分标准,这 3 项等级均为 3 级。村落草地系统的自然状况较差,导致其生态服务功能较差。建成用地系统得分最低,说明在人为成分最多、受人类行为干扰最大的系统中,其内部各组成要素因子的状况不利于该村落生态基础设施的生意功能的发挥,甚至有阻碍其功能发挥的负面作用。

通过构建村落生态基础设施研究指标体系,确定指标权重,建立模型及研究结果等级划分标准,并应用于东窑村村落生态基础设施的研究中,其结果证明此研究过程具有较强的可操作性和实用价值。但在运用 AHP 法建立判断矩阵时,相对重要性的确定仍存在一定的主观因素。所以结合实际问题,改进研究模型以提高研究结果的客观性和准确性是今后需要解决的课题。对于村落生态基础设施研究指标体系,目前还处于摸索阶段,其理论和方法还很不成熟,很多问题还有待进一步研究和解决。以具体村落为研究对象,对其生态基础设施状况进行研究,以此探索我国村落生态基础设施的研究方法,以期为我国的新农村规划建设和农村可持续发展提供科学依据。

6.5 农村生态基础设施规划

2012 年中央 1 号文件提出,要加快推进农村科技创新,增强农产品供给和保障能力。其中,农村基础设施规划方法创新是农村科技创新的重要部分,基础设施的改善是农业和农村发展的有力支撑。科学的基础设施规划,可以有效落实国家政策,为农业增产、农民增收、农村繁荣注入强劲动力。

6.5.1 农村基础设施的"三生"分类

从发展历程来看,农村经历了原始农村、传统农村、现代农村的演变,在其发展过程中,"生产、生活、生态"始终是三个稳定的核心,农村基础设施也可以从这三个方面来划分。

1. 生产基础设施

生产基础设施是以农业为主的农村产业服务的基础设施。生产设施是保证农村的经济合理、高效、协调、平稳运行,保障以农业生产为主的产业发展的设施。生产设施的作用在于支撑农业发展,降低生产成本,提升农业生产的效率;改造传统农业,实现产业升级;将现代文明引入农村。生产设施是农村经济系统的一个重要组成部分,应该与农村经济的发展相互协调。农村生产性基础设施,服务于农村产业发展的产前、产中、产后。

农业基础设施覆盖的范围十分广泛,主要包括两个方面内容:一是农业生产过程中所必需的,但不直接参与生产的一些物质生产条件,如公共水利设施、农用灌溉设施、运输销售设施、通信、道路、电网、贮藏等;二是为保证农业生产过程的正常运行所提供的一系列公共服务,它侧重于提供农业生产所需要的社会条件,特别是能提高农业生产力或农民素质的社会条件,如农业技术推广机构、农业教育培训机构与设施、农业试验或研究机构与设施、农村医疗卫生系统、农业信息与咨询机构、农业政策与管理机构、土壤保持机构等。前者一般被称为农业物质基础设施,后者被称为农业社会基础设施(表6-6)(康薇,2009)。

表6-6 农村生产设施内容表①

层次一	层次二	层次三
A 生产设施	A1 道路交通设施	A11 道路设施 A12 停车场 A13 车站 A14 桥梁设施 A15 码头
	A2 能源通讯设施	A21 电力设施 A22 燃气设施(煤气、天然气、液化石油气) A23 煤炭、柴薪、秸秆 A24 燃油设施(加油站、输油管道) A25 清洁能源设施(太阳能设施、风能设施、沼气等) A26 邮电设施(邮政设施、电信设施)
	A3 产业配套设施	A31 农业技术培训设施、科技开发推广基地、农资服务站 A32 动植物防疫设施 A33 农产品质量安全检验测设施 A34 农业仓储设施(仓库、储藏室和集贸市场) A35 基本农田建设、高质量耕地 A36 畜禽圈所建设 A37 农田水利设施(河流、水库、沟渠、泵站;土壤改良设施;水窖、集雨池等积水灌溉工程)

2. 生活基础设施

生活基础设施的内容主要包括:配套供水设施,农村安全设施、农村公共服务设施(表6-7)。防灾和饮水设施关系到基本生存,确保水源安全和农民身体健康,是规划中要解决的最迫切、最突出的问题。公共服务设施主要提供保障功能,公共服务设施为农民发展带来了机遇,农村教育文化、卫生保健等项目建设,可以从根本上提高农村劳动者的综合素质,提高劳动生产效率,培育现代化的农民,实现农村可持续发展。

村庄公共服务设施在农村中所起的作用是多方面的。首先,它直接服务于村民的生活,提升村民的生活质量。其次,它可解决部分村民就业,主要是发展村庄第三产业,公共服务中心商业、服务业、旅游业等,某些公共服务设施还可带动村庄集体经济的发展。它还可以成为传承村落文化的载体,丰富多彩的人文活动是村庄最生动的活力体现,公共服务设施为村民提供公共活动场所,通过活动延续村庄的传统文化,通过交流增强村庄和谐氛围。另外,公共建筑还能够形成良好的村庄景观风貌(张泉,2009)。

———————————————————

① 资料来源:王悦.农村基础设施分类和规划研究[D].苏州:苏州科技学院,2012.

表 6-7　农村生活设施内容表①

层次一	层次二	层次三
B 生活设施	B1 安全防灾设施	B11 消防设施 B12 防洪设施 B13 防震设施
	B2 供水配套设施	B21 集中型供水配套设施 B22 分散型供水设施(取水、净水、输配水设施)
	B3 公共服务设施	B31 教育文化设施(幼儿园、小学、中学、图书馆、养老院) B32 医疗设施(乡村医疗设施) B33 管理设施(村委会、其他管理机构) B34 商业服务设施(小型超市、粮油副食店、日杂用品店、旅馆、招待所、餐饮小吃店、理发室、浴室、洗染店、综合修理服务) B35 文化娱乐设施(健身场所等) B36 农村景观设施(公共活动中心、农村集中场院、宗庙等)

3. 生态设施

生态基础设施这一概念是 20 世纪 90 年代中期,在生态环境不断恶化、水土流失日益加剧的背景下所提出来的。农村生态基础设施包括:环境污染综合治理生态工程、水土流失综合治理生态工程、风沙区荒漠化防治生态工程等。就村庄而言,生态基础设施的功能主要表现在,污染物处理和生态保育两方面。

生态基础设施具体包括:水处理与保护设施,环境改善设施,生态保育设施。还有在农业、旅游业、加工业等方面广泛应用的现代生态工程技术(表 6-8)。

表 6-8　农村生态设施内容表②

层次一	层次二	层次三
C 生态设施	C1 水处理与保护设施	C11 排水沟渠 C12 水源地保护 C13 污水处理设施
	C2 环境改善设施	C21 垃圾收集设施 C22 垃圾处理设施 C23 公厕
	C3 生态保育设施	C31 庭院绿化 C32 整体林带 C33 景观的斑块、基质、廊道

6.5.2　农村基础设施规划的原则

1. 统筹区域、以城带乡

我国城市实行的是市带县、城带乡体制,城市政府理所应当承担市行政区内农村地区

---

① ②　资料来源:王悦.农村基础设施分类和规划研究[D].苏州:苏州科技学院,2012.

村庄基础设施任务。这决定了城市政府要依据规划,整治未来的农村聚落的地区、生态保留地区、控制建设地区内的有一定规模的中心村的地区。实行基础设施区域统筹,可以防止造成城乡基础设施空间布局混乱无序,盲目建设、重复建设的现象反复出现。发挥城市对农村的辐射作用,这对加快建设新农村具有十分重要的意义。

村庄作为我国行政体系中最基本的社会单位,大多不是孤立存在的,它们都是存在于小城镇这个社会、经济、文化、生态空间范围内,所以要通过小城镇促进新农村建设发展,充分发挥小城镇这个重要基点的辐射带动作用。城镇规划应统筹安排区域范围内有利于农村生活生产的大型基础设施和公共设施项目。

2. 尊重民意、农民参与

农村规划在实施手段方面与城市规划不同,村庄基础设施规划不仅仅是一种政府行为,他离不开农民的支持,这在于基础设施规划的利益主体是广大的农民,村庄基础设施规划只有得到农民的广泛认同,才有实施的价值。因此村庄规划必须坚持以人为本,公众参与的原则,这不仅体现在主观认识上,更重要的是要落实到规划方法上。

3. 试点带动、不均衡发展

在当前规划中,很多地方都强调以村为单位。但是每一个村在当地的发展条件不同,发展潜力不同,带动作用也不同,以村为单位,无主次的批量生产,只会劳民伤财。这就需要县级以上地方政府对区域内乡镇村庄进行统筹安排,通过规划有重点的选择新农村建设示范点,充分发挥这些点的带动作用,实现适合自身新农村建设的新规划模式(王珍子,2009)。

4. 注重效益、门槛限制

我国自然村庄中人口规模偏小的较多,达不到规模效应,如果居民点太分散,也无法实现应有的效益。对政府来讲,基础设施建设比较好做,然而维护的费用很高。忽视规模效益和维护费用盲目进行基础设施建设,将会出现无法正常运转、浪费资源的情况。

从浙江的经验来看,门槛限制有三类。一是人均 GDP,有了这个基础,才能保证消费者支付的意愿,保证政府将农村基础设施投入作为必须的财政支出。二是人口集中居住比例,只有这个数值够大,才可能克服污染治理基础设施建设和运行的最小经济规模障碍。三是环境污染的强度。只有在现代化的工农业生产规模足够大、城镇人口密度足够大的地方才会达到足够的环境污染强度,此时规划和治理是恢复的主要手段,而生态基础设施建设是治理的主要方式(苏杨等,2006)。

5. 节约成本、精简内容

在农村规划中,要以经济和产业发展条件为基础。要本着节约原则,资源整合利用、落实节地、节能、节水和节材的"四节"方针。充分立足现有基础进行房屋和设施改造,防止大拆大建,防止加重农民负担,扎实稳步地推进村庄基础设施建设。

村庄规划比城市规划内容深度浅,应根据实际需要适当降低标准和要求。村庄总体规划图纸可精简为:①现状图(含区位图);②村庄布局和产业布局图;③公共设施和基础设施布局图。文字资料可以合并成说明书。村庄建设规划图纸可精简为:①现状图(含区位图);②总平面图;③工程规划图。文字资料可以合并成说明书。精简内容可以突出村庄规划的重点,增强可操作性。

6. 整体规划设计的原则

村庄基础设施规划是把村庄的各种基础设施要素结合起来作为整体考虑,从村庄支撑系统总体解决村庄地区经济、社会和生态问题的实践研究。这决定了村庄基础设施规划不是某个部门单独能实现的,而是众多利益部门共同协作完成的。因此,在规划中,不仅要考虑空间、社会、经济和生态功能上的结合,而且要考虑与相关规划的衔接,只有从整体规划的角度才能真正确保村庄的可持续发展。

6.5.3 生态设施规划的原则、内容、指标

1. 生态设施规划的原则

(1) 顺应自然、适度集聚

农村规划不同于城市规划的价值取向决定。要因地制宜,突出农村特点和地方特色。农村规划的目标取向是:特别注意尊重和顺应自然,适当注重发挥村庄基础设施在城乡空间体系中的生态系统和环境保障区作用,保持和彰显地域特色与乡土气息。

(2) 污染物就近集中原则

村庄污水收集与处理遵循就近集中的原则,靠近城区、镇区的村庄污水宜优先纳入城区、镇区污水收集处理系统;其他村庄可根据村庄分布与地理条件,集中或相对集中收集处理污水;不便集中的应就地处理。

(3) 乡土化、多样性原则

乡土化要结合民风民俗,尊重地方文脉,展示地方文化,体现乡土气息,营造有利形成村庄特色的景观环境。绿化景观材料应自然、简朴、经济,以本地品种、乡土材料为主,与乡村环境氛围相协调。

多样性原则即形成层次丰厚的多样性生物景观。注重村庄风格的自然协调和地方特色植物等景观营造,通过植被、水体、建筑的组合搭配,呈现自然、简洁的村庄整体风貌,四季有绿、季相分明。

2. 生态设施规划的内容

生态设施规划的具体内容见图 6-7。

(1) C1 水处理与保护设施

水处理与保护设施的规划需要预测村庄污水量,选择排水体制与管道布局,确定污水处理方式。污水处理方式可分为就近解决和规模处理两种,距离市政污水管网较近(一般5 km以内的村庄)可采用接入市政管网统一处理模式,即村庄内所有农户污水经污水管道集中收集后,统一接入邻近市政污水管网,利用城镇污水处理厂统一处理村庄污水。与城市相对较远的村庄可根据村庄分布与地理条件,集中或相对集中收集处理污水;不便集中

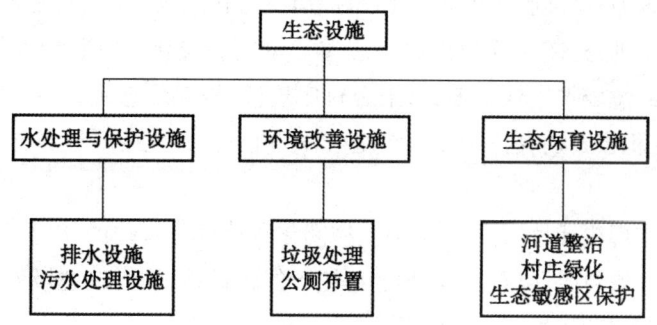

图 6-7　生态设施规划内容表[①]

的应就地处理。分散型污水处理设施规划:如果村庄布局相对密集、规模较大、经济条件好、村镇企业或旅游业发达、处于水源保护区内的单村或联村污水处理,可采用集中处理模式,即所有农户产生的生活污水、商业污水排放到自建化粪池中,经过物理过滤,排入污水管,通过污水管统一收集,排至污水处理设施中,经生化处理,达到排放水质标准后,排入村庄低处,用作农田灌溉。

排水方式:对有一定经济条件,特别是距离市政污水、雨水管网较近的村庄,采用"雨污分流"的排水体制,接入就近的管网;没有条件的村庄可利用道路排水边沟收集雨污水,采用雨污合流制(图 6-8)。布置排水管渠时,雨水应充分利用地表径流和沟渠就近排放;污水应通过管道或暗渠排放,雨污水管渠宜尽量采用重力流。

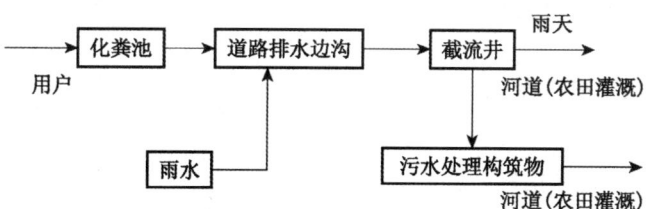

图 6-8　"雨污合流"的排水体制示意图[②]

选择适当的排水标准和处理工艺。根据排水系统出水受纳水域的功能要求,确定污水排放标准,因地制宜地选择污水处理工艺(化粪池简单处理、常规生物处理、生态处理等),村庄工业企业或养殖业等废水除国家规定要求外,预处理率要达 100%。有条件的村庄还可以建污水再利用工程,污水处理后再利用,主要用于农业灌溉、补充地下水、市政及生活杂用水、工业冷却水及环境用水等。

(2) C2 环境改善设施

环境改善设施规划主要包括:确定生活垃圾村庄收集点和镇中转站转运设施的位置,

①　资料来源:王悦.农村基础设施分类和规划研究[D].苏州:苏州科技学院,2012.
②　资料来源:许升超.新农村给排水规划[J].城乡建设,2008(9):11-18.

明确现状垃圾处理方式(堆肥或厌氧消化设施等),根据村庄规模,合理配置公共厕所。

垃圾收集预处理:村庄生活垃圾收集应实行垃圾袋装化,按照"组保洁、村收集、镇转运、县(市)处理"的垃圾收集处置模式,结合村庄规模、集聚形态确定生活垃圾收集点和收集站位置、容量。积极鼓励农户利用有机垃圾作为肥料,实现生活垃圾分类收集和有机垃圾资源化。

新村应逐步实现生活垃圾清运容器化、密闭化和处理无害化的环境卫生目标。农村应设置垃圾收集箱。农村生活垃圾收集后送往镇上的转运站,统一在垃圾处理场处理。有条件的农村可因地制宜采用堆肥方法处理。

公厕布置:公厕建设标准应达到或超过三类水冲式标准。

(3) C3 生态保育设施

生态保育设施主要包括:确定村庄整体林带和庭院绿化的布局、疏通和整理河道。

水体整治:保护和利用现有村庄良好的自然环境,特别要注意利用村庄外围和河道、山坡植被,提高村庄生态环境质量,保护村中的河、溪、塘等水面,发挥其防洪、排涝、生态景观等多种功能作用。

水体景观:尽量保留现有河道水系,并进行必要的整治和疏通,改善水质环境。河道坡岸尽量随岸线自然走向,宜采用自然斜坡形式,并与绿化、建筑等相结合,形成丰富的河岸景观。滨水绿化景观以亲水型植物为主,布置方式采用自然生态的形式,营造自然式滨水植物景观。滨水驳岸以生态驳岸形式为主,因功能需要采用硬质驳岸时,硬质驳岸不宜过长。在断面形式上宜避免直立式驳岸,可采用台阶式驳岸,并通过绿化等措施加强生态效果。

3. 生态设施规划的指标

(1) 水处理与保护设施

排水及污水处理设施指标见表 6-9。

表 6-9 排水及污水处理设施指标表①

	排水量计算	工业废水和养殖污水处理率
水处理与保护设施	根据其综合生活用水量乘以其排放系数 0.75～0.90 确定,工业废水量宜根据工业用水量乘以其排放系数 0.70～0.90 确定。雨水量按新村所处地区的暴雨强度公式计算	100%

(2) 环境改善设施

环境改善设施指标见表 6-10。

---

① 资料来源:根据《村庄整治基础规范》整理。

表 6-10 环境改善设施指标表①

	垃圾收集点布置	公厕布置
环境改善设施	垃圾收集点的服务半径一般不超过70 m,可与公共建筑、活动中心结合设置,每座不小于 30 m²	300 户以下规模的村庄,宜设置 1～2 座公厕,300 户以上规模的村庄,宜设置 2 座以上公厕

随着新型城镇化和社会主义新农村建设的发展,建设环境优美、村容整洁、居住舒适的新农村环境已成为农民的迫切需要。因此,加强农村生态基础设施建设是保护农村环境的长效保障,是缩小城乡生活水平及居住环境的重要举措,是农业和农村发展的有力支撑,更是实现我国新农村长治久安、可持续发展的重要保证。

---

① 资料来源:根据《新农村建设村庄治理》部分内容整理。

第**7**章

城乡遗产景观保护规划

随着人类社会经济的高速发展,代表全人类文明的文化和自然遗产受到越来越多的破坏和威胁。为此,1972 年联合国教科文组织通过了《保护世界文化与自然遗产公约》(以下简称《公约》),标志着保护世界遗产全球化运动的开始,具有里程碑意义。当时《公约》中的遗产包括文化遗产和自然遗产,其中文化遗产是指具有历史学、美学、考古学、科学、民族学和人类学价值的纪念地、建筑群和遗址。自然遗产是指有突出价值的自然的、生物学和地质学形态、濒危动植物物种栖息地,以及具有科学、美学和保护价值的地区。自然遗产并不完全隶属于文化遗产,但与文化遗产密不可分。当前,在人地关系和民族文化认同危机的背景下,中国遗产景观保护面临着一系列挑战和机遇。

7.1 城乡遗产景观概述

7.1.1 遗产景观的分类

随着社会文明的发展至今,世界遗产又细分为自然遗产、文化遗产、自然遗产与文化遗产混合体和文化景观,其具有明确的定义和供会员国提名及遗产委员会审批遵循的标准。但是,从景观的可视性角度来看,遗产景观又可分为自然遗产景观和文化遗产景观(含文化景观)。

1. 自然遗产景观

世界自然遗产概念具体内容包括:①从审美或科学角度看,具有突出的世界级价值的由物质和生物结构或这类结构群组成的自然面貌,如美国黄石国家公园;②从科学或保护角度看,具有突出的世界级价值的地质和自然地理结构,以及明确划定为泛威胁的动物和植物生态区,如世界上象龟唯一栖息地的厄瓜多尔加拉帕戈斯群岛;③从科学、保护或自然美角度看,具有突出的世界级价值的天然名胜或明确划分的自然区域,如我国黄龙、九寨沟。自然文化双重遗产兼具自然、文化两方面的价值,是人类与自然和谐共作的杰作,如泰山、黄山。

2. 文化遗产景观

文化遗产是人类社会发展过程中历代人民群众劳动和智慧的结晶,是物化了的社会发展史,其价值无可估量。中华五千年历史进程留下的无数历史文化遗产,积淀了深厚的文化底蕴和文化内涵。这些历史文化遗产是中国人民赖以生存发展的根和魂,是发展先进文化、创造美好生活的不竭动力,也是旅游经济的重要支柱。在实现社会经济文化的协调可持续发展过程中,它们已经成为一种越来越宝贵的发展资源与软实力。

文化遗产从概念上分为有形文化遗产和无形文化遗产,即物质文化遗产和非物质文化遗产。但从景观上来说,一般指有形的文化遗产景观。包括古遗址、古墓葬、古建筑、石窟寺、石刻、壁画、近代现代重要史迹及代表性建筑等不可移动文物,历史上各时代的重要实物、艺术品、文献、手稿、图书资料等可移动文物,以及在建筑式样、分布均匀或与环境景色结合方面具有突出普遍价值的历史文化名城(街区、村镇)。从城乡景观上来看,主要可细分为以下三大类。

(1) 文物。从历史、艺术或科学角度看,具有突出、普遍价值的建筑物、雕刻和绘画,具有考古意义的成分或结构、铭文、洞穴、住区及各类文物的综合体。

(2) 建筑群。从历史、艺术或科学角度看,因其建筑的形式同一性及其在景观中的地位,具有突出、普遍价值的单独或相互联系的建筑群。

(3) 遗址。从历史、美学、人种学或人类学角度看,具有突出、普遍价值的人造工程或人与自然的共同杰作以及考古遗址地带。

3. 世界遗产景观的特性

世界遗产是被联合国教科文组织和世界遗产委员会确认的具有突出重要价值的、人类罕见的、目前无法替代的财富。具有四大特性,即公共性、世界性、多样性和独特性。

"公共性"决定了世界遗产属于全人类,为全体人民享有,是最富有价值和影响的特殊公共资源。一部分遗产资源具有公益性质。任何国家、任何人都不得随意改变破坏其原真性。

"世界性"明确了自然遗产在世界范围中的突出价值、为世界所拥有且受到世界性的广泛重视和保护。

"多样性"体现了其包容着各种类型和特征的奇迹,几乎涵盖地球上所有自然界创造以及人类历史所创造出的精华。

"独特性"强调了遗产在世界或国家及地区上是独一无二的、无可替代的、不可复制、不可逆的特性,一旦遭到破坏,其原有景观将难以恢复,最终走向消失。

7.1.2 遗产景观的特征

1. 自然遗产景观的特征

自然遗产是随着地球演化而逐渐形成的,是地质运动、气候改变、生物活动等因素共同作用的结果。而绝大多数文化遗产是人类活动适应环境与改造自然的结果,因而充满了有重要象征意义的过去的回忆,带有各种各样的地方色彩。自然遗产景观往往具有如下特征:

(1) 稀有性

景观外貌形态及其所代表的自然过程的稀有性是重要的景观特征,按其重要性的差别可划分为世界级、国家级和地方级。例如,世界自然遗产的标准之一规定为代表地球演化主要阶段的突出事件或有意义的地貌或自然地理特征;标准之三又规定为包含有超一流的自然现象或不同寻常的自然美和美学重要性的地区;标准之四则规定为对生物多样性就地保护具有最重要和最有意义的自然生境。某种景观被破坏后可能恢复的时间愈长(年,世纪),则愈为稀有。依据综合稀有性级别与可能恢复的时间尺度两方面,可对景观独特性价值进行综合判断,划分为低、中、高、最高等级别,如林区火山地貌类景观和温泉类景观即属世界级稀有性景观,其综合价值为最高。

(2) 多样性

景观多样性是指景观单元在结构和功能方面的多样性,它反映了景观的复杂程度。景观在空间上是由代表生态系统的斑块所组成。景观的多样性首先反映在斑块的多样性,即斑块数量、大小和形状的复杂程度;其次是景观组分类型的多样性和丰富度;第三是景观格局的多样性,即斑块间的空间关联性与功能联系性。景观多样性对于物质迁移、能量交换、生产力水平、物种分布、扩散和觅食有重要影响,景观组分类型多样性与物种多样性的关系呈正态分布,景观多样性的评定对于生物多样性研究具有直接和重要意义。

(3) 宜人性

景观的宜人性应理解为比较适合于人类生存、走向生态文明的人居环境,可采用景观通达度、生态稳定度、环境清洁度和空间拥挤度等指标来衡量。景观的通达度通常通过位置、区位、有廊道沟通、连通性、交通条件表现出来;生态稳定性则表现在系统结构、功能的一致性、连贯性以及恢复能力、对自然灾害的趋避性等方面;环境的清洁度主要表现为洁净的大气、水、土壤环境,在环境容量允许范围之内的污染物排放等;空间拥挤度是指单位空间的建筑密度和人口密度、绿色开敞空间系统、开放空间与绿色建筑体系、建筑容积率等。

(4) 资源性

景观的资源性主要表现在:首先,在视觉上富有生机、和谐、优美或者奇特的景观可以直接为人类所利用,成为一种重要的资源。如对风景旅游地的认识和开发,以及对人类居住地的设计和改造等。其次,具有良好构型的景观是一种环境资源,可通过对景观格局的调整来影响和改变生态过程,使其发挥最大的生态效益。

(5) 美学价值

景观的美学价值是一个范围广泛、内涵丰富而又难于准确界定的问题。有学者分别从人类行为过程模式和信息处理理论等方面进行分析。虽然不同民族和不同文化传统的人群具有不同的审美观,如在中国文化中对上述景观美学特征的判断有许多生动的表述,如用千姿百媚、独领风骚来形容多样性与独特性;用一览无遗和曲径通幽来表示开阔度和纵深感。用画龙点睛来形容观赏与氛围;用诗情画意、情景交融来形容环境感应;用虎踞龙盘来形容造型与背景;用万物钟灵秀与生生不已来形容生机与活力。但是从人类共有的精神需求出发,如对兴奋、敬畏、轻松、美丽以及自由等的追求和体验,仍然可以归纳出景观美感评价的一般特征。其正向特征通常包含合适的空间尺度、多样性和复杂性、有序而不整齐划一、清洁性、安静性、景观要素的运动与生命的活力等等;其负向特征则包括尺度的过大或过小、杂乱无章、空间组分不协调、清洁性和安静性的丧失、出现废弃物和垃圾等。

2. 文化遗产景观的特征

文化遗产景观作为历史文化的客观遗存,具有历史性、物质性、社会性、经济性和文化性的本质特征,它是一定历史时期政治、经济、文化共同发展的产物。

(1) 历史性

历史性首先表现的是时间性,特指过去时间里发生的事件或做的东西。现在发生的事件或完成的工程,不管有多伟大,都不能称其为文化遗产。

(2) 物质性

首先表现在它的客观存在性。任何一个历史文化遗产,都是以一种有形的遗存表现出来的,是客观存在的,一旦失去了客观存在性,也就不能叫做文物了。因此,对已不存在的文物古迹一般不提倡重建。其次,物质性表现为文物的人为性。城市、乡村的生态环境是人工化的物质环境,现存的绝大部分历史文化遗产都是古人利用自己的聪明才智创造出的人工物质的遗存。因此它具有物质的人为性特点。另外物质性还表现为它的自然性,除了人工环境之外,城市、乡村依托自然环境而存在。

因此,历史文化遗产也不可能脱离自然生态环境而独立存在,而自然环境中的自然景观、古树名木等本身就是自然性的表现。

(3) 社会性

主要表现为它的承载性。任何文物都承载着生产这一文物之初的人类需求,社会互动、社会管理和控制的信息,承载着人类社会活动的特定历史过程,反映着一定社会生产力的发展水平和人与人之间的社会关系,是人类活动的物化和见证。

(4) 文化性

首先表现为它的创造性。历史文化遗产的诞生本身就是一种新技术、新工艺、新文化的诞生和创造,是新的科学技术的伟大实践,许多历史性的建筑物、构筑物、工艺品,它们的制造方法和水平,至今看来仍具有很高的科技水准,因此它是先进生产力的代表,是先进文化的创造和发明。其次文化性表现为它的传承性。历史文化遗产一般都是先进文化、先进生产力的杰出代表,它记载着当时先进科技文化的信息,它的遗存使得古代的科学技术和方法得以传承和发扬光大,是现代科学技术和文化进一步发展的坚实基础。

(5) 经济性

首先表现在它自身的经济价值。在当今市场经济环境中,可以说每一件历史文化遗产都有一个衡量价值的尺度标准。虽然不能像一般商品一样进行流通和买卖,有些历史文化遗产更不可能以一个确切的价格来衡量,但客观上它具有一定的价值。其次经济性表现在它作为一种不可再生的资源,能为人类经济建设服务,并通过第三产业为社会创造价值,推动经济、社会和文化的进一步繁荣和发展。

7.1.3 中国的世界遗产景观

中国作为著名的文明古国,拥有五千年的文化积淀。悠久的历史为中国留下了大量的自然与文化遗产。自 1985 年加入世界遗产公约,至 2013 年 6 月,我国共有 45 个项目被列入联合国教科文组织《世纪遗产名录》(表 7-1)。其中,世界文化遗产 28 处,世界自然遗产 10 处,世界文化和自然双遗产 4 处,世界文化景观遗产 3 处。这些宝贵的自然与文化遗产是人类共同的瑰宝。

表 7-1　中国的世界遗产名录(截至 2013 年 6 月)①

世界文化遗产(28 处)	周口店北京人遗址
	甘肃敦煌莫高窟
	长城
	西安秦始皇陵及兵马俑坑
	北京故宫
	武当山古建筑群
	曲阜孔庙、孔林、孔府
	承德避暑山庄及周围寺庙
	布达拉宫(大昭寺、罗布林卡)
	苏州古典园林
	山西平遥古城
	云南丽江古城
	北京天坛
	北京颐和园
	重庆大足石刻
	皖南古村落西递、宏村
	明清皇家陵寝
	河南洛阳龙门石窟
	四川青城山和都江堰
	大同云冈石窟

---

① 资料来源:http://www.zyzw.com/twzs010.html.

世界文化遗产(28处)	高句丽王城、王陵及贵族墓葬
	澳门历史城区
	殷墟
	开平碉楼与村落
	福建土楼
	河南登封天地之中古建筑群
	元上都遗址
	云南红河哈尼梯田
世界自然遗产(10处)	四川九寨沟
	四川黄龙
	湖南武陵源
	云南三江并流
	四川大熊猫栖息地
	中国南方喀斯特
	三清山
	中国丹霞
	中国澄江化石地
	中国新疆天山
世界文化与自然遗产(4处)	山东泰山
	安徽黄山
	四川峨眉山——乐山大佛
	福建武夷山
世界文化景观遗产(3处)	江西庐山
	山西五台山
	杭州西湖文化景观

7.1.4 遗产景观保护规划的意义

中国国土面积辽阔,历史源远流长,遗存有极其丰富多样的自然与文化遗产景观,但随着中国的快速发展,人口数量急剧增加,对这些遗产景观的开发没有进行系统性规划,导致很多遗产景观破坏较严重。很多景区一味地追求经济效益,忽视了这些景观的人口承载力,保护力度不够,使其面临着极其严峻的威胁。因此,我们应当积极地对遗产景观进行保护和规划,坚持保护与开发并重,规划与保护齐行的原则,坚持旅游资源可持续发展战略,更好地开发遗产景观资源。保护与规划遗产景观有重大意义,具体表现在如下四个方面。

1. 遗产景观是重要的旅游资源

遗产景观是各个时期、不同民族遗留下来的具有历史、文化、艺术、美学、科研等价值的文物、古迹和自然景色,具有独特的魅力。近年来,旅游业迅猛发展,人们在闲暇时间对旅游的需求愈加强烈,遗产景观作为重要的、可开发的旅游资源,形成了自身的吸引力,吸引了大量旅游者前来观光、考察。而城乡遗产景观因未被开发,其保存程度较好,对旅游者的吸引力更大。

2. 是可持续发展战略实施的重要体现

由于遗产景观的脆弱性较强,易遭到损坏,而且很多遗产景观具有不可再生的性质,所以,合理地保护与开发遗产景观,使其能够长久保存,让文化、历史能够永续留存,是可持续开发旅游资源战略的重要体现。

3. 是精神文明建设中不可缺少的重要环节

遗产景观能够帮助人们了解历史发展、探究自然演变,是一个国家精神文化的凝结。对遗产景观进行合理地保护与规划,一方面可以改善人们的生活环境,提高精神文化境界;另一方面,优秀的传统文化艺术可以给予人们心灵上的陶冶,激发人们的爱国情怀;同时,丰富了人们的娱乐活动,使传统文化在休闲中传承。

4. 对中国传统文化的延续起着重要作用

中国是历史文化大国,中华文化是世界主流文化之一。但由于历史原因对西方国家文化的过度崇拜,中华文化面临了前所未有的冲击,导致其影响力和辐射范围逐渐缩小,而日韩、欧美文化在国内却颇受追捧。而遗产景观作为重要的景观资源,适合大力发展遗产旅游,让人们重新认识中华文化,感受中华文化的博大精深,领略中华文化的无穷魅力,从而维持中华文化的世界主流文化地位,增强其影响力,扩大其影响范围,使综合传统文化得以延续发展。

7.2 城乡自然遗产景观的保护与规划

7.2.1 城乡自然遗产景观面临的威胁

对于自然遗产景观,大多数威胁都是人为造成的,其中,偷猎、非法捕捞成为自然遗产景观的首要威胁,是物种消失最主要和最直接的人为活动。放牧、农业和森林砍伐通过改变栖息地进而影响了动植物种群和景观。采矿和采集改变了地表形态,破坏了生态平衡。外来种入侵则直接改变了原有物种的生态平衡。水利设施建设直接改变了遗产地内的水循环、生态过程等,因而对遗产地的威胁是致命的。管理不力则无法控制遗产保护的不利因素,进而加剧了遗产地的破坏。周边发展主要是由于周围城市化影响、人口增长和工业发展,使遗产地处于外围开发中的孤岛状态。

自然遗产景观除非由于政治动乱或位置偏远,或多或少受到过度旅游开发或城市化的影响,表现为游人的拥入和旅游设施的建设破坏了遗产地的生态平衡和景观等。道路、机场、工程管线等割裂了遗产地的生态联系。另外,武装冲突和军队入侵则主要发生在政治动乱年代,对自然遗产的破坏有时也是毁灭性的。

自然威胁包括洪水、疾病、物种自然灭绝、全球变化等。外围环境影响主要是周边的污染物扩散、石油泄露等威胁。

尽管中国的自然遗产保护成绩举世公认,为全人类的利益做出了贡献(中华人民共和国联合国教科文组织全国委员会,2004)。但中国对自然遗产景观的保护不尽如人意,甚至出现建设性破坏等现象,超容量开发和过度利用已经威胁到这些珍贵自然遗产景观的完整性,与其他国家相比,中国的世界自然遗产保护还面临着大量的原住居民和地方发展经济的巨大压力。

7.2.2 我国自然遗产景观保护存在的问题

中国历来重视自然遗产的发掘与保护,遗产事业蓬勃发展,初步建立了国家自然遗产景观管理体系,遗产保护意识逐步普及,国际交流与合作日益广泛深入,遗产地的环境、社会和经济效益日渐突出。然而,我国的自然遗产景观保护同时还面临着大规模基本建设、旅游高速发展、城镇化进程加快等所带来的严峻挑战,并存在着一系列待解决的问题。

1. 盲目建设和过度开发现象比较严重

由于对遗产景观保护的重要性认识不足,忽视遗产景观的特殊性,一些涉及遗产景观的基本建设项目未按国家有关法规严格论证和评估,盲目上马;一些地方片面追求经济利益,对遗产景观过度开发,对旅游人数的迅猛增长缺乏合理有效的控制。这些都对遗产景观的真实性和完整性造成了破坏,甚至在国内外产生了不良影响,损害了国家和地方的声誉和形象。

2. 与当地居民的利益关系处理不当

我国自然遗产景观或地处人口稠密的经济高速发展地区,或地处边远的贫困地区,区内和周边地区经济发展的强烈需求成为自然遗产景观的最大挑战,这一情况集中表现在当地社区、经济等问题上。具体表现在以下四个方面。

(1) 遗产地与当地居民的冲突

自然遗产景观的保护利用与当地居民的生产、生活息息相关。一些遗产地盲目扩大保护范围,在征地、拆迁、就业、收益分配等方面未能充分考虑当地居民的利益,引发诸多冲突,影响了遗产地的有效保护和可持续利用。

(2) 遗产地与当地政府的摩擦

一些自然遗产景观对地方经济的带动作用不大,还要从不宽裕的地方财政中支取保护区的费用。另外,由于遗产景观的保护原则,而政府侧重于经济发展,导致遗产地与当地的行政机构因管理职能交叉而发生摩擦或纠葛。

（3）遗产地保护与地区经济发展的矛盾

以往的政策只注意当地社区生产生活对遗产地生态环境的影响，而忽视遗产景观的开发给社区带来的社会经济影响，在对当地社区不合理的资源利用方式实行禁止时，忽视为其找到可持续的替代发展途径，致使保护与发展总是处在不断的冲突之中。

（4）资金投入不足，管理水平、管护手段和基础设施普遍薄弱

我国自然遗产景观分布点多、面广，且大部分地处经济落后的中西部地区。由于多年来在设施设备和日常管理上资金投入不足，许多遗产景观的保护设施短缺，装备陈旧，技术人员匮乏，导致遗产景观的保护管理能力低下，并引发一系列问题。

以自然保护区为例，大部分自然保护区的事业费拨款不够支付职工的工资和福利，如长白山自然保护区，事业费拨款400万元，而职工工资和福利支出达700万元。其结果是不少自然遗产地的管理机构不够健全，管理人员不足，业务素质偏低，管护手段和基础设施普遍薄弱。

由于自然保护区经济来源不稳、地域偏僻、工作生活条件差、社会地位不高，从事自然保护区工作的领导面临的工作难度大而缺乏信心，科技人员因科研经费紧缺而无法开展工作，基层的工作人员因工作条件差、待遇低而缺乏工作积极性。

此外，保护区之间投入水平差异较大。一般来说，国家级自然保护区的知名度和重要性比其他级别自然保护区大，所得到的国家和地方拨款也多。同时，保护区的拨款在地区间差异较大。地处经济发达省区的自然保护区，获得的拨款一般比处于经济落后地区的保护区多。

7.2.3 自然遗产景观保护的原则

自然遗产景观的保护对维持我国的生态平衡、环境保护和经济发展具有特别重要的意义。过去高速的经济增长和人口膨胀已经对我国的生态、环境、资源造成了巨大的压力，当前在科学发展观的指导下，自然遗产景观的开发和保护不仅有利于修复和维护我国的生态环境，也为我国的可持续发展提供了物质基础和资源储备。

因此，应该对于自然遗产景观的保护给予特殊的关注。科兹沃夫斯基等从规划者的角度对遗产保护进行了观察，认为要使遗产利用与周围环境相适应，可以采用一种"缓冲区规划"（BZP）的方法，从而有效地保护城乡自然遗产景观。同样，自然遗产景观的保护也应纳入社会可持续发展的总体框架和国民经济和社会发展规划之中，考虑自然遗产景观的保护工作及其在社会发展中的作用。将自然遗产景观与其所在地有机融合，在保护中体现"大遗产地"的思想，而不是将其与所处的自然人文环境及其包含的人文现象分割开来。此外，自然遗产景观的保护是一项复杂的系统工程，涉及多个部门，因而除了加强自然遗产景观本身的管理之外，还需要强有力的、统一的协调和监督管理机制。

1. 正确处理自然遗产景观保护与遗产地发展的关系

从表面看，自然遗产景观的保护和遗产地经济发展似乎是一对矛盾，这种矛盾在发展

中国家又显得尤为突出。但是,在保护城乡自然遗产景观的同时,也为遗产地带来了商机,大大加速了遗产地的经济发展。与此同时,也在一些地方对自然遗产景观保护造成了负面影响,造成遗产地环境污染、生态破坏、传统文化丧失等。

在这个问题上,很多学者已经进行了有益的探索,出现了很多关于自然遗产景观保护性开发的研究。例如,陈述彭等(2005)以石窟为例研究了中国文化遗产的保护与开发之间的关系,刘振礼(2005)对遗产地的保护和发展问题进行了比较详细的论述,谢凝高(2002)对自然风景区的自然和文化遗产的保护和利用问题进行了探讨等。综述相关文献发现,对于自然遗产景观的保护和发展关系问题,目前存在着两种截然不同的论点:一是“绝对保护派”,即地方经济发展要完全让步于自然遗产景观的保护,甚至在条件不成熟的情况下,以牺牲当地本就十分贫困的居民的发展为代价进行保护;另一种是“优先发展派”,即自然遗产景观的保护要尽可能服务于当地经济发展(徐篙龄,2005)。

在2002年联合国文化遗产年,世界遗产委员会为纪念《世界遗产公约》30周年通过了《世界遗产布达佩斯宣言》,并明确指出:“努力在保护、可持续性和发展之间寻求适当而合理的平衡,通过适当的工作使世界遗产资源得到保护,为促进社会经济发展和提高社区生活质量做出贡献。”因此,要正确理解遗产保护和地方经济发展之间的关系,在遗产地的所有工作中必须坚持保护第一,坚持把社会效益和环境效益放在首位,坚持把国家和民族的长远利益放在首位;同时,在有效保护的前提下,要充分发挥自然遗产景观的教育功能和经济功能,既要坚决制止借合理利用之名对遗产地进行过度开发、盲目开发,也要避免过分强调绝对保护所造成的在遗产地资源合理利用上的无所作为。使保护成为发展的前提,以发展成为保护的基础。以人为本,实现自然遗产景观的保护和遗产地经济发展的双赢。

2. 完善遗产地保护的法律法规体系

健全的法律法规体系是自然遗产景观保护管理事业的重要保障。要完善保护法律法规体系,立足我国国情,从实际出发,遵循国际惯例,借鉴国外成功立法经验,进一步完善遗产地保护的法律制度。加大执法力度,依法打击破坏遗产地的各种违法犯罪行为,明确地方和部门职责,建立责任追究机制。同时,实施环境影响评价。

3. 增强对自然遗产景观的管理及其规划协调

首先,要认真编制规划、分步实施。规划的制定必须按照有关的法律法规进行,并且要结合保护区和区域的实际。贯彻“全面规划、积极保护、科学管理、可持续利用”的自然保护方针,根据保护区功能分区的理论与原则,合理划分功能区,把保护、科研、监测、教育和旅游结合起来,统一规划与布局,正确处理保护与开发、旅游与教育、资源保护区与社区发展等关系,致力于保护区和区域经济的同步发展。加强对自然遗产景观的规划编制和修订的程序管理,充分论证,严格审批。各地要保障规划实施的严肃性,加大规划执行力度,实时监测规划实施状况。

其次,应建立有效的规划协调机制,重点做好自然遗产景观的规划与经济社会发展规划、土地利用规划和城乡规划之间的衔接。同时,加强国家相关职能部门之间的沟通与协调,研究建立自然遗产景观保护部际联席会议制度。要明确中央政府和地方各级政府在国家自然遗产景观保护中的职责,进一步确定自然遗产景观所在地各级政府在机构建设、综合管理、投入保障、人员配备、规划编制和实施等方面应承担的主要责任。

最后,充分调动社会各方面的积极性,增加各方参与程度,共同推动遗产地保护事业健康发展。

4. 实施自然遗产景观的保护生态补偿政策

自然遗产景观的保护生态补偿机制是平衡自然遗产景观保护与区域发展冲突的有效市场手段之一。自然遗产景观可以提供各种商品和服务,如野生生物、基因材料等物质产品和保护生物多样性、作物授粉、水净化、景观欣赏和游憩等服务,产生的效益可以分为短期效益和长远效益两大类,其生态效益的外部价值远远高于有形产品的经济价值,具有典型的外部经济性的特征。因此,需要建立自然遗产景观保护生态补偿机制来加大对遗产地的投入,并补偿遗产地周边的居民。

遗产地的纯公共物品要由公共投资渠道来支持,包括政府投资或海外发展援助及各类基金。如政府直接补偿(如退耕还林)是政府投资的形式之一,即政府直接对社区土地所有者或其他生态系统服务提供者进行补偿。这也是目前全球最为普遍的补偿方式,如遗产地设立后对土地所有者因生产性收入下降而进行的补偿。而遗产地私人物品可以商业化,由私人投资渠道来资助,像旅游投资、狩猎费、许可证协议等。收费物品可以通过收取类似门票费的机制直接筹资。公共流动物品可将公共投资和私人投资结合起来。生态补偿措施可以从"受益者付费、破坏者赔偿以及保护者获益"的总体框架下,整合上述资金渠道,同时根据上述原则,拓宽现有的投资资金渠道。

5. 注重自然遗产景观的发掘、整理和保护

目前,由于各界对自然遗产景观的关注以及自然遗产景观产生的各种社会和经济效应与效益,世界范围内掀起了一股"遗产申报热潮"。随着这股热潮的不断高涨,遗产申报的动机从本来的以"保护"为核心逐渐转向对经济效益和社会效应的追求,重申报、轻发掘、轻保护,脱离了遗产保护的本意。作为一个疆域辽阔的文化古国和文化大国,我国的各类自然遗址极为丰富。如此丰富的遗产资源,同样需要我们给予相应的重视,需要很好地进行研究、整理和保护。我们既要注意与国际接轨,积极进行遗产申报,使越来越多具有全球重要价值的遗产得到国际社会的承认和共同保护,又要珍视我国自身遗产地的发掘、整理和保护,使那些由于各种原因暂时不能列入世界遗产名录但同样具有重要价值的各类遗产也能得到充分的保护。

6. 加强科学研究

科学研究不仅对于自然遗产景观的有效管理十分重要,是科学决策的理论基础,而且也是进行能力建设和公共宣传的有效手段。

首先,要建立以科学研究为基础的自然遗产景观的管理决策体系。强化决策过程中多

学科专家的参与,逐步推广遗产地驻场科学家制度和专家决策咨询制度。在中央和省级政府组建自然遗产景观专家咨询委员会,及时了解自然遗产景观的保护状况,提出改进措施和建议。增大自然遗产景观决策的透明度和公众参与度。加大对遗产地科研的投入力度,注重新技术、新方法在自然遗产景观保护管理中的应用。

其次,要加强自然遗产景观的可持续利用范式研究。自然遗产景观具有珍贵的生态价值、经济价值、社会价值、文化价值、科研价值和示范价值,遗产可持续利用范式的探索在自然遗产景观的保护研究中占有重要地位。我们祖先在和自然打交道的过程中构成了人与自然和谐发展的许多范式或典范,构成了我们的知识遗产。这些遗产可以启发人们在知识经济和信息时代背景下,奠定可持续发展的知识基础。

7.3 城乡自然遗产景观的规划

7.3.1 城乡自然遗产景观规划策略

1. 理论方面,按照完整性原则构建城乡自然遗产的保护理论

城乡自然遗产规划的核心就是保护遗产的真实性和完整性,使其世代传承,永续利用。目前,这方面的研究相对滞后,有专家提出要开展城乡遗产的价值性研究。之后,各种会议和专题研究虽然得到开展,也积累了一定的有价值的研究成果,但这方面的研究还远远满足不了城乡遗产发展的需要,特别是对于我国来说,与此相关的研究和教育还相当薄弱。研究人员少,研究经费投入不足,研究成果相对较少,城乡自然遗产地基本上缺乏系统的研究,从国家层面上应该优先支持在城乡自然遗产地开展自然保护与利用的研究。

2. 公共资源治理方面,构建城乡自然遗产保护与利用的管理与监督机制

城乡自然遗产是特殊的公共资源,对其保护与利用如果没有科学的管理和监督机制,就很难避免形成公地悲剧的困境。目前,我国现行的城乡自然遗产地的管理体制基本上是政府以发展经济为目的的强制性制度变迁的结果,这种制度成了宣传促销、招商引资景区景点基本设施建设等政策激励,也激励了政府部门直接投资服务、接待设施,社区积极参与旅游业的行动,这些政策与行动最终导致了城乡自然遗产政府治理失灵。为了更有效地促进城乡自然遗产的保护与利用,我国应将城乡自然遗产资源的处置权由专门机构管理,同时,建立制度性的监督机制。

3. 规划控制上,制定科学合理的城乡自然遗产保护与利用的详细规划

我国目前所拥有的城乡自然遗产地都是以其独特稀有或绝妙的自然现象地貌或具有罕见自然美的地带而见长。因此,在对遗产进行保护和利用之前,一定要制定科学合理的遗产整体规划和近期的详细规划在实施过程中,要对其规划加以严格执行,任何部门和个人不得以部门利益为由,干扰规划的实施,为实施规划创造一个非常宽松的环境,处理好遗产保护和利用的关系,处理好眼前利益与长远利益的关系。

4. 法律保护方面，加强对城乡自然遗产的立法和执法

目前，我国城乡自然遗产保护体系混乱，很多自然遗产地同时拥有多块牌子，保护性质不明确，缺少清晰明确和统一的管理目标体系，管理重叠交叉，边界不清，权属不明，条块分割，遗产保护效率低下。要解决这些问题，就必须明确遗产保护的国家责任，确立遗产保护的国家战略，统一遗产保护体系，加强立法，完善中国的城乡遗产保护法规。同时，特别要加强执法力度，在市场经济体制下，不断完善法律法规，加强执法力度，确保城乡遗产资源按遗产保护的有关要求，合理开发，永续利用。

5. 人才培养方面，提高城乡自然遗产管理人员的专业素质

城乡自然遗产的保护和利用，涉及广泛的科学知识和专业化的管理，这一特点决定了重视对其管理人员的培养，提高他们的专业素质是实现遗产资源可持续发展的关键要素同时，也是增强遗产管理水平的长期有效措施。对遗产管理人员的培训应侧重于对现有人员能力的培养、技能的训练、潜在能力的发掘和提高，使他们充分认识到有效保护遗产资源的重要性，从而成为具有遗产管理专长的人才。遗产管理机构也需要根据自己的现状，中长期发展的需求，对所需人才的类型数量、质量结构等做出总体的规划，实施对内培养、对外引进的人才发展战略，以满足我国保护和利用城乡自然遗产的需要。

7.3.2 自然遗产型城乡的发展理念

在自然遗产型城乡的开发中要坚持"生态为先、保护资源、适度开发"的原则，将当前利益与长远利益相互结合，通过科学方法确定市场需求并进行明确的定位，有序适度的开发，避免盲目、短期大规模的开发导致生态的破坏和资源的浪费。同时城乡基础设施所具有的实用性功能和作用，首先要满足自然生态系统发展的需求，在此基础上加大生态化建设，使城乡的基础设施建设环境有别于工业化城镇。同时，基础设施的生态功能和生态特性，既是从生态学的角度对基础设施功能和特性的认识，也是基础设施系统作为一个人居环境的重要因素，对生态环境产生的影响和作用。通过增强城乡基础设施生态化建设进一步推动及改善城乡的景观环境，建造具有"新技术、新模式、新风貌、新产品、新文化"的新型旅游区域。

通过对自然遗产型城乡的分析，城乡土地均存在抗外界干扰、自我恢复能力较差，土地破坏后的修复时间较长，土地敏感度较高等问题。需对城乡建设用地进行空间管制，划定可建设用地、限制建设用地和禁止建设用地，通过空间管制的手段来控制因经济利益驱动导致的空间开发过度化和空间建设高密度化。由于城乡旅游经济投入的有限性及旅游的快速发展，导致了众多城乡旅游开发模式的雷同发展，因此在规划中首先需要对城乡地域特色及历史文化进行研究，并结合统筹兼顾的发展观，寻找与周围城镇的差异，因地制宜，突出自身优势特色，形成差异化、错位式的城乡旅游发展，为城乡旅游的后续发展奠定基础。

由于自然遗产具有不可再生性，在自然遗产型城乡的开发过程中，不能仅仅局限于以自然遗产本身的连续开发,应同时深层次挖掘并开发与其相关的各种具有高附加值的产品,并尽可能在本地完成产品的生产、加工、销售,减少产品成本,并吸引农村闲置人员通过技术培训进行再就业,解决农村人口大量流失问题。以市场需求导向为基础,充分发挥自然遗产的自身优势,按照"优势互补、客源互送、资源共享、信息联动、共同发展"的原则,积极开展与周边乡村、县、市的旅游合作,建设区域一体化旅游产业。

7.4 城乡文化遗产景观保护与规划

7.4.1 文化遗产景观保护的新机制

在新的历史条件下,文化遗产景观保护与利用,要有全新的思路,积极探索新机制,以适应社会主义市场经济的新要求。文化遗产景观保护涉及社会生活的各个方面,需要政府各有关部门统一认识,形成合力,从而建立起良好、规范的保护管理秩序;需要进一步提高广大人民群众对文化遗产景观重要性的认识和理解,形成以国家保护为主,动员全社会共同参与保护的新局面。

1. 对待文化遗产景观的态度首先是保护

文化遗产景观具有不可替代性,是不可再生的、可持续发展的重要资源。历史无法重复与复制,历史文化资源一旦损毁就会带来无可挽回的损失,给子孙后代留下永远的遗憾。当前,我国经济、社会处在高速发展的特殊时期,文物工作既面临着快速发展的大好机遇,又面临着复杂而艰巨的挑战。一方面,各级领导和政府对文物保护的重视程度有很大提高,文化遗产景观的保护力度不断加大,文物保护各项工作都取得了长足的发展;另一方面,我们应清醒地看到,随着城市化进程的加快和经济建设持续高效发展,经济建设和文化遗产景观保护的矛盾日益尖锐,文化遗产景观的安全在遍地开花的基本建设中受到威胁,甚至被破坏,盗掘古遗址和古墓葬等事件时有发生;非物质文化遗产景观也受到越来越大的冲击,一些依靠口授和行为传承的文化遗产景观不断消失,许多传统技艺濒临消亡。

因此,必须要从对国家和历史负责的高度,充分认识保护文化遗产景观的重要性,正确处理城市建设与文化遗产景观保护、新农村建设与古村镇保护的矛盾。对待这个问题,必须端正保护态度,提高保护意识,树立全局观念,进一步增强责任感和紧迫感,切实提高文化遗产景观保护、管理和利用的水平。

2. 文化遗产景观保护的目的是加以利用

保护和继承文化遗产景观,其本质就是继承弘扬中华民族的优秀文化和民族精神,增强民族自尊心和凝聚力。要让历史文化遗产景观在社会经济发展中充分发挥其对人们思想的引领和启迪作用、对人们精神的抚慰和激励作用、对社会矛盾的疏导和缓解作用、对民族的亲和与凝聚作用,以增强人们内心世界的丰富感,营造他们精神上的安宁和幸福,从而激发人们的想象力和创造力,促进人的全面发展。要利用历史文化遗产景观提高公众在文化认同上的自觉和自信,借以调解社会生活中的各种矛盾和问题,协调人与人之间的关系,人与社会之间的关系,人与自然之间的关系。要深入探究文化遗产景观中凝结的科学原理和高超技艺,使现代科学技术的发展从中得到有益启示。文化遗产景观对广大人民群众特别是青少年一代具有巨大的吸引力和感召力,很多文物保护单位同时也是宣传爱国主义教育、革命传统教育和精神文明建设的重要基地,因此,充分发挥历史文化遗产景观的教育功能也是非常必要的。

3. 开展文化遗产景观旅游是保护与利用文化遗产景观的重要途径

文化遗产景观在经济社会发展中所起的作用也是有目共睹的,遍布各地的历史文化遗产景观已经成为发展旅游业的宝贵资源。在我国旅游业所产生的经济效益中,文化遗产景观旅游收益所占的比重相当大,是旅游经济的重要支柱。许多地区依靠得天独厚的文化遗产景观资源,带动交通、商贸和旅游业的发展,不仅扩大了就业,增加了税收,也有力地促进了经济和社会的协调发展。随着我国现代化建设的不断发展,欣赏历史文化遗产景观,旅游名胜古迹,已成为人们精神生活的一种追求。因此,应积极鼓励合理利用文化遗产景观,充分发挥文化遗产景观资源优势和特色优势,大力发展以文化遗产景观为依托的特色旅游业。

7.4.2 城乡文化遗产景观保护现状

文化遗产景观的保护随着我国社会经济的发展越来越受到重视,在城乡的快速发展建设中,越来越多的人认识到保护文化遗产景观是城乡现代化的必要内容,是建设美好城乡特色的低成本的捷径,是城乡可持续发展战略的基础环节,也是衡量城市综合竞争力的愈显关键的指标。

1. 国际上对文化遗产景观保护的认识

回顾近年来国际文化遗产景观的变化可以看出一个共同的现象,就是保护的范围越来越广泛,内容越来越丰富,与城乡发展和居民的生活密切相关。以日本为例,现行的《文物保护法》是 1950 年颁布的,起初的规定是将有价值的文物古迹由中央政府指定为"国宝"或"重要文化财产",1966 年颁布《古都保存法》确定要保护古都的"历史环境风貌",1975 年修订《文物保护法》,将保护范围扩大,增加了保护"传统建(构)筑物群"的内容。到 1996 年,改变保护方式,调动地方政府的积极性,规定除中央政府指定以外,地方政府也可以提出保护的名单,报文部省批准,形成了对文物古迹的"登录制度",将保护的对象、保护的责任人都扩大了。2004 年再次扩大保护对象,增加了"文化景观"的保护,不只保护有形的物质文化遗产,还要保护非物质文化遗产,特别关注了物质遗存之间的文化联系。

在法国,在 1913 年颁布了《历史建筑保护法》,1943 年立法规定在"历史建筑"周围500 m半径的范围内采取保护措施,1962 年颁布的《马尔罗法》将保护的对象从历史建筑扩大到了"历史地区",到 1983 年,又提出"建筑、城市、风景遗产保护区"的新概念,再次扩大保护范围,包括了城市中更多的有历史价值的地区和有历史意义的自然景观地区。1985 年设立"历史艺术城市和地区"的称号,由地方政府提出,中央政府认可,调动了地方政府保护的积极性。

美国的情况和欧洲不太一样。美国自1872年有了第一个"国家公园",现今的"国家公园"共有390个,其中自然风景类型的有54处,如大峡谷。"国家公园"也包括了许多文物古迹,如印第安人的遗址,著名的自由女神像也用"国家公园"的名义来保护。自20世纪80年代,设立了新的保护模式,称为"国家遗产区",保护那些有历史意义但仍有人居住的地区。现有"国家遗产区"27个,基本都在东部地区,由地方政府申报,国会通过命名。它的特点是当地的居民参与保护运动,他们可以继续生产生活,保持并延续当地的文化传统。这里土地不像"国家公园"那样由联邦政府购买,而是保持权属不变,省了中央的资金,国家命名后有资金补助,地方政府承担保护管理的责任,他们积极发展旅游,增加地方收入,同时抵制不合理的开发,保障"国家遗产区"的可持续发展。这些年来,在从事文化遗产景观保护的国际组织中保护理念和实施方法也有很大发展。

自1963年国际古迹遗址理事会公布了《威尼斯宪章》之后,保护的对象从文物古迹扩大到了历史地区,出现了《内罗毕建议》和《华盛顿宪章》。1987年的《华盛顿宪章》认为,历史地区的价值在于"地段和街道的格局和空间形式,建筑物和绿化、旷地的空间关系",关注的是地段的整体环境。在世界文化遗产景观的保护类型上,在1990年增加了"文化景观",它是指"自然与人类创造力的共同结晶,反映区域的独特的文化内涵,特别是出于社会、文化、宗教上的要求,并受环境影响与环境共同构成的独特景观"。21世纪初又提出"文化线路"的新概念。我国会同丝绸之路上的五个国家拟共同申报"丝绸之路"为世界遗产,用的就是"文化线路"的概念。

与此同时,非物质文化遗产也成为世界遗产的项目。《保护非物质遗产文化公约》在2003年11月联合国教科文组织第32届大会通过,到2006年已有30个国家签字缔约,开始生效。在非物质文化遗产领域中,关于真实性的争论是个很严重的课题,可能要长久讨论下去。2004年在日本奈良发表过关于统筹保护物质与非物质文化遗产的《大和宣言》,认为保护非物质文化遗产景观应该有与保护物质文化遗产景观不同的特殊方法。

自2001年第一次评选以来,已产生了三批世界非物质文化遗产。我国有五项已列入"世界非物质文化遗产"的名录之中。在"文化线路"型的文化遗产景观中,保护的内容就包括保护非物质文化遗产,使物质和非物质的文化遗存二者相互烘托,相得益彰,全面地凸显出它们的历史文化价值。

2. 我国近年来文化遗产景观保护的发展

随着我国经济建设上的巨大发展,人们对文化遗产景观的保护与传承的认识越来越高。中央关于贯彻科学发展观、构筑和谐社会的要求,为保护文化遗产景观的工作提供了思想理论基础和良好的外围环境。2005年12月《国务院关于加强文化遗产保护的通知》第一次在正式文件中用"文化遗产"代替了过去常用的"文物古迹",它涵盖了文物保护单位、历史文化街区(村、镇)、历史文化名城,也包括了可移动文物、非物质文化遗产景观以及未来可能发展的新品类。这一方面反映了对保护工作更加全面的认识，另一方面通过使用国际通用的概念，适应了国际上文化遗产景观保护不断扩展的趋势。

近几年，我国在文化遗产景观的保护上采取了许多新的做法，或是开辟了新的领域，或是在原来的范围中突出了某些重点。至今，我国历史文化遗产景观保护形成了"文物保护单位""历史文化保护区"（新的《文物保护法》中定名为"历史文化街区"）、"历史文化名城"三个层次。三个层次的重要的意义不仅在于从点到面扩大了保护范围，关键的意义是根据它们的不同特点采取不同的保护方法。

随着工作的深入，在三个层次的基础上，有些地方又根据自己的特点，增加了保护"历史文化风貌区"、保护"历史建筑"等新的保护概念。"历史文化风貌区"针对的是某些历史地段改动较多，已不适合用历史文化街区的较严格的方式进行保护的地区，但它仍有一定的历史遗存，能唤起人们的历史回忆，是城市文化的组成部分。所以提出一个新的保护概念，其保护要求较"历史文化街区"稍低，保护、整治的比例小一些，改建、重建相对多一些，但在风格、形式上重现了历史的风貌，这种实事求是的做法应该认为是可行的。还有一些近代代表性建筑，如花园住宅、工厂厂房、码头仓库等，或由于使用的需要，或由于价值不够，一时很难定为文物保护单位，被定为"历史建筑"，采取不同于文物保护单位的方法加以保护利用。现上海、天津等城市已制定了有关保护"历史建筑""历史文化风貌区"的地方法规，其保护方式和主管部门都有别于"文物保护单位"的规定，这是对现有三个层次保护体系的补充和发展，值得关注和肯定。

2006年2月国务院公布了第一批国家级非物质文化遗产名录，包括了民间文学、民间音乐、民间舞蹈、传统戏剧、曲艺、杂技竞技、民间美术、传统手工技艺、传统医药、民俗等共10类518项。在已有的文物保护的领域，特别关注了大遗址的保护。大遗址指的是古城址、古墓葬区等大面积的地区，它们不只面积特别大，而且有人居住，并从事着农业或其他生产活动，而且这里大多与城乡建设关系密切。所以对它们要综合考虑保护与居住者的生产、生活，协调多方面的利益关系。

此外又关注了工业遗产和20世纪50年代建筑遗产的保护。由于这些文化遗产景观的年代不长，过去没有引起人们的重视。但它们记载了我国长期农业社会中的工业开端，也反映了我国建国初期急速变革的时代特征，有着极为特殊的意义。2006年5月，国家文物局在无锡召开工业遗产保护利用的专题会议，有的工业遗产已列入了第六批全国重点文物保护单位。

2005年国家文物局颁布了《全国重点文物保护单位保护规划编制办法》及《审批办法》，规范了保护规划的编制工作，同时要求每个文物保护单位必须做出保护规划，《办法》不单要求规划文物保护单位的维修、保养、展示、利用，也要求规划要协调保护与城乡建设发展的关系，从高层次保障文化遗产景观的保护与传承。

7.4.3　城乡建设对文化遗产景观的影响

历史文化遗产是一定历史时期各种文化的载体和政治、经济、文化的综合体现，是非常宝贵的不可再生资源,是人类文明的集中体现和凝练。然而,在中国快速的工业化和城市化进程中,在轰轰烈烈的社会主义新农村建设过程中,那些表面陈旧、破烂的古建筑、古民居、古桥梁、古水道正面临着很大的危机。在许多农村规划中把成片的古建筑群定义为空心村,把旧村落整片街区划为拆迁改造区,即使有几幢祠堂被保留下来,其周围的历史空间环境已被所谓的现代建筑空间所取代,以往古老的空间格局和传统风貌荡然无存。因此,城乡建设进程对文化遗产景观的影响还是存在一定挑战性的。

1. 城乡文化遗产面临城乡建设的挑战

改革开放三十多年,是我国文化遗产保护蓬勃发展时期,同时也是文化遗产遭到破坏最为严重的时期之一。纵观保护现状,形势十分严峻。今天,中国城市发展进入黄金时代。无论沿海还是内地,都处在大规模的建设高潮之中,城市蓬勃发展,现代商业网络基本形成,城乡建设速度之快、规模之大、耗资之巨、涉及面之广、尺度之大等已远非生产力低下时期所能及。但同时这场史无前例的浩大的城市化洪流也导致城市集中了种种矛盾,生态失衡、资源浪费、城市历史文化遗产的毁灭和城市特色的消失、能源消耗、环境恶化、城市灾害频繁等。

从以上我国城市发展与文化遗产保护研究的状况看,面临着如下挑战和危机:

(1) 对文化遗产景观的保护观念不够深入

对文化遗产景观的保护观念不够深入,主要体现在保护原则的推广较单一,保护观念的探讨不受重视,区域性的、对策性的、实证性的研究还待拓展。研究应由以物为本转向以人为本,使保护文化遗产的观念尽快在更多人群中达成共识。

(2) 缺乏文化遗产保护研究指标体系

当前研究中未建立一套系统的、科学的文化遗产保护研究指标体系。大量研究集中于城市发展、旅游发展与文化遗产保护,而文化遗产保护的先进理论技术方面的研究、非物质文化遗产的传承研究相对薄弱。文化遗产中较多关注文物建筑本体,对周边环境的研究还处于起步阶段。对文化遗产损毁原因及专业因素、社会因素等缺乏全面分析。

(3) 对文化遗产景观的认知片面

现有研究多以世界遗产和名城、国保等高等级遗产为研究对象,导致对文化遗产景观的认知片面。世界遗产是近年来各界的热门话题,吸引了相当的研究目光,取得一定的研究成果,如陈耀华、赵星烁(2003)全面分析探讨了中国世界遗产的保护与利用中存在的问题及对策;陶伟等(2002)以丽江古城为例分析了世界遗产古城类文化遗产的研究方法和研究内容;杨锐(2003)从立法、体制改革、技术支持、社会支持、规划管理、资金以及能力建设等7个方面探讨改进中国自然文化遗产管理的政策途径,并具体提出了41项行动建议。

(4) 存在建设性、开发性和规划性破坏

建设性破坏:主要指为了城市的建设,只看重眼前的利益而大势破坏原有的历史遗址,导致历史文化的断裂和消失,往往因国家经济和社会发展的工程项目而导致的遗产破坏。20世纪90年代至今,它一直是中国文物破坏的主因。在一浪高过一浪的经济建设大潮中,我国许多有价值的古代和近现代文物建筑、历史街区被拆毁,大部分古城已经失去了纯正的历史风貌。在城市更新改造中,将保护建筑视为获得眼前利益的捷径,千方百计地恣意蚕食、侵占、破坏和拆毁,情况颇为严重,且屡禁不止,层出不穷。如福州发生拆毁三坊七巷和朱紫坊历史街区事件;定海古城被毁事件就是较典型的例子。

开发性破坏:即在文化遗产的社会性享用中产生的遗产破坏。它是随着大规模遗产旅游或商业开发等开始出现的,是新时期中国文物破坏的另一个主因。盲目过度的旅游开发建设等,不断对本属于旅游核心资源的文化遗产造成毁灭性的破坏。如开封的宋街、沛县的汉街等仿古建筑,使许多有价值的历史街区沦为假古董。

规划性破坏:好的规划可以让城市各类资源实现有效利用,反之则会起负面的破坏性作用,造成社会资源、财富的极大浪费。然而规划的短视性、规划调整的随意性、规划编制时的封闭性等往往会导致文化遗产景观的破坏。对于城市的各类建设而言,规划其实就是"先天基因","本固根强"方能使文化遗产景观"枝繁叶茂"。规划要真正起到引领城市健康有序发展的作用,就要建立规划编制时专家论证和公众参与的机制,使公众的意见得到充分体现,使规划更具科学性、适用性和指导性。同时要强化规划的法定性和严肃性,坚持一张蓝图绘到底,严格按照法定程序办事,杜绝长官意志的随意性。

2. 城乡文化遗产景观保护利用的主要问题

20世纪90年代以来,我国城乡经历了"加快城市化、新农村建设、旅游开发"的多重挑战和冲击,"千镇一面、万村一貌"的"特色危机"正成为共性问题。从总体上看,历史文化名镇名村正处于"整体保护状况较好"与"过度开发的保护性破坏"并存的状况;更多尚未申报、定级的城乡"保护状况不容乐观";更多乡土建筑的"局部环境还在持续恶化";只剩老年人留守的"空壳村"现象较为普遍;加强保护刻不容缓。目前,社会各界对城乡文化遗产保护已形成基本共识,但从局部来看,城乡文化遗产保护利用的形势不容乐观,仍然存在一些问题,主要表现在以下七个方面。

(1) 城乡保护的主观认识不到位,仍停留在"旧城改造""旧村改造"的认识误区中,习惯于城乡保护利用的房地产开发模式,再加上新农村建设中"拆旧建新""求新求洋"的"新村庄建设"偏向,使城乡遭受"破旧、落后"为借口的"建设开发性破坏"时有发生。

(2) 客观的政绩考核指标,"追求政绩"的短期行为,不合理建设、过度开发利用的"人工化、商业化、现代化"倾向,使历史镇村文化遗产遭受"旅游开发性破坏"的现象仍在蔓延。越是经济发展快的地方,以及越是领导直接干预具体项目的地方,这种现象越严重。长此下去,我国历史镇村文化遗产将会在GDP的冲击下土崩瓦解,文化多样性和国家文化安全也会受到严重影响。

(3) 历史文化名镇名村"重申报、轻管理""重旅游开发、轻遗产保护"的"急功近利"现象依旧存在。有的地方只看重名镇名村称号价值和社会影响,却没有把文化遗产保护管理工作放在应有的重要地位。有的地方"把名镇名村保护当作旅游经济资源开发",实质是"以保护为名"进行商业性、旅游开发,甚者是房地产开发为主。

（4）城乡保护规划不够完善、缺乏科学性和可操作性；执行规划随意，朝令夕改，缺乏严肃性；"先开发后规划""先破坏后治理"等案例也为数不少。保护规划审批不严，"跑政府"与"变通专家"较为流行；规划编制单位和专家为眼前利益，迎合错误的领导决策，甚至"偷梁换柱"违规开发现象也有所存在。

（5）城乡文化遗产保护法规不够完善，规定不全面、条款太原则、存在缺章难循的真空地带；执法监督不严，依法行政不力；体制弊端、管理不到位；制度不健全、领导意志代替法规、建设规划与文物部门相互推诿、该管不管、行政不作为等，都是导致城乡遭受"建设性、开发性、旅游性"破坏的原因。

（6）在城乡保护与利用关系上，"重短期的旅游利益、轻长远的社会价值""重开发商利润、轻居民权益"的现象较为普遍。有的地方政府与开发商联合，大投资大开发、"急功近利"发展旅游；甚者"以贱卖耕地换来投资商"搞开发房地产，并以领导"集体决策"袒护"旅游开发性破坏"；有的地方政府将名镇名村文化遗产当作旅游资源，进行违规转让经营；有的历史文化名镇全部拆迁老街居民，把所有权置换给旅游公司经营。这种深层次"保护性破坏"的名镇模式的示范效应，正扩散到全国各地，值得国家有关部门高度重视，应予制止。

（7）地方政府对开发旅游相当重视，对城乡的保护研究较为忽视；学术界对城乡保护利用尚缺乏深入具体的研究，明显滞后于开发建设的需要。至今，由于缺乏科学保护的理论指导，保护工作仍延续粗放式、经验式管理和浅层次监管阶段，不少地方政府把城乡保护当作房地产开发、旧城改造来做。还有城乡保护管理队伍整体素质不高，专业人才严重缺乏，保护资金严重不足，政策扶持不够，制度缺失等都是影响城乡保护的原因。

7.4.4 城乡文化遗产景观的保护对策

1. 探索适合中国国情的城乡文化遗产景观保护思路

（1）法律保护

无论国际组织，还是各个国家乃至地方，建立一个更加完善、更加丰富、更加具体的法规体系是文化遗产保护的基本前提。国外遗产保护先进国家如英国、法国、日本等已建立起一套涉及立法、资金、管理等方面较为完整的保护制度。这套制度最重要的特点之一就是以立法为核心，主要表现在两个方面：一是保护体系的形成、发展及逐步完善的过程是以相应法律的制定为标志的，法律基本原则的连贯性与内容的不断深化与调整是保护事业成功的基础；二是保护内容的形成及确立、保护管理的运行程序、保护机构的职能、保护资金的来源、监督咨询机构以及民间团体、公众参与方式等涉及保护制度的各个方面都最终以法律、法规的形式明确下来。我国已初步形成了以《文物保护法》为核心，行政法规、部门规章和地方性法规相配套的文物保护法律框架，但文化遗产保护法律体系还不够健全，良好的法治环境尚未完全形成。

（2）全民保护，构建文化遗产保护的公众参与体系

公众参与已成为城乡文化遗产保护的重要特点。它渗透到保护制度的方方面面，使得

自下而上的保护要求和自上而下的保护约束能在一个较为开放的空间中相互接触和交流,并经过多次反馈而达成共识,民间自发的保护意识能够通过一定的途径实现为具体的保护参与。各种保护城乡文化遗产的非政府组织在遗产保护和文化传播、普及等方面发挥着巨大的作用。例如,法国共有6000多家保护历史遗迹的协会、基金会,这些非政府组织出资维修文化遗产,捐资举办各种文物展览和各种文化交流活动,对法国的世界文化遗产的保护起了很大作用。构建公众参与体系旨在使广大民众成为文化遗产保护事业的主体,使热爱、珍视、保存、维护和抢救文化遗产的理念深入人心。

(3) 原真保护,构建文化遗产保护的标准体系

对于遗产资源的保护,根本在于保护其真实性和完整性。真实性和完整性是保护和规划城乡文化遗产两个非常重要的原则,真实性反映遗产在设计、材料、工艺及技术方面须符合真实的原则;而完整性则强调尽可能保持自身关键要素、面积、生态系统、生境条件、物种、保护制度的完整以及文化遗产与其所在环境的完整一体。这是国际上定义、评估和监控文化遗产的两项基本因素,其概念及原则对促进中国文化遗产保护的理论和实践的发展有重要的意义。城市化阶段,要以真实性和完整性为标准,尽心竭力保护文物古迹,保留历史地段,保持城市风貌。

要保护城乡文化遗存的原物,保护它所依存的历史信息,坚持修旧如旧,保持原汁原味,使其延年益寿,而不是返老还童。可以《中国文物古迹保护准则》为行业规则,对文物古迹实行有效保护;通过点线面相结合,确保古迹背景环境的历史性和原真性;建立文化遗产管理体系环境和社会评价机制,强制所有保护单位内的重大建设项目必须进行环境(包括视觉景观环境)影响评价和社会影响评价。

(4) 整体保护,构建文化遗产保护的示范体系

开展重大文化遗产地综合保护示范工程,实施重大遗产地综合性保护示范行动,加强对文化遗产资源的整体保护。将中国文化遗产地中规模特大、价值特别突出的大型考古遗址区、古建筑群、历史名城和村镇等文化遗产密集地区选作国家重大文化遗产地,列为我国遗产地保护规划研究和编制的突破重点。实施重大遗产地综合性保护示范行动,加强对文化遗产资源的整体保护,开展重大文化遗产地综合保护示范工程,主要措施是:建设遗产廊道,遗产廊道对于遗产保护采取的是综合保护措施,自然、经济、历史文化三者并举;而且,要对名城实施整体保护,努力实现四个转变:一是在发展方向上,从以城市建设为主导,转变为以历史名城保护为主导;二是在规划思路上,应从以往在城市建设的规划中开展名城保护,转变为在历史名城保护规划中开展城市建设;三是在保护方式上,从单项保护转变为全面保护,从对名城某些历史建筑的微观保护过渡到对历史名城总体的宏观保护;四是在规划实施上,突出城市的传统文化功能及特色,实现旧城内现代城市多项功能的战略转移。

(5) 科技保护,构建文化遗产保护的创新体系

与世界文化遗产保护发达国家相比,我国文化遗产保护的科学技术水平有着相当大的差距,甚至与亚洲国家相比,还位于日本、韩国、印度、泰国之后。科技保护是构建文化遗产

创新体系的突破口,也是城市化阶段文化遗产事业实现可持续发展的必由之路。应以文化遗产保护的重大需求为导向,以重点解决文化遗产保护中的热点、难点和瓶颈问题为核心,以重大文物保护科技计划为载体,以充分调动全社会一切可以利用的优秀科技资源为手段,加强文物保护科技的研究、运用、示范和推广工作,促进我国文化遗产保护科技水平的整体提高。五至十年阶段性目标为全面提升行业自主创新能力,实现文化遗产保护科技的跨越式发展。

应全面提升行业自主创新能力,实现文化遗产保护科技的跨越式发展。科技保护方法主要是:建立科学规范的文化遗产调查评估登记体系,进行遗产资源科学调查,全面、系统掌握遗产资源的总体状况,为我国的文化遗产保护事业奠定科学有据的工作基础;实施监测及安全预警相关技术行动,提升文化遗产保护的安全防范能力,综合应用各种高新技术手段,实施历史建筑、古遗址、历史地区及其背景环境保护监督与管理;建立历史文化遗产管理信息网络,丰富和完善现有文化遗产保护领域科技平台和文化遗产保护科技成果推广网功能与内容,实现信息资源的共建和共享。

(6) 动态保护,构建文化遗产保护的监测体系

良好的保护必须建立在严格的管理之上。通过动态保护,建立完备的监测体系和制度,及时发现、查处在城市建设中文化遗产保护出现的各种问题,才能应对目前城市化的复杂局面。动态保护步骤主要是:首先,要经常性地深入开展文化遗产普查。家底不清、损害情况和问题不明,保护就无从开展。随着人们认识的提高,文化遗产内涵的不断丰富和外延的不断扩大,在普查的基础上,根据文化遗产的价值公布不同级别的历史文化保护区、文物保护单位、文物保护点,同时研究制定历史街区、古村寨、古民居的普查标准、保护政策和措施,逐步积累经验,为在城市化进程中依法保护文化遗产提供依据。第二,设立国家级巡回监测工作机构,对城乡文化遗产实行巡回监测制度;参照世界遗产有关规则,建立重大文化遗产保护状况年度报告制度,对历史文化名城、全国重点文物保护单位每年进行考察评估,结果向社会公布,对濒危的遗产出示黄牌警告并要求限期整改。第三,建立文化遗产管理体系环境和社会评价机制,强制所有保护单位内的重大建设项目必须进行环境(包括视觉景观环境)影响评价和社会影响评价。第四,及时跟踪监督文物保护专项经费的到位和使用情况,并对工程项目实施情况和绩效进行年度审核。

2. 加强我国城乡文化遗产保护利用的对策

针对我国城乡保护利用存在的问题,各级政府应从落实科学发展观、传承先进文化、提升国家文化软实力的高度,从对国家负责、对历史负责、维护国家文化安全的高度,充分认识保护文化遗产的重要性,增强保护城乡的责任感和紧迫感。这对于促进我国城乡的科学发展,建设中华民族共有的精神家园,增强国家文化软实力、区域经济竞争力,都具有重要的现实意义和深远的历史意义。具体的对策思考如下:

(1) 建立城乡保护景观责任追究制

应改革"政绩考核"弊端,改变城乡保护利用的"房地产开发模式"。应尽快开展

"城乡保护开发整治工作",对如何保护开发做出政策性、规范性、可操作的意见和措施。相关机构如人大、政协应组织专家检查团,定期进行巡回督察。城乡管理者应坚持"严格保护、合理利用"的方针,探索"保护前提下适度开发、合理利用、促进发展"的"多赢"新路。

(2) 完善城乡文化遗产保护法规体系

制定《城乡历史建筑保护管理条例》,明确规定保护的基本原则、主要内容、目标、要求及其开发利用的审批程序。要增强文化遗产保护机构的权威性,强化建设规划部门审批许可旅游开发的严肃性,把保护利用纳入科学化、规范化、法制化的轨道。

(3) 完善城乡文化遗产保护管理体制

改变文化遗产分别由建设、规划、文化、文物、旅游、教育等部门多头管理、职能交叉,相互推诿、效能低下的体制弊端。以加强我国物质与非物质文化遗产的科学、高效、统一的保护管理。地方政府应配齐增强文保管理人员,切实加大保护管理监督力度,建立"政府为主、企业为辅、社会参与"的保护新机制。

(4) 科学做出历史文化名村名镇保护利用的制度安排

对已获得国家、省级历史文化名镇称号的村镇,建设规划、文物管理部门应建立跟踪监测体系及其预警系统,制定名村名镇称号等级"上下浮动制度"和"濒危、撤牌制度"安排,实行"年度评估制和成效测算制",以激励地方政府有效保护与合理利用。

(5) 科学制定《城乡文化遗产保护规划》及《实施办法》

严格执行保护规划和重大建设项目审批、核准制度;实行"旅游开发项目公示、听证、监督制度",广泛听取公众意见和接受社会监督;强化建设规划部门审批许可旅游开发的严肃性,严格保护城乡的历史真实性、风貌完整性、生活延续性。

(6) 建立多学科的专家发掘、研究、保护网络

建立"城乡保护利用审议委员会",高度重视吸收专家学者的保护建议;加强文保专业人才的培养和传统技艺工匠队伍的建设;注重发挥新闻媒体宣传及舆论监督作用;可采取特聘"业余文保员""公众保护监督员""文保志愿者队伍"等办法,使民间自发的保护意愿通过有效的途径转化为具体的保护行动;形成全社会、全民重视城乡保护管理的良好氛围。

(7) 加大城乡保护的财政支持力度

把保护经费纳入本级财政预算,并随财政收入的增长而同步增加,以确保城乡保护工作正常运转。地方政府应采取政府补助、社会赞助、个人捐款等多种方式筹集保护管理建设资金;可以采取市场化运作方式,通过土地、房屋产权的置换或租赁等方式,鼓励、吸纳民营资本、风险投资基金、民间集资、使用人出资等资本,参与城乡的保护与开发。但切不可采取以牺牲历史文化遗产和周围环境为代价,去获得保护开发资金。严禁以任何名义和方式承包或变相出让城乡文化遗产资源,更不能"一刀切"全部拆迁原住民。应切实解决保护与开发资金使用错位的倾向,规定投入名镇名村保护与开发资金的比例。名镇名村旅游收

入应先提取"保护维修费后再分配",门票收入应至少有50％以上资金用于保护与维修,以形成建立以"城乡旅游收入来保养城乡"的良性运作机制。

7.5 杭州西湖区文化遗产及名镇(街)的保护与传承

西湖区是杭州"五老城区"之一[①],城乡结合,山山相依,幅员广阔,自然资源非常丰富。西湖区先民在这块美丽富饶的土地创造了累累物质财富和精神财富。丰厚的文化底蕴,随着社会的进步和人们认知的发展,通过国家、省、市区各级政府有组织的保护和挖掘整理,如雨后春笋破土而出。"忠义桥""西湖龙井茶采摘和种植技艺""留下历史街区"等活动,展现在人们面前的是西湖区历史的记忆,文明的标记;是西湖区人的根和魂。只要传承保护措施得力,它永远是我们取之不竭、用之不完的宝贵财富。

7.5.1 西湖区文化遗产资源和保护管理概况

1. 文化遗产基本情况

西湖区已知文化遗产名录:目前西湖区有文物保护单位(点)共21处,其中有省级文物保护单位3处(卫匡国墓、忠义桥、国民革命军陆军第八十八师淞沪抗日阵亡将士纪念牌坊);市级文物保护单位5处(昭庆寺、大诸桥、弥陀寺石刻、柏庐、钱塘江海塘仁北岸杭州段);市文物保护点13处(马叙伦墓、陈宅、穆桥、环龙桥、大港桥、望月桥、永兴桥、佛友桥、贝家桥、缘溺桥、兴福桥、风水洞摩崖题记、朱熹昙山题刻);杭州历史建筑8处(浙江师范大学杭州幼儿师范学院建筑群、浙江团校建筑群、浙江大学西溪校区建筑群、桃园新村建筑群、浙江大学西溪校区科学院建筑群、浙江教育学院建筑群、浙江大学玉泉校区建筑群、弥陀寺建筑群、杭州电子科技大学建筑群)。西湖区已公布的非物质遗产代表作名录共5项,其中:成功申报国家级非物质文化遗产代表作名录3项(西湖龙井茶采摘和制作技艺、杭州雕版印刷术、越窑青瓷制作技艺),这在浙江省处于领先地位。省级非物质文化遗产代表作名录10项,市级非物质文化遗产代表作名录26项。并成功申报省级非遗传承人9名,市级非遗传承人17名(图7-1)。

此外,西湖区还成功申报了省级民间艺术之乡2个(蒋村街道:龙舟胜会、西溪船拳)。省传统节日保护基地1个(蒋村街道:端午节龙舟胜会)。省非遗旅游经典景区2个(西溪湿地、宋城景区)。市传统节日保护地1个(蒋村街道:端午节龙舟胜会)。市非物质文化遗产传承基地1个(留下街道:西溪小花篮制作技艺)。市非物质文化遗产生态保护区1个(留下街道:茶市民俗)。市非物质文化遗产产业基地1个(宋城:南宋民俗文化产业基地)。市级民间艺术之乡1个(转塘街道:转塘民歌)。

---

① 资料来源:洪莉华.杭州西湖区文化遗产及名镇(街)的保护与传承[J].杭州文博,2011(2):34-36.

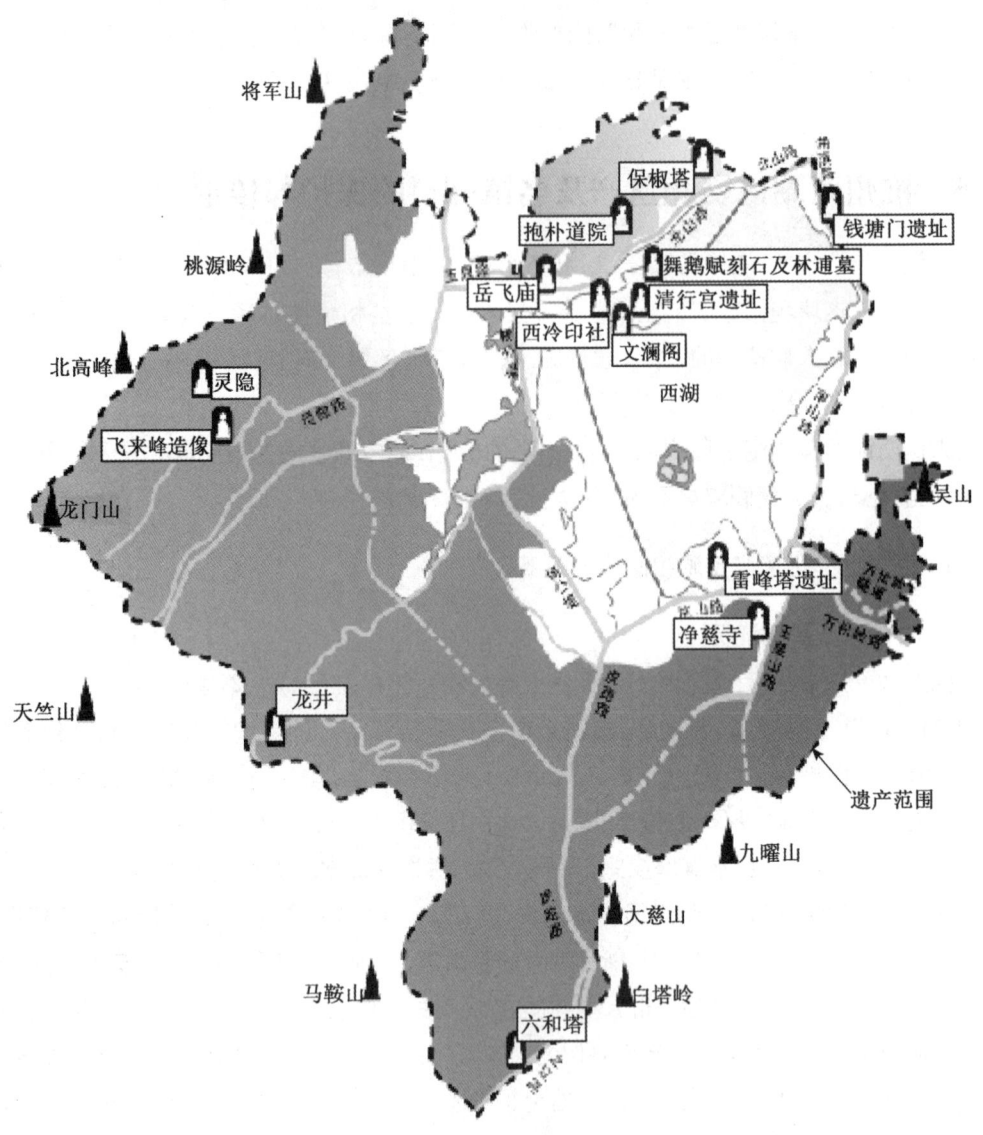

将军山

保椒塔

桃源岭

抱朴道院

钱塘门遗址

舞鹅赋刻石及林逋墓

北高峰

岳飞庙

清行宫遗址

灵隐

西冷印社

文澜阁

飞来峰造像

西湖

龙门山

吴山

雷峰塔遗址

净慈寺

天竺山

龙井

遗产范围

九曜山

大慈山

马鞍山

白塔岭

六和塔

图 7-1　西湖文化遗存分布图①

2. 文保机构及网络

自 2001 年杭州市文物保护职能有条件下放到区级管理和 2007 年开展浙江省非物质文化遗产普查开始,西湖区就设有以分管区长和各乡镇街道分管领导及职能部委办局领导为基本成员的西湖区文化遗产保护领导小组,并在区文广新局设立办公室,专职人员负责全区文物、非物质文化遗产保护工作。各镇、街相应成立了文化遗产保护领导小组。各文化站对应负责区域范围内的文化遗产保护工作。同时根据文保单位(点)的分布状况,全区设有文保通讯员 60 余人,通讯员证由杭州市园林文物局统一配发。村社区文化员是文化遗产

① 图片来源:http://news.hexun.com/2011-07-05/131148703.html.

保护发掘工作的主要骨干力量。通讯员、志愿者们接受省、市、区、街镇四级业务部门的培训。在实施全区非物质文化遗产普查和申报工作时,西湖区还随时聘请历史、艺术、社会科学等领域的专家进行论证。

3. 法律法规、规章和政策依据

文物和非物质文化遗产保护管理工作可依据的法律法规、规章政策很多。在保护管理工作中,依据最多的是《中华人民共和国文物保护法》及《实施条例》《浙江省文物保护管理条例》《浙江省历史文化名城保护条例》《浙江省非物质文化遗产保护条例》《杭州市文物保护管理若干规定》《古建筑消防管理规则》《杭州市突发性非正常出土文物应急保护处理预案》《杭州市历史文化街区和历史建筑保护办法》与《实施细则》。此外,还有《杭州市文物保护管理以奖代拨考核办法》及《基层文保组织机构文物巡查管理规定》《杭州市人民政府关于加强农村文化建设的意见》等。

4. 保护管理举措

文化遗产景观保护是全社会的系统工程,特别是文物是不可再生资源,动员全社会来依法保护文化遗产景观是文保机构、文保人的职责核心。广泛宣传文化遗产保护的法律法规,普及文化遗产保护管理知识,使广大市民懂法守法,自觉加入文保行列是西湖区采取的第一条措施。利用重大节日,特别是"文化遗产日"制作文保图板参加省市展示和下基层巡展,是对市民进行保护管理宣传教育的重要手段之一。

第二项措施是出台《西湖区文物保护管理办法》。虽然办法简单,但切合西湖区集镇改造和西溪湿地开发、之江国家旅游度假区开发的实际。特别是在西溪湿地开发中,做到"文化先置介入,中期监督、后期管理"的大型工程文化挖掘模式,搜集文化遗存,进行文化调研,汇编文化丛书,取得了显著成效。

第三项措施是为了摸清家底,有效保护、传承和利用文化遗产。2006年西湖区在区委区政府的统一部署下,专门成立了西湖区文化遗产普查领导小组,各乡镇、街道建立了普查工作班子,普查工作人员凭着"对历史负责,对人民负责""只要历史曾经拥有,就要不漏点滴"的责任感,在西湖区全区范围内走村探巷,访老问祖,阅史考志,不辞辛劳地展开全方位、地毯式普查,全区共查到物质文化遗存300余处(件、点),非物质文化遗产百余项,并汇编成《先民的厚礼》《西湖的记忆》等书。

第四项措施,充分发挥区级文保机构的主观能动性,积极筹措资金,四年内对3处省级文保单位和1处市级文保单位(大诸桥)、8处市级文保点(佛友桥、缘埔桥、望月桥、贝家桥、环龙桥、双浦朱熹茝山题刻、风水洞摩崖题记)进行了保护维修。修缮过程中,始终按照修旧如旧的文物维修原则,并注重环境卫生的改善,使它们得以延年益寿。

7.5.2 加强文化遗产景观保护传承的措施

1. 做好对留下历史街区的保护修缮工作

留下历史街区处于城市与乡村的结合部,北邻西溪湿地,南有龙坞风景区,以"一水穿镇,石桥横卧,旁河筑屋"的庭院式布局,成为城西旅游线上的一个以传统历史文化、风土人情为特色的人文景点。目前,"三面云山一面城"的留下镇,以她独有的历史文化价值,已被列为杭州市历史街区,并计划在五年内进行保护修缮。为此,在通过前期调查的基础上,要进一步做好与留下镇政府的沟通与联络,及时向市文物行政管理部门报告进度情况,并指导协调好历史街区保护修缮的有关工作(图7-2)。

图7-2　整治一新的留下历史街区街景①

2. 对三墩镇五里塘河一带的历史街区进行保护

根据对三墩镇以古龙俱乐部为中心的五里塘河一带的文物和非物质文化调查,发现该地域的沿河古桥、古河埠、古河驳坎及河岸街面的古建筑,造型古朴,水乡风韵浓郁。特别是五里塘河的河叉处,自然形成的"半岛风貌",垂柳依稀,鹅鸭戏水,木船悠荡,一派江南水乡风情,应被列为历史保护街区,恢复其江南水乡古镇的风貌。并建议三墩镇在集镇改造中,将其规划为历史街区加以保护,暂缓五里塘河两岸所有建筑的拆迁工作。

3. 加快西溪湿地蒋村陈宅越剧首演地及蒋村街保护恢复建设工作

蒋村街陈万元古宅已被确认为中国越剧首演地。为做好推荐该建筑列入市级文物保护单位的工作,应当进一步收集整理有关材料,及时做好申报工作。编制《越剧首演地陈宅的保护和蒋村街恢复建议》,建议西溪湿地综合保护工程指挥部将其列入总体规划,划定控制范围,加快实施保护维修和利用工作。

4. 继续调查、挖掘集镇改造中的文化遗产资源,并做好申报工作

全区集镇改造工作已全面展开,并列入了西湖区文物保护管理规划。在努力加强各级政府对该项工作重视程度的同时,区文体局及有关乡镇、村文保网络将按照"前置介入"的要求,严密监控各类基本建设项目,对涉及文物的项目及时上报,并做好相关调查、考证和登记,努力做好文物保护项目的申报工作。

---

① 　图片来源:http://www.hzcn.com/news/hzlsjq/123251754214GJ14386JK536I3A62J1_2.htm.

第8章

工业遗产保护与景观规划

工业遗产是文化遗产的一块重要内容,因其体现了人类改造社会、改造自然的能力,体现了人类逐渐主宰物质世界的力量,而越来越被重视。如果忽视或者丢弃了工业遗产,就抹去了城市发展中最重要的一部分记忆,使城市的发展在历史进程中出现了空白。保护工业遗产景观,发掘其丰厚的文化底蕴,是文化建设的一个组成部分,同时也是绚彩的历史画卷中重要的一抹。因此,本章单列工业遗产保护与景观规划内容,以强调其保护价值的重要性及特殊性。

8.1 工业遗产概述

8.1.1 工业遗产的定义

对于工业遗产的界定,不同学者和组织有着以下不同的理解:

联合国教科文组织(UNESCO)对工业遗产的界定是:工业遗产不仅包括磨坊、工厂,而且包含由新技术带来的社会效益和工程意义上的成就,如工业市镇、运河、铁路、桥梁以及运输和动力工程的其他载体(田燕,林志宏,黄焕等,2008)。

单霁翔(2006)认为,广义的工业遗产包括工业革命前的手工业、加工业、采矿业等年代相对久远的遗址,甚至还包括一些史前时期的大兴水利工程和矿冶遗志;狭义的工业遗产是指工业革命后的工业遗存,在中国主要是指19世纪末、20世纪初依赖的中国近现代化进程中留下来的各类工业遗存。

俞孔坚(2006)认为,工业遗产是指具有历史学、社会学、建筑学和技术、审美启智和科研价值的工业文化遗存。包括建筑物、工厂车间、磨坊、矿山和机械,以及相关的加工冶炼场地、仓库、店铺、能源生产和传输及使用场所、交通设施、工业生产相关的社会活动场所,以及工艺流程、数据记录、企业档案等。

工业遗产不仅拥有社会价值和科学技术价值,而且还具有审美价值和稀缺性(张金山,

2006)。因此,并不是历史上所有的工业资源都属于工业遗产,都能够用以开发工业遗产旅游。在我国,认定的工业遗产应是在不同时期某一领域先发展、具有代表性、典型性和富有中国特色的中国遗存(冯立,2008)。

8.1.2　工业废弃地与工业遗产地

21世纪以来,中国国内开始将眼光投射到工业遗产保护和利用上。任京燕(2002)对工业废弃地和后工业景观设计思想进行了比较完整和系统的探讨。此后这类研究型论文和实践性项目越来越多,而相关的概念和词汇也纷繁多样,越来越多。出现这种情况的原因主要有两方面。一方面,因为翻译过程中中文词义的模糊和不确定性,出现一些相似或接近的概念;另一方面,因为时代在进步,人们对于工业遗产景观的看法和审美情感也随着经济和社会的发展也在不断的变化。这种审美情感和心理上的变化导致各种相关名称出现。

废弃地(Wasteland)概括地讲就是弃置不用的土地。这个概念囊括了很广泛的范围,"广义讲废弃地包括了在工业、农业、城市建设等不同类型的土地利用形式中产生的种种没有进行利用的土地。产生废弃地的主要原因包括能源和资源开采、城市和工业的发展以及人类废弃物的处置不当等。可以说废弃地是人类文明发展的伴生物,是人类活动强度超过自然恢复能力的结果"(李洪远,鞠美庭,2004)。而工业废弃地(Industrial Wasteland)指"曾为工业生产用地和与工业生产相关的交通、运输、仓储用地,后来废置不用的地段,如废弃的矿山、采石场、工厂、铁路站场、码头、工业废料倾倒场等等"(王向荣,任京燕,2003)。李辉将工业遗产地(Industrial Heritage Landscape)定义为:"指曾用于而现已停止各类工业生产、运输、仓储、污染处理等活动的用地,包括工业建筑、工业设备与设施以及其他相关遗迹遗物"(李辉,2007)。广义的工业遗产地即指工业遗产所处的场所,陆邵明(2007)称其为集落型的工业遗产,即通常所指的历史风貌区。该场所能够反映工业文化和文明,包括历史工业建筑构筑物、工业景观设施、场地空间肌理、活动事件、自然植被等,强调的是相关人工物质形态和自然物质形态在场所中的集合。场所中又包含工业遗产点,指的是在历史、文化、技术、艺术、经济等方面具有一定价值的建筑物及设施设备。

上述概念与当前业内认为的与工业废弃地所指基本一致。但是"废弃"这一词语在《现代汉语词典》(2005,商务印书馆)中的解释是:弃置不用;抛弃。工业废弃地的概念着重于"废弃",是在西方发达国家部分工业衰落的背景下形成的,含有对工业生产所造成的环境破坏的情感因素和时代审美观念。但实际上,工业用地的场地"本征价值"的存在是无法抹灭的。尤其是21世纪以后工业遗产的价值在世界范围内被普遍认同,工业遗产在世界遗产名录上的数目和地位都显著增加。人们对工业旧址的认识早已超出了"废弃地"的范畴。因此,"工业废弃地"这一称呼已经不能反映当前人类对工业时代的认识。

8.1.3 工业遗产景观的特征

1. 景观要素的综合性与系统性

工业遗产要素的涵盖范畴非常广泛。国际工业遗产保护委员会（TICCIH）认为，工业遗产由那些在历史、技术、社会、建筑或科学方面有价值的工业文化遗存组成。它们由建筑物、机械、车间、制造场、工厂、矿场及相关的加工提炼场所、仓库、店铺、能源生产和传输设施、交通设施所组成，那些与工业相关联的社会活动场所，如住宅、宗教礼拜地和教育机构都包含在工业遗产范畴之内。在工业文明发展的过程中，不仅遗存了富有文化价值的工业遗产本身，同时，在各工业企业、技艺形成的过程中，对其周边的环境也造成了极大的影响，改变了原有的风貌。因此，工业遗产周边的环境要素也是构成其重要的组成成分，如遗产地周边及影响区域的产业结构、道路交通、河流水系、生态环境、建筑及街区布局、居民就业、社区生活方式等内容。

工业遗产要素不仅具有多样性、综合性，而且通过一定的方式相互关联，使一系列工业遗产景观连成一片，具有整体性和系统性特征。

由于城市化进程的快速发展，为了提升整体的现代化水平，很多地区对工业遗产设施做出了大规模的拆改，对其附属设施、环境随意改动，破坏了工业遗产景观的整体性，使其风格和质量都受到了影响，损害了工业遗产景观的完整性和真实性，使游客不能切身体验到原有的工业景观和文化。在进行工业遗产的保护和利用规划时，对遗产地的每个要素都要进行考察和评估，得出其实际价值；针对不同要素与工业景观整体联系的紧密程度，确定其保护的级别，并选用恰当的方式，进行保护与开发，挖掘其内在价值。同时，在对工业遗产进行修复和改造的过程中，应详细记录每项工作的工作内容与改动，防止在以后的规划中可进行逆向操作，任何拆卸和改造的物品也应得到妥善保管。

2. 景观自然、经济和社会结构的复杂性

一个完整的工业遗产景观是由工业地域的自然结构、经济结构和社会结构所构成的统一体。自然结构构成了工业遗产景观经济结构与社会结构的基础。水资源储备、交通便利性、能源条件、原材料获取、地势地貌情况及大气气候条件等，无一不是工业企业选址所要考虑的因素。由于近现代中国的工业发展并不成熟，自然条件显得更为突出。人与自然和谐发展是永恒不变的主题，因而工业遗产地的经济结构调整也会与当时的自然结构相平衡。因此，在识别工业遗产价值的过程中，要细致分析当地的自然基础，寻求目的地工业发展历史过程中自然演变的痕迹。在保护和再利用中，注重遗产地的自然联系，保护其生态平衡。

工业遗产保护与利用开发的目的不仅包括挖掘其历史价值，也包括在新的社会经济背景下，改变其原有的功能结构，进行产业融合与改造，恢复其经济功能，适应现有的经济结构，同时使社会结构得到改善，从而进一步改变城市面貌与社会生活状况。城市结构的改变是在经济、社会和自然结构的统一和协调发展中完成的。因此，在工业遗产保护与规划利用中,要正确处理好遗产地与所在区域之间的相互关系,把工业遗产的保护和再利用与城市产业结构的调整、环境整治、生态保护及社区发展有机结合。工业遗产保护只有融入经济社会发展之中,融入城市建设之中,才能焕发生机和活力。

3. 景观空间、时间及其文化属性的"三位一体"

工业遗产的特征是空间、时间、文化属性的融合体,可以从这三个方面来把握。空间、时间和文化这"三位一体"的结构,使任何工业遗产景观既独立又完整。每个行业都有自身的生命周期及发展历程,工业也不例外。

工业遗产景观的时间属性就表现在原工业项目的形成时间、发展阶段、顶峰阶段、衰落时间、以及整体的持续时间、使用频率和强度及其变化等。对于特定的工业遗产景观来说,由于其发展过程可以追溯,所以时间跨度相对完整。通常,评判一项工业遗产的价值是以其时间尺度为标准的,历史越久远,价值越高。然而,我国的工业萌芽于近代,并在现代有着巨大的发展,因此那些近现代以前的工业遗产,其价值显得更加珍贵,需要进行谨慎、合理的保护与规划。当然,时间尺度是确定工业遗产的价值及其重要性之一,但不应过分强调。判定工业遗产价值的最主要因素还是它在社会历史发展过程中的作用与地位,以及它所蕴含的文化、技艺和其他信息。

空间属性是界定工业遗产景观最为普遍的尺度。主要包括工业遗产要素分布的空间形态与格局、主要工业遗存的集中分布区域、历史上的产业活动及其文化的影响范围等。而文化属性则反映工业遗产要素的文化内涵及其在历史上的有机联系,是工业遗产景观整体价值形成的基础。包括工业遗产在内的我国历史文化遗产在城市中往往呈离散状分布,彼此缺少有机的联系,其中一个重要原因就是缺乏对历史上工业现象的有机联系及其时空特征的科学认识。要实现对工业遗产景观的整体性保护和遗产利用的规模效应,就必须坚持工业遗产景观"三位一体"的观点,即把工业遗产景观看作是在特定历史时段中,在特定地域发生的,在某个领域领先发展、具有较高水平、富有特色的工业遗存。在进行保护和再利用设计时,需要运用"三位一体"的思想,从大量的城市工业遗存中发掘有价值的工业遗产景观核心要素,并对与之历史密切相关的传统街巷、管道、交通线、河流等具有文化性的景观线路和要素加以保护和整理,使之成为联系各工业遗产景观要素的纽带。同时,对工业遗产地周边及所影响区域的建筑规格等环境要进行协调规划,以保障大尺度范围内工业遗产景观的和谐。

4. 景观价值的多样性

景观尺度的工业遗产由于所含要素丰富,有着特定而复杂的自然、经济和社会结构,往往具有整体性功能和多样性的利用价值。国际工业遗产保护委员会主席伯格恩(L. Bergeron)指出:工业遗产不仅由生产场所构成,而且包括工人的住宅、使用的交通系统及其社会生活遗址等等。但即使各个因素都具有价值,它们的真正价值也只能凸显于一个整体景观的框架中。工业景观的形成需要投入大量的人力、物力和财力,对工业遗产景观的整体性保护利用可以避免资源浪费,防止在城市改造中因大拆大建而把具有多重价值的工业遗产变为建筑垃圾,并减少环境负担和促进社会和谐发展。如英国的铁桥谷工业旧址,经过整体保护和规划设计,形成了一个占地面积达 10 km²,由 7 个工业纪念地和博物馆、285 个保护性工业建筑整合为一体的工业景观,目前平均每年约有 20 万参观者。

城市的文脉和特色并非一成不变,工业遗产景观的价值也是动态的,随之其景观的多样性显得更丰富。在进行工业遗产景观的保护和再利用时,要充分发挥景观的多样性和多功能效应,注重空间的有机改造和整合。特别是对于大型工业遗产的保护和利用,设立工业遗址公园往往可以成功地在新环境中保存旧的工业建筑群,既达到了整体保护的目的,又充分利用了工业遗产景观的多样性价值。废弃的德国埃森矿业同盟工业区通过改造,形成了远近闻名的工业遗址公园。昔日的运煤火车被利用为游览工具,矿区内的工业设施、铁路设施,甚至火车车厢都被作为社区居民和参观者开展各种活动的场地。风景优美的工业遗址公园还吸引了众多的创意产业公司、产品研发机构等企业落户。在保护完好的 20 世纪工业建筑遗产中,经常举办各种会议和展览活动,在提供优质服务同时也取得了可观的经济效益(佟玉权,韩福文,2009)。

8.1.4　工业遗产景观的价值

任何遗产,其价值一般都可以分为两部分:一是遗产的"本征价值",即遗产本身所承载的历史、科学、美学等意义;二是遗产的"功利价值",主要是指遗产具有的经济、政治、教育等功能。按照《实施世界遗产公约操作指南》对世界遗产普遍价值的规定,可以将文化遗产的"本征价值"归结为六个方面:代表了一项人类的创造性智慧;展示了人类的某种价值观;反映一项文化传统或文明;描绘了重大时期的建筑、科技或景观;代表了一种传统居住或土地使用方式;与重要的历史事件、习俗、信仰、作品等相关。

工业遗产的本征价值主要体现为历史价值、科技价值和美学价值,功利价值主要体现为经济价值和教育价值。工业遗产的本征价值是其功利价值的基础,功利价值通常主要是指对本征价值的开发利用。缺乏历史、科技和美学等本征价值,便不能成为工业遗产。工业遗产的本征价值出自遗产自身;而遗产的功利价值往往受外界条件影响。对不同社会群体而言是不同的。因此,遗产的功利价值通常并不能反映其全部的本征价值,而且二者有时会出现矛盾,这种冲突的直观表现就是保护与利用的冲突。因此,必须在科学认识工业遗产价值的基础上,对其进行有效保护和利用(杨卫泽,2006)。

1. 历史价值

历史价值是工业遗产景观的第一价值,也是世界各方共同关注的特征。工业遗产伴随历史而来,见证了工业活动对历史和今天所产生的巨大影响,记录了一个历史时代中经济、社会、文化、产业、工艺等方面的文化载体(韩强,王翅,邓金花,2015)。

工业遗产景观记录了特定的历史活动信息,包括工业技术的发展历程、工业材料、工业文化、制造工艺等等技术历史信息,也反应了社会历史和政治发展。工业历史的物质遗存不仅为我们再现了工业化时代的工业技术和工业生产的场景,同时为我们提供了包括工人居住、生活方式和其他相关的社会历史信息。工业建筑和工业景观作为城市的一部分，也是文明和文化的载体，承载着工业文明的辉煌和标示着人类技术发展的历程，同时象征着人与自然关系的深刻变化。

2. 科技价值

工业遗产的科技价值，与其他类型的文化和自然遗产不同，工业遗产是随着近代科学发展和大工业时代的沉淀产成的。工业遗产中包含着科技因素、发明与创造力、对自然规律的了解，人工的科学的生产与组织方式，表达了科学的进程和发展（单霁翔，2006）。

科技价值是工业遗产产生的根源，也是有别于其他文化遗产的关键因素，工业遗产见证了工业发展过程中科学技术、创造发明、技术改良对工业发展作出的贡献。无论是工业设备、工业产品、技术手册还是工业操作规范，都深刻记载了当时的科技发展状况。从中我们可以清晰地梳理科技发展的主线脉络，这是典型的非物质文化遗产的表现形式。保护好不同发展阶段具有突出价值的工业遗产，尤其是工业的非物质遗产，才能给后人留下工业领域科学技术的发展轨迹，提高对科技发展史的认识，推动新一轮的科技进步。

3. 美学价值

高品质的工业建筑和工业设施具有"工业美学"价值或者"技术美学"价值。早期现代主义建筑审美趣味的来源之一就是对机器和工业的构造逻辑本身和精密结构本身蕴含的美。工业革命产生了新技术、新材料和新工艺，大大促进了人类的建造技术。在1851年英国世界工业产品博览会上，园艺师帕克斯顿（Joseph Paxton）设计建造的水晶宫（Crystal Palace），和1896年法国工程师埃菲（G. Eiffel）设计建造的法国埃菲尔铁塔都是工业建筑的典范，具有非常重要的美学价值。而当代的工业设计，更是认可和表达了工业之美。

一般人看来似乎不再具有价值的老工厂，在创意者眼中却是激发创作灵感、孕育创意产业的宝贵资源和难得空间，工业遗产的审美价值是工业遗产留给人类的精神财富。大批的工业遗产逐渐成为工业旅游基地正是因为工业遗产的审美价值炫耀着公众的眼球。"神秘""好奇""惊叹"是与工业遗产审美价值共生的词汇。工业遗产中形形色色的"地标""代表"成为众多城市识别的鲜明标志。

4. 经济价值

工业遗产见证了工业发展对经济社会的促进作用。工业在发展的进程中借助了大量的人力、物力和财力资源，工业遗产景观的有效保护实际上是在更加有效地利用资源；从另一个角度来说，抢救工业遗产景观也有助于控制建筑垃圾的数量，提升城市的生态文明建设。同时，保护工业遗产，合理利用工业遗产也能在地区经济逐渐衰退的浪潮中另辟蹊径，寻找新的经济增长点。工业建筑物的再利用本身可以节省拆除费用和重建费用。通过对城市中工业遗产重新摸底、梳理、分类，在工业遗产的合理利用中也为城市积淀丰富的历史、文化、工业底蕴，注入了新的活力和动力。

将工业遗产保护与经济社会发展、产业更替等结合起来，在保护工业遗产真实性和完整性的前提下对其进行再利用，是工业遗产景观保护中的一个突出特点。在国内外，除了已经广泛开展的工业遗产旅游,还出现了工业街区艺术家的入驻带来的商业开发。如北京的798艺术区,原是新中国"一五"期间建设的"北京华北无线电联合器材厂",即718联合厂。2000年12月,原700厂、706厂、707厂、718厂、797厂、798厂等六家单位整合重组为北京七星华电科技集团有限责任公司。七星集团对原六厂资产进行了重新整合,一部分房产被闲置下来并陆续进行了出租。目前,至少有300位以上的国内外艺术家直接居住在798艺术区或者以798艺术区为自己的主要艺术创作空间。由于这些艺术家的"扎堆"效应和名人效应,为该区块的发展注入了新的活力,并带来了无限的商机和巨大的经济效益。

5. 精神价值

工业化与城市化是人类历史上并行的现象,标志性的工业遗产通常具有民族性和国家性,象征着一个民族的创造精神,有助于增进民族自豪感和凝聚力。工业遗产对于其所在的城市通常具有特殊的意义。它会成为这个城市深层的精神纽带,成为全体市民内心深处对自己所在城市的共同体验。如杭州的白塔公园,是西湖文化遗产的实证,是京杭大运河文化遗产的端点,还是108年前杭城第一条铁路的始发站——闸口站所在。随着白塔公园的开园,当年废弃的铁轨已经变成可以散步的游步道,钢铁龙门吊成了一座相当酷的江景咖啡厅,公园内还还原了闸口站风貌的蒸汽机车(火车头),增设了观光蒸汽小火车游览体验等。现在的白塔公园已经是杭州市民休闲游览的精神家园。

6. 建筑价值

建筑价值是工业遗产价值的直观体现,也是大众对工业遗产最直接的认识。建筑价值通常会衍生出旅游功能,这对传统工业城市来说显得尤为重要。从城市规划角度看,组成一座城市的物质要素不但包括居住区、公共建筑、商务区、道路广场、园林绿地等,也应包括工业、仓库、对外交通运输、桥梁、市政设施、能源供应等。每个城镇都有一些历史的遗迹、古老的东西。今天的新事物,若干年后又成为陈迹,随着时间的洗练,有些遗存又成了具有一定历史价值的标志。工业不同时期基于不同的文化形成了各具特色的工业建筑,进而在城市中产生了新旧交替、和谐共处的工业建筑。外观的差异源于不同时期、不同地区、不同风貌,反映了当地的历史文化和时代特征。这是工业遗产建筑价值的突出表现。南通被称为"中国近代第一城",其中的工业建筑都是基于中国人自己的理念,通过较为全面的规划、建设、经营构架起来的,这种工业的建筑价值为工业旅游奠定了基础。

8.1.5 工业遗产景观的旅游开发

近年来,文化旅游越来越得到了人们的关注,工业遗产景观的价值也在被重新估算,很多城市中都建立起了一系列的工业遗产旅游景区,工业遗产旅游的开发与保护成为了文化旅游规划中的重点问题。工业遗产景观中蕴含了丰厚的文化历史价值,其开发潜力巨大,能够成为新的旅游热点。

可感知性、可理解性与可参与性是工业遗产景观所具有的独特性质。游客在工业景观中对工业场地的见解、认知、探索以及对工业文明的感知、深化是工业遗产旅游的核心内容。因此,在工业遗产景观规划中,应当注重工业场地的感知性设计,加强游客的参与性体验,将景观设计与游客参与融为一体,通过参与工业活动感知工业文化的行为,能够为游客打造独一无二的旅游经历,使其在游览过程中获得感官参与性的文化认知。

在开发参与性工业遗产旅游景观的过程中,应该尊重工业遗产的原始风貌,还原其物质文明与精神文明内涵,在对遗址、遗迹修复的同时,也要将无形的工业文明得以恢复,传承其内在价值,以真实性和完整性为导向,最大程度地展现工业文明的发展历史。在遵循工业历史发展过程的前提下,增加游览过程中的参与互动环节,通过体验式的工业遗产景观情景,增强对工业文明的感知程度。国内在感知性与参与性工业遗产设计中最成功的范例是青岛啤酒博物馆的工业遗址设计,在该场所内啤酒生产车间的建筑、生产设备的设置与工作场景布置的设计以尊重历史原貌为原则,在体验过程中让游客感知啤酒生产过程的工业文明(王祝根,2011)。在提升城市旅游经济的过程中,可以从多角度挖掘工艺遗产景观的价值内涵,扩大工业遗产旅游在旅游经济中的应用范围,对文化产业的经济增长方式提出新的发展思路,通过对工业遗产的充分规划开发,进一步推动遗产地旅游经济的发展。通过景观设计,使景观消费点中融入遗产地自然、人文、社会等独特元素,使之更加科学合理,能够更大程度地刺激游客的消费欲望。

8.2 工业遗产景观的保护

8.2.1 工业遗产景观保护现状

1. 国外保护现状

早在 20 世纪 70 年代,国外就已开始对工业遗产景观的保护与再利用的研究。工业遗产景观保护运动开始于英国。1978 年,第三届工业纪念物保护国际会议在瑞典召开,成立了国际工业遗产保护联合会(简称 TICCIH)。荷兰在 1986 年开始调查和整理 1850 年到 1945 年间的产业遗产基础资料;法国从 1986 年开始制定搜集文献史料及建档的长期计划。2003 年 7 月,在俄国下塔吉尔召开的 TICCIH 大会上通过了由该委员会制定和倡导的专用于保护工业遗产的国际准则,即《下塔吉尔宪章》。该宪章宣称,"为了当今及此后的使用和利益,本着《威尼斯宪章》的精神,我们应当对工业遗产进行研究,传授其历史知识,探寻其重要意义并明示世人,对意义最为重大、最富有特征的实例予以认定、保卫和维护"。宪章阐述了工业遗产的定义,指出了工业遗产的价值,以及认定、记录和研究的重要性,并就立法保护、维修保护、教育培训、宣传展示等方面提出了原则、规范和方法的指导性意见。国际古迹遗址理事会(ICOMOS)也于 2005 年 10 月在中国西安举行的第 15 届大会上做出决定,将 2006 年 4 月 18 日"国际古迹遗址日"的主题定为"保护工业遗产",希望利用这一机会,使工业遗产保护成为全世界共同关注的课题。国际社会对于工业遗产保护逐渐形成良好氛围,越来越多的国家开始重视保护工业遗产景观,在制定保护规划的基础上,通过合理利用使工业遗产的重要性得以最大限度的保存和再现,增强公众对工业遗产的认识。而对于工业遗产保护利用的实际应用,已经有了大量成功的案例可供借鉴和学习。这些实际应用在推动地区产业转型,积极整治环境,重塑地区竞争力和吸引力,带动经济社会复苏等方面取得了不少成功的经验。

2. 国内保护现状

相对于国外的研究进程,中国的工业遗产景观保护与规划则是近几年才逐渐被人们关注的课题,尚未形成对工业遗产进行系统分级、认定和再利用的体系。

从对工业遗产景观的重视程度来讲,与国外相比国内尚有较大差距。截至 2006 年 8 月底的统计,《世界遗产保护公约》的签约国共有 182 个,其中有 23 个签约国拥有 43 项世界工业遗产。中国共有 33 项世界遗产,其中只有一项是工业遗产:都江堰水利灌溉系统。大量未被保护的潜在的工业遗产不断的减少消失。国棉一、二、三厂,北京钢厂的厂房和旧址,只剩下一片片商业居住区;和新中国同时建立的拥有无数第一的"铁十字"北京第一机床厂(图8-1),北京开关厂,金属构件厂的原址,如今变成了"金十字"建外 SOHO;始建于 1936 年的沈阳冶炼厂,具有在全国和全世界都堪称绝版的完整的冶炼工业流程和设备,2004 年冶炼厂巨大的烟囱被炸毁,新中国最早的工业神话的符号轰然倒地。历史的印记在不断地被损毁消失。而与此同时,对工业遗产的关注也逐渐变多,拥有了越来越好的意识环境以及一定实践经验。

图 8-1 北京第一机床厂的生产车间①

工业遗产方面的几个标志性事件,如建筑领域的北京 798 艺术区、中山市的岐江公园、上海苏州河工业建筑的利用,上海世博园在中国大型工业基地上举办,首钢的搬迁,沈阳冶炼厂的大烟囱被炸掉等都发人深思,唤醒了中国工业遗产保护的意识。从民间自发开始到媒体的呼吁,工业遗产保护运动可谓如火如荼,《国家地理》杂志 2006 年也专门拿出一期,对工业遗产问题进行专门讨论。

中国工业遗产景观保护和再利用的真正的转折点是政府的介入,开始从法律规章、宏

---

① 图片来源:郝倩.风景园林规划设计中的工业遗产地的保护和再利用[D].北京:北京林业大学,2008.

观政策等多角度开始明确对工业遗产景观的保护。1996 年公布了第四批全国重点文物保护单位,中国开始将"近现代重要史迹及代表性建筑"列为一个保护类别。在 2001 年公布的第五批全国重点文物保护单位名单中,大庆油田第一口油井和位于青海省的中国第一个核武器研制基地成为首批进入"国保"名单的工业遗产。第六批全国重点文物保护单位中,有 9 处近现代工业遗产入选,分别是黄崖洞兵工厂旧址、中东铁路建筑群、青岛啤酒厂早期建筑、汉冶萍煤铁厂矿旧址、石龙坝水电站、个旧鸡街火车站、钱塘江大桥、酒泉卫星发射中心导弹卫星发射场遗址和南通大生纱厂。

2002 年 7 月,上海人大常委会审议并通过了《上海市历史文化风貌区和优秀历史建筑保护条例》,该条例明文规定:"建成三十年以上,在我国工业发展史上具有代表性的作坊、商铺、厂房和仓库,必须列入优秀历史建筑,并实施有效保护。"上海近代工业建筑遗产保护也吹响了号角。2006 年 4 月,在无锡举行了中国工业保护遗产论坛,通过了《无锡建议》,这是我国工业遗产保护的里程碑。会议确定加工业遗产的保护力度,并把工业遗产普查作为今后文物普查的重点。

各项法规政策的出台,一步步将我国的工业遗产保护和工业类历史地段保护性更新推上更高的台阶。1994 年德国福尔克林炼铁厂被联合国教科文组织列入世界遗产名录;2000 年位于英国南威尔士的矿业小镇布莱纳文因其在工业革命中所占有的重要地位,被列入世界遗产名录;2001 年"关税同盟"煤矿和炼焦厂被确认为人类文化遗产。这些工业遗迹被列入世界遗产名录,标志着世纪以来的近代工业遗产开始作为人类近代重要的文化遗产和文化景观受到人们的重视和保护。

8.2.2　工业遗产景观保护的发展历程

1. 国外工业遗产景观保护的发展历程

国外的工业遗产景观保护活动起源于英国。早在 19 世纪末期,英国就出现了"工业考古学",强调对工业革命与工业大发展时期的工业遗迹和遗物加以记录和保存,这一学科使人们萌发了保护工业遗产景观的最初意识,并因为逆工业化影响下国家或地区工业制造业的衰退而得以快速发展。罗伯特把工业遗产保护的产生归因于制造业下降造成福特制下的原始经济活动消失,这些原始的工业活动具有保护价值,并可作为旅游资源开发(J. Arwel Edwards,1996)。有学者认为工业遗产保护最早是起源于英国,因为英国是工业革命最早发端的国家,它是世界近现代工业的发祥地。蒸汽机的发明和使用导致了加速人类文明进程的工业大革命。19 世纪中期,工业遗产景观保护问题在英国开始引起重视,并出现了有关工业遗产的展览。但有关工业遗产的研究直到 20 世纪 50 年代才正式出现,60 年代后取得较快发展。1986 年,英国的铁桥峡谷作为工业遗产首次被联合国教科文组织列入世界遗产名录(李蕾蕾,2002)。"铁桥峡谷"揭开了保护运动的序幕,它是世界上第一座钢铁桥梁,也是工业革命的诞生地。英国在发起这项运动中做出过较大贡献。时至今日,英国的许多老厂房都被保存了下来,其中有一些作为公共开放空间,有作为博物馆向大众展示的,更有一些已被更新改建,成为商场、酒店等场所。

直到 20 世纪 70 年代,人们对自身的生存环境和人类文化价值的危机感日益加重,在经历了现代主义初期对环境和历史的忽略之后,传统价值观重新回到社会,环境保护和历史保护成为普遍的意识。随着传统工业的衰退,环境意识的加强、科学技术的不断发展,工业遗产改造再利用的项目逐渐增多,这也为工业遗产的改造提供了技术保证。

国外工业遗产景观研究历程中,欧洲理事会及 1978 年组成的国际工业遗产保护委员会起到了十分重要的作用,欧洲理事会主要是关注欧洲;国际工业遗产保护委员会则是一个世界性的工业遗产组织。正是在这两个机构的领导和组织下,工业遗产保护研究获得了很大的发展。1985 年欧洲理事会以"工业遗产,何种政策"、1989 年以"遗产与成功的城镇复兴"为主题召开的国际会议上,以及在国际工业遗产保护委员会的历届大会上涌现出了相当多的有关工业遗产的研究论文、专题报告,这些学术成果中有不少涉及工业遗产保护和旅游开发的研究(李林、魏卫,2005)。

从研究涉及的区域看,国外工业遗产景观研究在欧洲、美洲、大洋洲、亚洲(主要是日本)均有发展,但主要集中在欧洲地区,涉及英国、德国、法国、比利时、瑞典、荷兰等国,其中以英国工业遗产的研究最为突出、数量最多、内容也较丰富(规划评论,2007)。对此,英国学术界普遍的认识是:英国对世界最大的贡献不在于它的文化和其他方面,而是工业革命,工业遗产是工业革命的最直接成果,因此对它的研究成为历史必然的客观要求。此外,挪威学者 Grete 和 Rikke(2013)曾选取三个典型的挪威工业城市—奥斯陆、德拉门和拉维克从城市规划角度研究工业遗产在工业城市转型中的作用。

从工业遗产的类型看,国外研究大多体现在对矿业遗产的重点关注。如 RC Prentice 等(1993)以朗达遗产公园为例对煤矿工业遗产展开分析,Michelle(1998)以宾汉姆峡谷铜矿为例对铜矿工业遗产展开研究,Robert(2007)则以斯普林希尔和赫伯特河景观为例对矿业城镇个性化遗产进行了分析。还有西班牙学者以橄榄油工业遗产为对象,研究橄榄油工业技术为对象研究发展史和工艺知识的创新(José 等,2012)

2. 我国工业遗产保护的发展历程

工业遗产景观保护在世界范围内的历史不长,在我国时间更短,主要原因是由于西方国家比中国更早进入主要产业升级期,所以无论在理论还是在实践上都还处于探索起步阶段。人们习惯于把久远的物件当作文物和遗产,对它们悉心保护,而把眼前刚被淘汰、被废弃的当作废旧物、垃圾、和障碍物,急于将它们毁弃。较之几千年的中国农业文明和丰厚的古代遗产来说,工业遗产只有近百年或几十年的历史,但它们同样是社会发展不可或缺的物证,其所承载的关于中国社会发展的信息、曾经影响的人口、经济和社会,甚至比其他历史时期的文化遗产要大的多。

自进入 20 世纪 90 年代,随着我国社会经济的迅猛发展和产业结构"退二进三"发展战略的推进,我国的城市发展进入了高速发展的时期,城市的空间结构正发生着重大的变化,工业重心向新兴工业区或郊外转移,旧工业区逐渐衰败废置;新技术的引进与开发,使传统工业的发展陷入困境,不少企业面临"关、停、并、转"的局面,大量的工业建筑景观被废弃、闲置,这些工业遗产由于既非古建筑又不是文物,往往被"大刀阔斧"地推倒、拆平,迅速地退出城市生活的空间舞台。如果一律采取"大拆大建"的方式来进行城市建设,势必带来社会、文化资源的巨大浪费。众多工业遗产面临着重要抉择,成为既紧迫又不可回避的现实问题,引起人们的广泛关注。

就在这一背景下,2006 年 4 月 18 日"国际古迹遗址日"主题为"聚焦工业遗产",在无锡举行了首届中国工业遗产保护论坛,形成《无锡建议》。在"文化遗产日"前夕,国家文物局局长单霁翔专门为遗产日撰写了"关注新型文化遗产——工业遗产保护"长文,文中包括:"工业遗产保护的国际共识""工业遗产的价值和保护意义""工业遗产保护存在的问题""国际工业遗产保护的探索""我国工业遗产保护的实践""关于保护工业遗产的思考"六部分,全面深入地阐述了工业遗产保护的科学内涵,强调要注重经济高速发展时期的工业遗产保护。

鉴于工业遗产景观保护是我国文化遗产保护事业中具有重要性和紧迫性的新课题,2006 年 5 月,国家文物局下发《关于加强工业遗产保护的通知》(以下简称《通知》),对各有关单位加强工业遗产保护提出要求。

《通知》说,在我国经济高速发展时期,随着城市产业结构和社会生活方式发生变化,传统工业或迁离城市,或面临"关、停、并、转"的局面,各地留下了很多工厂旧址、附属设施、机器设备等工业遗存。这些工业遗产是文化遗产的重要组成部分。加强工业遗产的保护、管理和利用,对于传承人类先进文化,保持和彰显一个城市的文化底蕴和特色,推动地区经济社会可持续发展,具有十分重要的意义。

为此国家文物局要求各地文物行政部门应结合贯彻落实《国务院关于加强文化遗产保护的通知》精神,按照科学发展观的要求,充分认识工业遗产的价值及其保护意义,清醒认识开展工业遗产保护的重要性和紧迫性,注重研究解决工业遗产保护面临的问题和矛盾,处理好工业遗产保护和经济建设的关系。

同时,各地文物行政部门应努力争取得到地方各级人民政府的支持,密切配合各相关部门,将工业遗产保护纳入当地经济、社会发展规划和城乡建设规划。认真借鉴国内外有关方面开展工业遗产保护的经验,结合当地情况,加强科学研究,在编制文物保护规划时注重增加工业遗产保护内容,并将其纳入城市总体规划。密切关注当地经济发展中的工业遗产保护,主动与有关部门研究提出改进和完善城市建设工程中工业遗产保护工作的意见和措施,逐步形成完善、科学、有效的保护管理体系。

此外,还应该制订切实可行的工业遗产保护工作计划,有步骤地开展工业遗产的调查、评估、认定、保护与利用等各项工作。首先要摸清工业遗产底数,认定遗产价值,了解保存状况。在此基础上,有重点地开展抢救性维护工作,依据《文物保护法》加以有效保护,坚决制止乱拆损毁工业遗产。

《通知》还要求各地,要像重视古代的文化遗产那样重视近现代的工业文化遗存,深入开展相关科学研究,逐步形成比较完善的工业遗产保护理论,建立科学、系统的界定确认机制和专家咨询体系。开展对工业遗产价值评判、保护措施、理论方法、利用手段等多方面研究,并形成具有一定水平的研究成果,从而指导工业遗产保护与利用的良性发展。

国外由于工业化进程早于我国,在对工业遗产景观保护研究、涉及内容、管理措施以及保护利用模式等方面早于我国。但是随着城市经济的持续发展、产业结构的调整,以及人们对历史文化遗产保护的认识程度不断提高。我国的工业遗产保护已经从过去对相关概念诠释、理论介绍、案例借鉴,逐渐过渡到探索我国工业遗产的保护、利用以及管理等方面的研究;从民间的个体保护上升到政府主导下的全民保护。尽管我国在工业遗产保护方面还处于起步阶段,但在局部的研究和实践方面仍然取得了让世人瞩目的成绩。

8.2.3 发展中存在的问题

长期以来,人们习惯于把那些历史悠久的文化遗存作为文化遗产悉心加以保护,而对于近现代重要史迹及代表性建筑的保护不够重视,特别是其中的工业遗产景观更较少得到人们的认同和保护,其价值尚未得到广泛认可。虽然工业遗产保护在我国各地逐步开展起来,但由于我国工业遗产保护总体起步较晚,加上相关的法律法规不完善,我国工业遗产得不到有效的保护。从我国工业遗产保护发展历程可以看出,我国有些遗产保护的开发模式基本与国外一致,但在开发深度、开发对象和开发范围方面与国外存在很大差距,存在着不少的问题。

1. 政府部门的重视不够

当前,我国工业遗产列入各级文物保护单位的比例较低;对工业遗产景观的数量、分布和保存状况不了解。没有系统的保护理论使得保护观念无法普及,也无法制定合理的保护政策,当工业遗产景观的保护与各方利益相冲突时也常常会得不到相应的保护政策支持,这主要表现为工业遗产保护主体不明确以及政府在工业遗产保护工作中的缺失。从国外工业遗产保护成功的经验来看,工业遗产的保护离不开政府的大力支持。政府应该引导市场运作,更多关注非营利性的公共服务平台整合社会资源,搭配相关产业链。同时,政府还应该在配套设施建设和后期经营管理中给予关注和支持。

2. 相关理论和法规的缺乏

工业遗产保护在我国还是一个新生事物。无论是理论还是法规上都还处于起步阶段。到目前还缺乏完整的系统理论和法律法规,保护理念和经验也严重匮乏。在法律法规方面,我国目前现行的《文物保护法》及各地方法规是针对对于历史文物保护的唯一法规,但工业遗迹由于自身年代一般不够久远,绝大多数无法列入受文物法保护的范围之内。没有法律的约束,大量的工业遗迹肆无忌惮地拆毁,让很多有价值的工业遗产销声匿迹,这也是大多数工业遗产面临保护与城市建设的矛盾而相持不下的根本原因。

3. 对工业遗产的认识不足

对工业遗产的认识不足,也是当前存在的问题之一。在工业文化的影响之下,工业遗产建筑的外观多以粗犷、朴实为主,其外观远不如古建筑艺术考究,大多数人们认为从生产领域淘汰下来的内容是废弃物,既形象丑陋,又曾有过噪音、粉尘、有害气体等污染,是城市以及企业进一步发展的包袱和障碍,应将它们彻底拆除清理,代之以新的开发项目。于是在城市建设的大浪潮中对工业遗产建筑不加区分的推倒重建,导致大部分有历史价值的工业遗产景观消失。国家文物局局长明确提出:"工业遗产不是城市发展的历史包袱,而是宝贵的财富。只有把它当作文物资源,人们才会珍惜它,善待它。"然而为了改善城市环境,获取发展空间而大拆大建绝不是值得推崇的唯一取向,而是对社会资源和工业遗产的浪费,乃至摧残。直到国外优秀的工业遗产保护的项目出现后,国内大部分人意识到工业遗产有存在价值的必要性,并着手于这类建筑的改造和再利用的实践。

4. 价值评价体系不完善

工业遗产景观资源的评价,是一项极为复杂的工作,涉及自然、历史、地理、气候、经济、科学、技术等各个方面。工业遗产资源价值评价数据是确定其是否值得开发、如何开发、何时开发、为谁开发以及开发方向如何等问题的重要依据。因此,工业遗产景观保护的价值评价体系对我国的工业遗产保护再利用开发有着重要的作用。国外一般采用定性的评价方法,例如,英、法、美、日等国家实行的文物登录制度对包括工业遗产在内的历史遗产都有明确价值定性评价标准。而我国目前并未形成完整的工业遗产景观评价体系,致使许多工业遗产保护再利用资源价值未能得到认可。工业遗产保护再利用资源价值的模糊性,直接阻碍了我国工业遗产保护再利用开发的热情,同时也导致了工业遗产保护再利用开发的盲目性。

5. 与城市发展建设的矛盾

首先,造成城市用地紧张,我国大城市一般都是由工业基地的基础上发展起来的,工业用地在城市建设用地中占有很大比重。我国大城市平均工业用地占建设用地的比重,1981年为 26.5%,1990 年为 26.6%,而发达国家大都市的工业用地一般只占城市建设用地的8%~10%。旧工业用地随着城市发展和扩张,土地的价值普遍提高,但由于被工厂占用,土地的级差效益没有得到充分体现,实际上造成了国有资产的流失和有限的城市土地资源的极大浪费。许多工厂占据着旧城区的黄金地段,城市里有限的土地资源没有得到充分的利用,土地的区位效益没有得到充分利用和发挥。

其次,环境的污染。旧工业区污染也是造成城市环境污染的一个重要原因。一些工厂在其生产过程中向外排放大量有毒有害气体、烟尘、污水对城市的生存环境构成威胁。插建在居住区内的工厂产生的噪音及排放的"三废"更是扰乱了居民的正常生活。

最后是资源消耗和城市基础设施的过度负担。老城区企业大多为劳动和资源密集型企业,耗水、耗电、耗煤量远高于一般的住宅、商业和高技术企业。同时,由于工业原料及成品的进出,加剧了城市交通压力,使城市道路和基础设施负担过重。

因此,由于我国旧工业建筑在原先建设初期就存在的布局零乱、占地大、土地利用率低、高污染等问题,在城市高速发展过程中成为亟待改造的对象。

8.2.4 工业遗产景观的保护措施

1. 建立完善的保护机制

工业遗产景观保护的良性发展,需要健全和完善工业遗产景观保护机制。保护机制是由政府、工业企业、开发商三者共同协商、互相协作的基础上建立起来的,任何一方的职能缺失都会致使保护机制的失效,从而影响工业遗产保护的发展。完善的保护机制应当由政府牵头,通过各种优惠政策加大公众投资,以及补助、贷款、共同投资等政策,引导建筑的再开发利用,从而带动对工业遗产的重点关注。

我国的工业遗产保护虽处于初级阶段,但可以借鉴国外的经验,由政府投入启动资金以完善待改造的旧工业区内的基础设施,然后卖给开发商并由其进行投资改造开发。政府可以为有良好规划构想但资金不足的企业提供部分资金或帮助企业获得贷款。同时,政府应对整个区域结构进行规划调控,对一些如保持原有建筑风貌等的具体改造也可制定相应的限制规定。同时,作为一项有着社会价值的工程,社会公众同样有义务为工业遗产的保护出一份力。比如在费用筹集方面,除了政府支持之外,社会募集资金也可以占有一定比重。

2. 开展普查等相关工作

工业遗产景观作为一种特殊的文化资源,它的价值认定、记录和研究首先在于发现,所以当务之急是应尽快开展普查、论证、评估和认定工作,安排专项经费组织编制工业遗产建筑保护规划,尽可能多的把优秀工业建筑保护下来。面对数量庞大的工业遗产,通过普查及时准确地掌握第一手资料,进而建立起我国的工业遗产清单。同时普查与认定、评估和研究的过程,也是宣传工业遗产重要价值和保护意义的过程,是发动企业和相关人员投入工业遗产保护的过程。

首先要通过普查做到摸清家底,心中有数;通过规划,借签文物保护和历史文化街区保护的经验,划定保护范围和建设控制地带,制定具体的保护措施,合理确定各项经济技术指标,使之在城市建设大潮中得以保存。

其次,规划部门应与相关部门密切合作,指定符合客观实际的政策和技术规定,使工业遗产的保护在用地范围、使用功能、经营模式等方面更加科学合理。

再者,加强保护工作的科学性和规范化。按照城市发展的客观规律,指导和把握城市规划建设向健康方向发展。避免在城市建设的经济大浪潮冲击下遭到破坏和毁灭,将这一大批不可再生的宝贵城市文化遗产得以真实、完整地传承下去;也让我们的城市在可持续发展中保护城市的记忆,同时又在可持续发展中延续和增加城市记忆。

3. 完善相关法律和法规

现行文化遗产保护法规在有关工业遗产的保护方面不够明确和完善,有待在进一步研究、论证的基础上加以充实。因此应尽快开展工业遗产保护相关法规、规章的制定工作,使经认定具有重要意义的工业遗产通过法律手段得到强有力的保护。

首先,要逐步形成和完善工业遗产保护理论,建立科学系统的界定确定机制和专家咨询关系,制定合理有效的法律法规。制定可行的工业遗产保护的工作计划,编制工业遗产保护专项规划,并纳入城市总体规划。其次,鉴于工业遗产既是文化遗产的不可缺少的组成部分,又有其自身的特点,因此在立法保护方面应充分考虑其特殊性,以使其完整性和真实性得到切实的保护,并应设立专家顾问机构对工业遗产保护的有关问题提出独立意见。建议采取政府组织专家领衔、公众参与的办法,使全社会都认识到这些遗产的价值。

4. 全局规划和统筹安排

现有的工业区更新,尤其是在旧工业企业搬迁后,用地调整与规划都是单独进行的,缺乏整体规划的协调与控制。需要通过总体布局,在进一步制定城区污染扰民工业的搬迁安置相关政策及实施办法时,通过对工业用地置换后的研究,确定近郊区工业区更新发展策略,合理安排新工业园区,确保城市经济的发展潜力。同时,通过城市设计的方法研究更新后的物质空间环境改善的可能性等。对旧工业区的更新再利用涉及城市产业结构调整,城市用地结构调整,城市空间结构的改变和城市形象及环境的变化等许多方面,需要制定全局规划,进行统筹安排。统一规划,分期实施是实现旧工业区更新的有效途径。

旧工业区更新的策略包括经济、社会、文化、生态等不同方面。而对于旧工业区的复兴,必须要挖掘自身的经济文化潜力,借助社会和生态整治,利用大项目的带动和示范效应,造就地区发展新的契机,实现可持续的城市发展。

旧工业区更新的途径主要指工业用地的调整,城市旧工业区可以保持工业用地性质,或更新为居住用地、商业用地、公园绿地等不同性质的用地。随着工业社会向后工业社会的转变,从强调纯粹的功能分区逐渐转向提倡土地的混合使用开发,以此促进市中心和郊区的全面更新,形成多样复合、充满活力与生机的城市地区。

5. 保护和利用协调发展

在保护利用中发展,在发展中保护利用,二者的关系是辨证统一的。保护再利用是赋予工业遗产新的生存环境的一种可行途径。对于未列入文物保护单位的一般性工业遗产,在严格保护好外观及主要特征的前提下,审慎适度地对其用途进行适应性改变通常是比较经济可行的保护手段,可以为社会所接受和理解。这在一些发达国家就得到了很好的实践。国内在北京、上海、无锡等一些城市也开展了工业遗产保护运动,并取得了较好的效果,积累了许多经验。

我们应提高对现存工业遗产的保护,加大改造和再利用的认识与运作力度,对所剩不多且具有价值的工业遗产,应立即采取有效的保护性再利用措施。合理利用工业遗产,使其发挥更大的价值。在科学研究的基础上,按照"保护为主、抢救第一、合理利用、加强管理"的文物工作方针。对已确定保护、保留的对象逐一进行分析和研究,更进一步地深化设计,严格按照工业遗产保护的要求,为工业遗产的改造再利用带来文化与经济的双重价值。认真落实城市设计、建筑设计与景观设计关于工业遗产的有关内容,保证设计内容在实施的全过程中得到全面贯彻。

6. 立足国情走创新之路

保护工业遗产既是历史赋予我们的责任,也是建设节约型社会,构建和谐社会的需要。我们应借鉴国内外工业遗产改造和保护的成功案例,研究现有停产工厂的利用方法,为社会、为原来职工服务。如北京798艺术区等,在立足本国国情的基础上开展工业遗产保护再利用的活动,对工业遗产进行合理有效地保护,充分发挥其巨大的经济效益和社会效益,寻找一条适合我国国情的工业遗产保护之路,一条创新型的保护性利用之路。

8.2.5 工业遗产景观的保护模式

掌握工业遗产的属性是探讨工业遗产保护开发模式的关键。工业遗产作为一种工业文化遗存,有着自己的形象和空间组成特点,它以"工业语言"表现着它自身所具备的"工业美"。它还是承载工业文明的遗存物,是逝去的工业时代的标志和见证,也是记录城市历史、体现城市特色、"阅读"城市的重要物质依托。对于有价值的工业遗产,不论是弃置或是将它们全部拆除,都将会是历史文化的损失,是资源的浪费。我们应该以"保留——再利用"的思想对待具有历史价值的工业遗产,使它在城市的建设中成为更具有地域特色与历史文化的新亮点。

工业遗产景观保护具有广阔的发展空间,可以将其改造为主题博物馆、商业中心、城市开放空间和创意产业聚集区等,它能很好地与时尚、怀旧等要素结合,迎合都市人群的品味。工业遗产保护再利用能帮助衰退中的老工业区"变废为宝",缓解地区衰落和就业难的困局,实现同城市发展中形象效益和经济效益的双赢。只有合理的开发利用才是对工业遗产最好的保护,对工业遗产原有空间的改造或扩建、对其建筑形式的改造、对工业遗产的更新和再利用、对工业遗产的外部环境景观的设计等各个方面又因各自不同的特点而分为不同的保护开发模式。我国各个城市的旧工业区因为不同的城市特色和发展特点,有其各自的特色。综合国外工业遗产保护的开发实践,工业遗产景观的保护大致存在以下六种不同的开发模式。

1. 旅游开发保护模式

广义的工业旅游其中包括工业遗产旅游(Industry Heritage Tourism)和现代工业旅游(Modern Industry Tourism),是以工业生产过程、工厂风貌、工人生活场景、工业企业文化、工业旧址、工业场所等工业相关因素为吸引物和依托的旅游;是伴随着人们对旅游资源理解的拓展而产生的一种旅游新概念和产品新形式。

工业遗产旅游是一种从工业考古、工业遗产保护而发展起来的新的旅游形式(何振波,2001)。首要目标是在展示与工业遗产资源相关的服务项目过程中,为参观者提供高质量的旅游产品,营造一个开放、富有创意和活力的旅游氛围。通过寻求工业遗产与环境相融合,成为工业遗产保护的积极因素,从而促进对工业发展历史上所遗留下来的文化价值的保护、整合和发扬。在工业遗产分布密集的地区,可以通过建立工业遗产旅游线路,形成规模效益。

英国学者 J. Arwel Edwards 提出,工业遗产保护再利用应被纳入更广泛的"遗产旅游"框架中;美国学者 Dallen J. Timothy 亦指出,个性化的遗产旅游具有广阔的空间。格拉汉姆把工业遗产保护再利用归咎于人们的"怀旧情结"——尽管工业时代还未真正成为过去,而信息时代对传统生活的颠覆、大都市的"逆工业化"趋势,以及"后现代"的来临,使人们产生了对工业技术以及这种技术所衍生的社会生活的怀念和失落感,进而催生了"后现代博物馆文化"即传统的工矿企业成为人们体验和追忆过去的场所(格拉汉姆·丹,2001)。因此,在保护工业遗产的同时,进行适度的旅游开发,从而促进遗产地经济的繁荣和历史文化的传承,已经成为当今社会的一个热点问题。

工业遗产旅游在我国开始的时间不长,无论在理论、还是在实践上都处于探索起步阶段,特别是适合开展旅游活动的各类工业资源的保护工作较为薄弱,合理利用存在着明显不足。这主要是受到工业化客观因素的制约。一方面由于我国工业化的历史不长,工业遗产资源以及其他各类可以转化为旅游资源的工业资源不多,大部分工业企业开展旅游活动的经营经验不足和条件也不成熟。另一方面,在许多人眼中,工业时代遗留下来的东西是落后的、污染的。它作为工业生产的最初形态,与各类历史文化古迹遗址相比,工厂、煤矿、铁路和其他工业遗产的价值和保护一直被忽略。

针对这一实际情况,吴仪副总理在 2005 年 5 月曾强调指出:我们现在有农业旅游、生态旅游产品,还要有与工业化相联系的现代化的旅游产品。从这个意义上讲,总结相关国际经验,分析我国工业旅游发展的现状以及面临的机遇和挑战,对于实现工业旅游又好又快发展,走新型工业化道路,促进经济社会协调发展具有特殊的意义。

我国有着丰富的工业遗产资源可以发掘,截至目前,开展工业旅游活动的各类工业企业已遍布全国 29 个省(区、市),全国工业旅游示范点总数已达 271 家,涵盖了从传统手工艺、民族特色工业到现代生产、高科技等各类工业生产领域。从工业旅游的地域分布上来看,江苏、辽宁、浙江、广东、上海、北京等工业化程度较高的地区,往往也是工业旅游发展比较迅速、发育程度比较高的地区。在北京和上海,工业旅游与都市旅游相应生辉;在东北,工业旅游成为老工业基地实现发展转型的新亮点;在民营经济最为发达的江浙地区,工业旅游已经成为了众多民营企业在规划建设中的重要选项。但目前我国工业遗产旅游尚未形成较大的规模,具体实施的操作经验相对匮乏,我们可以借鉴其他国家开发成功的案例,针对我国的具体情况来进行开发。

总之,依托工业资源、特别是工业遗产,将其开发成工业旅游不仅是旅游开发创新,也是转型经济新思维,更是以新视角审视旧事物而发现新价值,从而进一步加强对工业遗产的保护,也实现工业资源的综合集约利用。从操作角度看,它不仅有助于旅游安全环境完善、旅游舒适环境完善和遗产保护环境完善,也是治害、保护、旅游开发三者互惠互利的新模式。

2. 公共空间保护模式

在政府机构主导下,对那些占地面积较大,厂房、设备等具有较大保留价值的工业遗产,可考虑将其改造为公园或广场等一些公共开放空间。建造一些公众可以参与的游乐设施,作为人们休闲和娱乐的场所,是完善城市功能,改善城市环境的重要举措。这种开发模式成功的案例以彼得·拉茨设计的北杜伊斯堡公园最为典型。公园的前身是个衰落的钢铁厂,厂区内遗留下大量的工业构筑物和废弃的生产设备,拉茨通过对厂区内的环境和厂内的工业元素进行改造,如将废旧的贮气罐改造成潜水俱乐部的训练池,将堆放铁矿砂的混凝土料场改造成青少年活动场地,墙体被改造成攀岩者乐园,一些仓库和厂房被改造成迪厅和音乐厅,甚至交响乐这样的高雅艺术都开始利用这些巨型的钢铁冶炼炉作为背景,进行别开生面的演出活动(王向荣,2003)。

在国内由俞孔坚教授主持设计的中山岐江公园是将工业遗产地改造成城市公共开放空间的经典案例之一。案例地原为粤中造船厂,是地方性中小规模造船厂,地处南亚热带。始建于1953年,1999年破产,2001年改造为综合性城市开放空间,供市民开展休闲游憩活动。设计保留了场地原有的榕树,驳岸处理、植物栽植等方面也体现自然、生态的原则。改造过程中充分利用厂区遗存的工业元素,如烟囱、龙门吊、水塔等,同时掺插以现代景观环境小品,运用景观设计学的处理手法,展现了工业美学特征。

3. 历史展示保护模式

工业遗产能反映出当时工业化过程的特定阶段或者功能,也具有了物质文化意义。因此,在原址上修建工业博物馆比在传统博物馆中展出旧有物品更方便,也更生动。它可以通过展示一些工艺生产过程,从中活化工业区的历史感和真实感,同时也激发市民参与感和认同感,还可以作为艺术创作基地,开展一些作品展览活动。对于那些具有典型代表意义,并做出过重大贡献的工业遗产,结合工业遗产及构筑物设立主体博物馆、展示馆、展示厅、纪念馆等形式进行保护和展示这样也可以最大限度地对历史信息进行保护,同时也可以对其进行开发利用。

在我国也有成功的案例——福建船政工业遗产的开发再利用。福州的马尾船厂(图8-2)部分保留旧有的厂房和设备形态,展示造船工业的历史与文化价值。船政绘事院(即船舶设计所,1867年建成)目前已作为厂

图8-2 福州船政局马尾船厂①

史陈列馆。厂史陈列分为近代部分(船政)与现代部分(造船厂),陈列沙盘、舰模、图片、实物等,展现中国造船发展史、海军建设史、近代史上重大事件以及改革开放后百年老厂发生的巨大变化,另外马江海战纪念馆、中国近代海军博物馆、船政精英馆等也陆续建好开放(皓月康桥,2007)。

---

① 图片来源:http://www.oldage.cn/bbs/viewthread.php/tid=5579&page=1.

4. 创意产业开发模式

大多数的工业建筑由于地处市中心,早期租金较便宜,更重要的是这些老厂房、旧仓库背后所积淀的工业文明和场地记忆,能够激发创作的灵感。加上厂房开阔宽敞的结构,可随意分隔组合,重新布局,受到艺术家等创意产业从业者的青睐。从20世纪50年代,美国艺术家利用城市中的旧厂房创造了"苏荷区"的童话,至今这种风尚愈演愈烈。艺术家及创意人士们所需要的是城市生活而激发的创作热情,而工业建筑所特有的历史沧桑感和内部空间的高大宽敞正能为艺术家们和创意人士们提供这种迸发创意灵感的特质场所,所以工业遗产和创意产业能够得到很好的融合。

目前全球资源趋于紧张,地球环境日益恶化,怎样做到发展和保护并存,我们不能为了经济而破坏环境,也不能为了环境就停止发展,这就给人体提出了更加严峻的考验,显然创新是唯一的出路,既环保又节约能源的新型产品和服务才是未来的主流。

北京798工厂是20世纪50年代苏联援助中国建设的一家大型国有工厂,东德负责设计建造,秉承了包豪斯的设计理念。当工厂的生产停滞以后,一批全新的创意产业入驻,包括设计、出版、展示、演出、艺术家工作室等文化行业,也包括精品家居、时装、酒吧、餐饮等服务性行业。在对原有的历史文化遗留进行保护的前提下,他们将原有的工业厂房进行了重新定义、设计和改造,带来的是对于建筑和生活方式的创造性的理解(图8-3)。

图8-3　北京789创意广场①

5. 综合功能保护模式

这个模式是从整个区域来看,工业建筑往往成片集中建设,特殊的时代烙印,使其可以作为整体展开复兴计划,即对一区域的工业遗产进行统一性开发,称之为综合开发模式。例如,德国鲁尔区工业遗产旅游一体化开发,它以19个工业遗产旅游景点、6个国家级博物馆、12个典型的工业聚落为一整体进行组合开发,从而形成了一条包含500个地点的25条专题游览线。对具有改造潜力的工业遗产,也可进行适当的改造,可考虑对其进行集参观、购物、娱乐、休闲等于一体的综合多功能开发。经过改造赋予新功能,即保持原有建筑外貌特征和主要结构,进行内部改建,空间重组后按新功能使用。

该模式的典型代表是位于奥伯豪森(Oberhausen)的中心购物区(图8-4)。奥伯豪森是一个富含锌和金属矿的工业城市,1758年在这里建立了鲁尔区第一家铁器铸造厂。逆工业化导致工厂倒闭和失业工人增加,促使该地寻找一条振兴之路,而奥伯豪森成功地将购物

---

① 图片来源:李平.工业遗产保护利用模式和方法研究[D].西安:长安大学,2008.

旅游与工业遗产保护再利用结合起来。它在工厂废弃地上依据摩尔购物区(Shopping Mall)的概念,新建了一个大型的购物中心,同时开辟了一个工业博物馆,并就地保留了一个高117 m、直径达67 m的巨型储气罐。购物中心并不是一个单纯的购物场所,还配套建有咖啡馆、酒吧和美食文化街、儿童游乐园、网球和体育中心、多媒体和影视娱乐中心,以及由废弃矿坑改造的人工湖等等。而巨型储气罐不仅成为这个地方的标志和登高点,而且也成为一个可以举办各种别开生面展览的实践场所。奥伯豪森的购物中心由于拥有独特的地理位置以及优越便捷的交通设施,已成为整个鲁尔区购物文化的发祥地,并有望发展成为奥伯豪森市新的城市中心,甚至也是欧洲最大的购物旅游中心之一,吸引了来自周边国家购物、休闲和度假的周末游客(李蕾蕾,2002)。综合开发模式可以弥补工业遗产保护再利用功能不足、产品单一的缺陷,它是提升旧工业区整体形象,扩大工业遗产开发外延的最佳开发模式之一(刘静江,2006)。

图8-4　奥伯豪森中心购物区①

8.3　工业遗产景观的规划

8.3.1　规划原则

1. 挖掘场所精神

在对工业遗产景观改造的过程中,必须深入挖掘工业场地中的隐含特质,发现其特别之处,充分了解场地的历史人文情况和自然地理条件,这样,才能使公众更好地体会到工业场所的精神特征。工业遗产、遗迹是城市发展的见证,保留了城市古老的记忆,对其进行良好的整理、分类、存储,是对城市文化的尊敬,也是对城市文化的延续继承,同时也为创造出

---

① 图片来源:http://www.eco-schulte.cn/References.asp? menu=1.

富有个性的城市景观提供了可能性。

2. 尊重工业文化

工业遗产属于文化遗产范畴，工业文化是城市文化的重要组成部分，是城市发展史中不可或缺的一部分。工业化过程中，城市的历史和城市居民的生活记忆都保留在工业遗产中，所以说工业遗产是整个城市意识的代表，蕴涵着无形的思想、精神，这些无形的抽象概念就是工业文化。在工业遗产保护和规划过程中，构成景观的各类元素都是为了展现出工业文化与文明，工业文化起到了主导作用。

3. 人性化设计

在进行工业遗产景观的保护与规划时，要对遗址中的各类自然、人文要素进行统一的规划设计，保证其协调性，最终将工业遗址景观打造成能够让旅游者体验工业文化、寻求精神归宿的旅游点。充分考虑目的地的休闲、娱乐、科教等其他活动的融洽性，使其成为集多种功能为一体的多功能体验场所。通过对景观要素的合理设计、游览路线的精心安排以及公共基础设施的完善，最大限度的满足市民和游客的需求。同时，为了使遗产景观更具有吸引力，要注重体验者的参与性和个性化需求，让市民和游客满意。

4. 保障景观生态性

景观的生态性是指在深入理解生态学思想的基础上，尽量减少对场地的人工干预，最大限度地提高资源的利用率，减少对环境造成的污染，同时还要维持场地内部及其周边的生态平衡。由于工业遗产景观的构成基础是自然结构，因而保证景观的生态性显得尤为重要。在对工业遗产景观进行修复、改造之前，要充分了解遗址地的生态结构，在不破坏原有生态结构的条件下进行保护与规划。在这过程中，对于构成遗址地生态环境的自然条件，应当得以改善，使之能够更好地为工业遗产旅游服务。

8.3.2 工业遗产景观的规划思路

1. 分阶段开发

工业遗产景观的开发是一个循序渐进的过程。以遗产地的现代工业旅游为基础，优先发展学生与本地市场，设计出厂区参观、资料展示和生产线体验的旅游路线，并增加一定量的参与体验性活动，重点体现工业遗产的知识性。在激发旅游者对传统工业的兴趣，在寻求工业发展历程的心理作用下，工业遗产旅游的需求得到了增加。这时，应联合政府、企业、旅行社与媒体的宣传与推广，增加旅游者对工业遗产体验的感知。在本地市场稳定的情况下，精选具有特色的工业遗产资源进行专题开发，配以城市发展主题的常规线路，并结合新兴旅游项目，吸引外地游客。针对海外市场，紧扣传统工业、技艺这一主题，开发相关的工业遗产景观，强调工业遗产景观旅游的历史性与体验性，融求知、参与、消费于一体。

2. 形成特色主题路线

在发展工业遗产旅游的过程中，应充分分析遗产价值，在对旅游者需求做出精确的调研、判断后，明确目标市场、定位遗产等级并融入具有城市特色的主题旅游线路。针对不同的目标市场应采用不同的营销策略,打造不同的特色主题,使遗产地产生极大的吸引力,吸引游客前来参观、学习、休闲。例如,针对学生市场,要注重知识性的打造,满足其求知需求;针对工业企业人员,要注重遗产结构的分析,使其能够在参观中有所启发,更好地发展自身企业;针对城市老年居民,要注重工业遗产文化和城市记忆的讲解,满足其对以往生活的回忆;针对年轻团体,要注重参与性项目的开发,满足其好奇心,丰富其经历等。

3. 整合区域遗产资源

整合区域遗产资源,既是遗产地发展的机遇,也是遗产地发展的挑战。区域遗产资源的整合可以实现叠加效应,提高整体的影响力。同时,整合区域遗产资源也会使遗产地出现的竞争力增加,市场份额减少等问题。区域遗产资源的整合有不同种类型:按地域,可分为为城市内资源整合、与周边城市整合;按工业类型,可分为同种工业遗产资源整合、异种工业遗产资源整合;按时间,可分同时代传统工业遗产整合、传统工业与新型工业资源融合等类型。

4. 加强政府、开发企业、旅行社及传媒企业的合作

我国的工业遗产景观开发与保护才刚刚起步,如若遗产地政府、开发企业、旅行社以及多种媒介企业合作,联手打造遗产地精品路线,构建工业遗产景观品牌,则能形成完善而见效明显的品牌效益。其中,政府起主导、支持和协调作用。在这过程中,政府首先可以组织市民或其他针对性群体,免费参观有代表性的工业遗迹,在让市民逐渐了解、认同工业遗产文化后,可以结合城市的历史文化或者相关的节庆活动,增加宣传效应,扩大遗产景观影响力和影响范围。其次,政府应积极开展区域资源整合,形成工业景观综合体,增强对旅游者的吸引程度。最后,政府应完善遗址地的基础设施建设,努力吸引投资,并在遗址规划过程中给出指导性建议。开发企业应充分发挥主体地位,开展各项工业遗产旅游项目,创新工业遗产旅游产品,积极配合政府的政策法规,更新观念,加强合作。旅行社及各类传媒企业,是工业遗产旅游宣传中的重要媒介,应扩宽其营销面,在政府指导下大力宣传工业遗产景观旅游,突出遗产景观特色。同时可以培养一批专业性人才,进行营销和路线设计;通过游客反馈和评论等渠道,促使工业遗产旅游逐渐成熟发展。

8.3.3 工业遗产旅游的开发机制

1. 以资源扩张资本

在古典经济学中,工业企业是资本、人力及其他生产要素的具体转换空间,是一个投入产出的生产函数,是追求"利润最大化"的经济符号。但是,随着世界范围内的社会经济变革,许多曾经在中国工业化过程中有过辉煌历史的老工厂成了工业遗址,它们承载着特定的城市记忆,体现了历史文化积淀,所以,这些工业遗存本身也成为城市发展的一种文化资源。将工业遗产作为旅游开发的资源,是要包括作为工业遗产的各部分资源的总和,旧的厂房、建筑、车间、生产线、工人曾经的生产生活状况等等,甚至还包括人们对当年那些旧工厂的一种怀旧心理与好奇心理。

以资源扩张资本,是工业遗产旅游发展的重要基础。为此要充分发挥市场化机制的作用,将各种有形资源和无形资源进行有效整合和优化配置,使之更好地满足游客的多种需要。例如,紧紧围绕遗产教育、休闲体验两条主线,多方面发掘独具个性的遗产资源优势,集聚优质资本,为实现旅游资源向旅游资本转变搭建平台,提供契机,最终通过资本集聚推动遗产资源的开发向广度拓展、向纵深推进。

2. 以资本创新产品

通过遗产资源的独特性吸引先进的旅游资本,目的是集聚资本优势,更好地开发和利用遗产资源,创新旅游产品,为旅游者提供与众不同的旅游体验。

随着旅游业的发展,单一的观光产品已经不能满足现代旅游者的需求。工业遗产旅游产品开发,应以良好的自然和人文环境为依托,积极调整旅游资源开发方向,在一种或几种具有特色优势或在国内外享有盛誉的工业项目或产品基础上,通过各种旅游配套设施的建设,协调发展旅游业食、住、行、游、娱、购等几大要素,提供工业主题产品、观光产品、休闲度假产品共同发展的旅游产品组合。

3. 以产品拓展市场

工业遗产旅游资源,是指具有历史价值的工厂建筑、工业景观、产品生产线和产业工人曾经依存的生产生活场景等等,开发利用这些资源来设计和创新旅游产品,目的是以资源为依托,以产品为中心,以市场促销为动力,拓展客源市场,提高工业遗产旅游的市场竞争力。

在体验经济背景下成长的现代旅游业是一个由创造力经济、形象力经济和竞争力经济所共同支撑起来的产业。工业遗产旅游开发要求企业具有迅速适应变化和主动制造变化的能力,以整合的观点来看待工业遗产旅游内部要素和外部环境,对市场潜力进行深入透析,尝试将品牌培育与市场拓展结合起来,实现市场竞争力。

工业遗产旅游既要通过产品创新不断适应客源市场多样化的需求,更要把独特的工业遗产旅游资源经过提炼和升华,打造成特色鲜明的产品形象。在此基础上进行营销策划和产品推介,把宣传与推广见证了城市变迁与发展的工业遗产旅游产品与增加老城魅力、提高区域知名度结合起来,从而展现独特的历史文化,有效地拓展旅游客源市场。以遗产旅游丰富地区旅游的游览内容,提升地区旅游的产业素质,使旅游产业真正成为一个内涵广泛、发展空间巨大的产业,并最终实现遗产旅游的可持续发展。

8.3.4 工业遗产旅游的开发策略

1. 资金扶持,政策保障

工业遗产旅游是目前工业遗产景观保护与开发利用最普遍的模式之一。具备工业遗产旅游的很多城市,曾经是为国家做出巨大贡献的资源型城市,国家对其反哺反而很少。许多资源型城市以前开采的资源,包括资源所产生的利润都被国家无偿地调拨走。特别是1994年分税制以来,资源型城市经济水平逐渐滑落,地方财政很少。部分资源枯竭型城市财政支出远大于财政收入,是没有财力开发工业遗产旅游的。工业遗产旅游是资源型城市特别是资源枯竭型城市产业结构升级优化的捷径,需要大量的资金扶持。国家相关部门应该给予相当的支持,特别是从资金上给予支持。此外,要坚持政府引导支持,用市场化运作的方式来开发工业遗产旅游。工业遗产是固定资产的国有特点,决定了无法完全靠市场化开发工业遗产旅游。

资源型城市的财力很有限,无法完全靠政府的财力补给。同时,工业遗产旅游也是一项系统的工程,里面包括了生态环境的治理和恢复等内容,必须要解放思想,多方面筹集资金,尤其是后期的开发须走出一条市场化的路子。在旅游业发展中,地方政府还需加快相应的旅游产业政策、法律法规、企业规章制度的制定。加快交通、旅馆、饭店等旅游基础设施的建设改造,为旅游业的发展营造良好的外部环境。

2. 摸清家底,整合资源

对工业遗产的数量、分布和保存状况要做到心中有数,界定分明。具体做法是:通过翔实的调查,将其登记在册,并制作位置图;将调查的工业遗产资源完备的外观特征和场址情况进行梳理并登记、建档,记录应包括对物质、非物质遗产的描述、绘图、照片、影像等资料;加强宣传教育,积极发动群众,引导和调动社会力量参与工业遗产的保护与再利用,充分发挥社会力量在工业遗产调查、认定、信息传播、研究成果和保护利用等方面的积极作用;在城市更新改造、工业企业搬迁过程中发现有价值的工业资源,有关方面应及时向市工业、规划及文物部门报告,在调查和研究确定工业遗产价值后,依法予以保护和再利用。

与此同时,还要将旅游业和服务业也进行一体化开发;整合并打通缺乏吸引游客的旅游线路;打破区域之间和区域内部的限制;通过合理的线路,把景点联系起来,形成区域旅游业一体化,使区域富集的旅游资源变成优势资源。

3. 吸引公众和社会参与

公众共同参与开发是工业遗产旅游重要的开发内容。首先,一些城市文化不仅仅表现在工业遗产上,还表现在普通市民的衣食住行上。目前工业遗产旅游的开发建设仅仅限于一小部分文化圈内部人群,开发范围也仅限于有着特定范围和边界的工厂或矿区,达不到对整个城市体验的效果。吸引公众共同开发的最佳方法是为公众创造就业机会。资源型城市下岗人数众多,他们之前都曾在工业领域工作,专业化程度高,再就业能力弱。通过工业遗产旅游,将他们安置在自身熟悉的行业中。比如采矿工人做专线导游;专业研发人员成为研究介绍工业遗产的专家;有管理矿山经验的人士可以作矿山旅游的景区管理人员。

4. 创意开发,引导体验

(1) 构思主题

工业遗产旅游主题是通过旅游各种要素组合所表达出来的中心思想,是开发人员通过对城市工业遗产内涵的发掘、提炼而得出的思想结晶。

城市是区域文化集中表现之地,工业生产生活又涉及方方面面,这样就使得其旅游主题呈现多样化趋势。需要注意的是,所选定的主题是否具有在政治上、道德上、历史观上的进步性；是否具有对人性、对工业历史规律有深入理解的深广性；是否具有统率和组织起全部工业遗产旅游内容和形式的支配性；是否具有在总体上是明确的，而在具体解释上则是多义的开放性。这四点共同决定着资源型城市工业遗产旅游价值的高低，对于城市体验型旅游产品开发具有举足轻重的意义。

资源型城市工业遗产旅游产品主题的提炼和表达，既需要开发人员具有丰富的社会知识和文化知识，又需要开发人员具有较高的艺术修养和精湛的才能，因为它是建立在对城市特殊的形成和发展历史基础之上。不同的开发人员的认识水平、观念不同，即使是相同的题材，其主题深浅也可能有很大的差别。

所以，开发人员应该努力把握住选材要典型，挖掘要深入的原则，用生动、真实、丰富、新颖的表现方式将城市和人的精神风貌展现出来。

（2）制定情节

工业遗产旅游的文化属性较突出，想深入了解文化只能亲身体验。介绍式的解说方法不适用于注重游客自身体验的工业遗产旅游。运用叙事的方法引入"情节"的概念，以期达到使得产品主题能够从作品所提供的情节和场面中自然而然地流露出来，并将游客置于一个个连续的故事之中，为游客主动接受和体验的目的。将工业生产生活的状态归结到旅游的六要素基础上，每一个要素都有自己的情节，都有自己的序幕、开端、发展、高潮、结局和尾声。这样的情节是在整体上的形散而神不散，而在某些部分上达到形不散且神不散。

旅游六要素的每一个要素是一个相对独立的整体，各要素的构成元素之间、服务人员与游客之间应该具备有机联系，使得情节发展具有逻辑性，即通过发生、发展到解决的全过程。此外，工业遗产旅游中的情节需要有明晰的线索，清楚的开头和圆满地结束。工业遗产旅游是新兴的旅游类型，能否给游客以眼前一亮的新颖感，也要通过情节来表现。

所以，开发人员在构思情节时，一方面要符合情节发展的一般规律，另一方面又要尽量使得情节具有新鲜感。

（3）创造情境

工业遗产中的厂房、仓库、作坊、货栈等本身就是好的体验场景。首先要在各个场景中设计出中心形象和中心动作，使场景围绕着这个中心发生空间和时间变化。其次需注重细节，借助细节来突显重要的性格特征。然后是运动感。运动感是指内在张力与视觉上变化效果的统一。增加运动感可以防止场景的静止、呆板，缺乏吸引力和视觉刺激。创造情境的具体方法为：

① 以景寄情。通过工业遗产来寄托主体的情感，使游客的情感借物抒发出来。资源型城市从城市规划到城市建筑，从工厂车间到矿山坑道都散发着城市建设的气息。将这些景串联起来，势必会激发起游客对往昔思念的情感。

② 情景同构。将游客的感情与资源型城市的城市景观、工矿企业等实体联系起来，以实现情感的对象化。比如"铁人精神"就是大庆，大庆就是"铁人精神"。

③ 意象组合。意象是情景交融的产物，无论是以景寄情，还是情景同构，其结果是创造

出意象。工业遗产旅游的意境是由多种意象构成的,这就要求对各种意象进行连接和组合,使之成为一个有机的整体,最终呈现出一个旷达的整体意境。比如在金矿游览时,坑道幽暗的光线、狭窄的空间、压抑氛围共同构成的整体意境是"黄金灿兮,来之不易"。

8.4　案例运用——鲁尔工业区的改造

8.4.1　鲁尔工业区的概况

地处德国西部的鲁尔工业区是德国最大的工业区,也是世界传统工业集聚地之一。位于北莱茵——威斯特法伦州的西部,介于莱茵河及其支流鲁尔河、利伯河之间。在历史上一个多世纪的时间里,曾经为德国提供了大量的煤炭和钢铁资源,被誉为是德国的动力工厂。二战结束后,鲁尔工业区又成为德国经济快速复苏的发动机,煤炭和钢铁生产在短期内迅速恢复,为地区发展提供了动力来源,并为国家战后重建提供了所需的钢铁资源。

20世纪70年代以来,鲁尔区与世界其他老工业区一样面临着结构性危机。随着煤炭、钢铁等传统工业的衰退,煤矿和钢铁厂相继停产关闭,出现失业率急速上升,大量工业区闲置、环境污染、人口大量流失、社会形象下降等一系列问题,使鲁尔区在德国经济中心的地位下降。然而,当地政府采取积极措施,充分利用大量废弃的工矿、旧设备和工业空置建筑,实现工业文化遗产与旅游开发、区域振兴等相结合,进行战略性开发与整治,促进经济结构调整和产业转型(刘抚英,邹涛,栗德祥,2007)。

8.4.2　埃姆舍公园国际建筑展(IBA Emscher Park)

鲁尔区的形象改变主要得益于众所周知的埃姆舍公园国际建筑展。埃姆舍公园国际建筑展以实施可持续发展战略和利用经济转型方式促进经济增长为中心,以改善生态环境质量和维护生态环境平衡为目标(Kirsten Jane Robinson)。这项为期10年的计划由北莱茵——威斯特法伦州政府在1989年发起,旨在改变鲁尔区的物质环境形象,解决这一地区由于产业的衰落所带来的居住、就业和经济发展等各个方面所带来的问题而采取的更新措施。

在埃姆舍公园国际建筑展中有六大工作主题,共120个改造及建设项目中,从设计理念和规模程度上来讲,以德国慕尼黑工大的教授彼得·拉茨(Peter Latz)主持设计的北杜伊斯堡公园(Landscape Park Duisburg Nord)获得巨大成功,并因此而广受好评(图8-5)。该设计赋予了这废旧工业场地以新的生机,它巧妙地将旧的工业区改建成公众休闲、娱乐的场所,并且尽可能地保留了原有的工业设施(图8-6),同时又创造了独特的工业景观。这次的旧工业基地改造再利用的设计,使鲁尔工业区成功的向科技产业、服务业的转型,并作为成功案例为全世界其他旧工业区的改造提供了典范,也将工业景观设计实践推向了一个新的高度。

图 8-5　北杜伊斯堡改造前原貌①　　　　　图 8-6　被视为望塔的高炉②

8.4.3　北杜伊斯堡公园

　　杜伊斯堡公园位于杜伊斯堡城北,这里曾经是梅德里西(Meiderich)冶炼厂,是欧洲最大的钢铁生产商蒂森股份公司(Thyssen AG)的诸多下属工厂之一,建于 1902 年,到 20 世纪 80 年代中期它也无法抗拒产业的衰落最终停止生产。1989 年,政府决定将工厂改造为公园,成为埃姆舍公园的组成部分。拉茨的事物所赢得了国际竞赛的一等奖,并承担设计任务。设计从 1990 年起,经过几年的努力,于 1994 年公园部分建成开放。

　　规划设计之初,最关键的问题是如何对待和处理大量废弃的工矿、旧工厂和庞大的工业闲置建筑与构筑物;要如何将工厂遗留下来的这些东西,如庞大的建筑、货棚、矿渣堆、烟囱、鼓风炉、铁路、桥梁、沉淀池、水渠、起重机等(图 8-7)作为公园景观的构成要素,融入到公园的景观之中。对厂区内旧建筑物和机器设备的更新改造是杜伊斯堡公园设计的重要思想。

　　拉茨的设计采用生态的手法处理这些废弃的建筑和构筑物,对原有的旧工业基础骨架,如炼钢高炉、工业运输铁路和公路,矿石、矿渣及焦炭库房、旧

图 8-7　被绿化的铁架③

----

　　①　图片来源:http://www.51766.com/www/detailhtml/1100004029.html.
　　②③　图片来源:http://www.archcy.com/focus/renovation/576a2c8d978e6c89.

厂房、污水排放沟、煤气罐等(图8-8),没有采取全盘否定的方法,而是照单全收,并仔细分析研究,利用结构分析法使这些老工业设施成为公园的景观结构要素,并从生态学、美学、社会学及历史等方面发掘其内在潜能,从中演绎成内容上很新的公园。外在形式照旧,但内在的景观质量和含义发生了质的变化。

首先,公园内部完整的保留了钢铁厂的结构,部分构筑物被赋予新的使用功能。高炉等工业设施可以让游人安全地攀登、眺望,废弃的高架铁路可改造成为公园中的游步道,并被处理为大地艺术的作品,工厂中的一些铁架可成为攀缘植物的支架(图8-9),高高的混泥土墙体可成为攀岩训练场。其次,工厂中的植被均得以保护,荒草也任其自由生长。第三,水的循环利用采用了科学的雨洪处理方式将雨水收集起来,引至工厂中原有的冷却槽和沉淀池,经过澄清过滤后留入埃姆舍河,从而达到了保护生态和美化景观的双重效果(图8-10)。拉茨最大限度地保留了工厂的历史信息,利用原有的"废料"塑造公园的景观,从而最大限度地减少了对新材料的需求,节省了投资(王向荣,2003)。

图8-8 改造后的排污水道①　　图8-9 料仓花园内景②　　图8-10 旧沉淀池③

经过4年多的努力,这个钢铁厂被改造成为一个占地230 hm² 的综合休闲娱乐公园。整个公园的处理方法不是努力掩饰这些破碎的景观,而是成功地综合了各种艺术表达方式,融合了多种文化功能,将旧工厂转变为一个多元化的开放空间和文化景观。设计中从未掩饰历史,任何地方都让人们去看,去感受历史,保留历史。

8.4.4 案例启发

德国与英国一样,是一个老牌的工业化国家,鲁尔区曾经是世界上最著名的工业生产基地之一,但长期的工业衰退和逆工业化过程,使鲁尔区成为工业遗产的聚集地。然而,鲁

①②③　图片来源:http://www.archcy.com/focus/renovation/576a2c8d978e6c89.

尔区工业衰退并没有使人们自发地产生将工业旧址和废弃的厂房等当作文化遗产,并与旅游开发结合起来的观念,当人们开始思考对工业废弃地和工业空置建筑的保护再利用时,总是在最后一刻才意识到工业遗产的价值和用途。

鲁尔工业区通过发展工业旅游,使它从零星景点的独立开发,走向了一个区域性的旅游目的地的战略开发。经济结构也由原来单一的重化工业逐步转型为三次产业结构合理(李蕾蕾,2002)。鲁尔区成功转型的经验给我们提供了重要的借鉴意义。它的转型发展并不只局限于发展新兴经济促进工业结构调整,还充分利用工业遗产大力和发展文化旅游两个方面。工业旅游已成为鲁尔区实现经济转型的重要标志,并为发展地方经济、促进社会就业、改善区域功能布局和塑造良好形象上发挥了独特的效应。

通过发展工业旅游,一方面,可以努力改善当地的自然环境及其生态状况,为新型经济的发展创造适宜的物质空间环境;另一方面,通过产业结构转化过程中必要的人文关怀,为新型经济的发展创造良好的社会人文环境、提供必要的社会文化资源。从投入巨资长期致力于埃姆歇河流域的环境污染整治和自然生态恢复,到通过建立完善的社会保障制度维持产业工人(甚至包括失业人员)的基本生活质量,再到保护利用重要的传统工业遗存、发展工业文化旅游和新兴文化产业。

由此,鲁尔区也成为了享誉世界的工业遗址旅游城,它的工业旅游就如同一部反映煤矿、炼焦工业发展的"教科书",带领人们游历近 200 年的工业发展历史(巫莉丽,隋森,2006)。2001 年,联合国教科文组织将德国鲁尔区的埃森煤矿评为首例以近代工业为主题的世界文化遗产。由鲁尔区改造案例可以看出,保护工业遗产,不仅是把其当作博物馆保护起来,还应通过转换功能,改造环境,在不破坏原有遗迹特征的基础上再利用,使之成为城市中充满活力的区域。

第**9**章

新农村建设及乡村景观规划

9.1 新农村建设内涵及背景

9.1.1 新农村建设内涵

2005 年 10 月,中国共产党十六届五中全会通过的《中共中央关于制定国民经济和社会发展第十一个五年规划的建议》明确提出,"建设社会主义新农村是我国现代化进程中的重大历史任务。要按照"生产发展、生活宽裕、乡风文明、村容整洁、管理民主"的要求,坚持从各地实际出发,尊重农民意愿,扎实稳步推进新农村建设"。随后,新农村建设成为我国未来一个时期农村工作的主线。继而,新农村建设成为 2006 年、2007 年、2008 年中央一号文件的主题。党的"十八大"报告指出,要深入推进新农村建设,全面改善农村生产生活条件。作为农业与旅游业的结合体,乡村旅游产业的开发也能进一步推动新农村建设,加快城乡一体化进程。积极发展乡村旅游是农民脱贫致富全面奔小康的重要途径,是社会主义新农村建设不可或缺的内容。为更好地发挥乡村旅游在社会主义新农村建设中的优势和重要作用,国家旅游局曾先后将 2006 年、2007 年、2009 年的旅游活动主题确定为"中国乡村游""中国和谐城乡游""中国生态游"等。新农村建设的推进,政策上的指导和扶持将为乡村旅游的基础设施建设、规划与管理提供重要的平台和引导作用。

作为国家"十一五"规划的重要组成部分,新农村建设的内涵是非常丰富的。其目标包括"改善农村生产生活条件、提高农民素质、塑造农村新风尚、建设和谐农村"。由此可见,其内涵涉及了农村物质文明、政治文明和精神文明建设等多个方面。

首先,从本质或者说政策理论层面上看,新农村建设是科学发展观、小康社会、和谐社会等国家发展理论政策的组成部分;其次,新农村建设是解决"三农"问题的抓手和根本途径;再次,新农村建设是推进国民经济持续稳定发展以及社会可持续协调发展的必由之路;最后,社会主义新农村建设从根本上讲是农村社会和谐稳定的重要保障。

而具体到实际的农村社会环境之中,新农村建设则应该是在十六届五中全会提出"城乡统筹发展(基本前提和保障)、现代化建设(重要内容和物质基础)、深化农村改革(动力支撑)、发展农村公共事业(重要组成部分)、增加农民收入(出发点和归宿)"等五个方面的总体指导思想下,以农村的综合发展为核心。着重从五个方面对其内涵加以阐释,这也是本次"新农村建设"的"新"之所在,即:第一,按照城乡统筹的要求,促进城乡之间良性的互动和农村和谐社会的构建;第二,重点落实基础实施的投入与公共事业的发展和完善;第三,深化农村改革的重点是相关社会制度的配套与健全;第四,通过经济支持与政府干预,继续保持农民收入的持续增长、同时规范农村消费市场;第五,农村人文、社会以及自然环境的建设和保持将成为农村和谐社会建设的重要基础。

9.1.2　新农村建设背景

首先,新农村建设脱胎于新农村运动。建设社会主义新农村,在国内较早提出是1999年。当年我国出现生产能力过剩、内需不足、市场疲软等现状,经济学家林毅夫对此提出了"新农村运动"的概念,在国内外都颇有名声。原因一,解决生产能力全面过剩最好的办法是启动存量需求。农村是唯一一个没有真正启动的市场。但由于和生活有关的水、电、路等公共基础设施严重不足,农村对现代消费品的巨大市场潜力难以发挥,巨大的存量需求得不到满足。因此,面对当时生产能力全面过剩,通货紧缩大背景,通过推动社会主义新农村建设,来加强农村公共基础设施,改善农民生活消费环境,从而启动农村巨大的存量需求,消化掉过剩生产能力,想方设法让农民尽可能多花钱,扩大消费需求,把城里过剩的生产能力解决掉。原因二,通过推动社会主义新农村建设,在加强农村公共基础设施,改善农民生活消费环境过程,可以促进农村劳动力转移,增加农民收入。林毅夫个人判断,对农村基础设施的投入,投入一元钱至少有九毛钱变成农民的收入。新农村运动既启动了消费需求,而且还可以增加农民的收入。最终使农村劳动力向非农产业转移,以及增加农民收入。当时"新农村运动"归纳起来主要是:四通(通电、通水、通路、通电话),外加一口锅(卫星电视接受天线)或有线电视信号。

其二,新农村建设是解决"三农问题"的关键战略手段。前任湖北省监利县棋盘乡党委书记的李昌平,用13个字概括出一个新名词叫"三农"——农民真苦,农村真穷,农业真危险。"三农",这个词汇在速度辗转徘徊之后终为官方接受,并成为红头文件的专用名词。近几年农村、农民和农业的"三农"问题成为社会关注的焦点,农民收入增长相对缓慢。1998—2004年间,农村居民人均纯收入年均增长仅为4.3%,是同期城镇居民家庭人均可支配收入年均增长率8.6%的一半。城乡差距不断扩大,农村穷、农民苦的问题凸显,农业生产受到严重影响。截至2006年末,农村绝对贫困人口数量有2148万人,低收入群体数量为3550万人。解决"三农问题"的关键在于提高农民的收入。为了解决"三农问题",倡导了六年的"新农村运动"被写入"十一五"规划,即新农村建设。"十一五"规划提出的建设社会主义新农村的目标,既包含了过去"三农"政策所强调的发展生产、提高农民收入的内容,也就是要生产发展、生活宽裕的目标,同时也包含了乡风文明、村容整洁和管理民主,更加深化

城乡景观规划理论与应用

了新农村运动的内涵。

其三,社会主义新农村建设是建设全面小康社会的必要内容。"十六大"提出,到2020年实现全面建成小康社会的目标,届时要求全国人均收入达到3000美元。就全国而言,按照目前的收入增长态势,达到这个目标并不困难。但是如果农村的收入按20世纪90年代末以来每年只有4%左右的速度增长,到了2020年全国人均收入达到3000美元的时候,农村收入将会不足1000美元,城乡差距将会非常巨大,农村就不是全面小康,到了2020年时,也就不会有全面建设小康社会目标的完成。而且,如果农村和生活有关的公共基础设施不改善,到2020年还像有些人形容那样,"城市像欧洲,农村像非洲",在巨大的收入和生活环境的差距下,我国也难于有和谐的社会。所以,只有通过改善农村的各种基础设施,一方面消化过剩生产能力,打通农村劳动力向非农产业转移的渠道,增加农民收入,缩小城乡收入差距,另一方面,改善公共基础设施,缩小农村与城市的生活差距,我国才有可能实现全面建设小康社会与构建和谐社会的目标。

其四,建设社会主义新农村是中国现代化进程中的重大历史任务。当前,中国总体上已进入以工促农、以城带乡的发展阶段,初步具备了加大力度扶持"三农"的能力和条件。全面建设小康社会,最艰巨最繁重的任务在农村。加速推进现代化,必须妥善处理工农城乡关系。构建社会主义和谐社会,必须促进农村经济社会全面进步。农村人口众多是中国的国情,只有发展好农村经济,建设好农民的家园,让农民过上宽裕的生活,才能保障全体人民共享经济社会发展成果,才能不断扩大内需和促进国民经济持续发展。于是,十六届五中全会提出建设社会主义新农村,2006年一号文件以此为主题,把农村工作推向了新的历史高度,建设一个"生产发展、生活宽裕、乡风文明、村容整洁、管理民主"的新农村成为全党全社会的共同认识和行动纲领。

9.2 乡村景观及其生态特征

9.2.1 乡村景观的内涵

乡村景观的内涵,不同的学科有不同的理解。从地理学的角度来讲,乡村景观更多地指向风景性和观赏性;从生态学的角度来看,乡村景观包括地域特殊性及景观类型性;从风景美学的角度来看,乡村景观更多地指向风景性和观赏性。

根据景观科学对景观含义的描述,结合景观地理学、景观建筑学和景观生态学的景观定义,乡村景观首先是一种格局,这种格局是历史过程中不同文化时期人类对自然环境干扰的记录,景观最主要的表象是反映现阶段人类对自然环境的干扰,而历史的记录则成为乡村景观遗产,成为景观中最有历史价值的内容,主要包含以下三个方面。

从景观特征上看,乡村景观是自然景观和人文景观的复合体,人类的干扰强度较低,景观的自然属性较强、自然环境在景观中占主体,景观具有宽广性和深远性。

从地域范围上来看，乡村景观是泛指城市景观以外的景观空间，包括了从都市乡村、城市郊区景观到野生地域的景观范围。

从景观构成上来看，乡村景观是由乡村经济景观、乡村聚落景观、乡村文化景观和自然环境景观构成的景观环境载体。

乡村景观与其他景观区别的关键在于乡村是以农业为主的生产景观和粗放的土地利用景观以及乡村特有的田园文化和田园生活。其次，乡村景观资源是一种可以开发利用的资源，是乡村经济、社会发展与景观环境保护的宝贵资产。

乡村景观是世界范围内较早出现并分布最广的一种景观类型，其生境的多样性使得乡村景观能够保持生物多样性，具有较高的景观稳定性和景观异质性。由于乡村以农业生产为主要特征，而农业生产是一个经济再生产和自然再生产相互交错的过程。因此，乡村景观预示着自然景观向人工景观过渡的不断变化的趋势。在结构上，乡村景观与城市景观的最大区别在于乡村景观包括以农业生产为主的生产景观和粗放的土地利用景观以及特有的田园文化景观和田园生活方式，其人工建(构)筑物空间分布密度较小，自然景观成分较多。在功能上，一方面，向农田景观和城市景观输入大量的劳动；另一方面，乡村景观中的物质和能量循环中的废物可以通过农田景观和自然景观回归自然，实现重新利用。

从景观生态学的角度出发，可以把乡村景观理解为是由乡村自然斑块和人类经营斑块组成的镶嵌体或者说乡村地域范围内不同土地利用单元的复合体，其兼具社会价值、经济价值、生态价值和美学价值，受到自然环境条件和人类活动的双重影响，在斑块的形状、大小和布局上差异较大，是一个自然—社会—经济复合的大生态系统。它不仅包括自然环境生态系统、大农业生产系统，还包括人文建筑生活系统，三大系统相互影响，相互支持，它们的功能分别突出表现为环境功能、生物生产功能和文化支持功能。

人文地理学家则认为，乡村景观是构成乡村地域综合体的最基本单元，是指在乡村地区具有一致的自然地理基础，人类利用程度和发展过程相似，形态结构及功能相似，各构成要素相互联系、相互制约的协调统一的复合体。从人文地理学的角度看，乡村景观是具有特定景观行为、形态和内涵的景观类型，是聚落形态由分散的农舍到能够提供生产和生活服务的集镇所代表的地区，是土地利用粗放、人口密度较小、具有明显田园特征的地区。因此，景观生态学和人文地理学对乡村景观的理解既有相同之处，又有一定的差异。

综上所述，可以从以下三个方面去理解乡村景观。从地域范围上看，乡村景观是泛指城市景观以外的地域空间。从构成上来说，乡村景观是由乡村聚落景观、自然景观、农业景观和经济景观等构成的景观环境综合体。从特征上来看，乡村景观是自然景观和人文景观的综合体，是一种可以开发利用的资源，其特征是人类干扰程度相对较低，景观的自然属性较高，自然环境占主体。乡村景观资源的开发有利于发挥乡村的优势，摆脱传统的乡村产业对乡村发展的制约，提升乡村功能，构建新型乡村产业发展模式，是推动乡村景观、经济、环境可持续发展和城乡景观一体化建设发展的重要途径。

9.2.2 乡村景观的分类

乡村景观分类概括如下:依据乡村所处地理区域及综合功能特征,在综合考虑乡村景观的自然要素属性与生态功能的差异以及乡村景观的空间形态特征和人类活动影响的基础上,对乡村景观类型单元的划分和归并。乡村景观分类体系的建立一般需要两步:第一步是综合考虑景观要素自然属性、生态功能和形态特征的差异以及人类活动的影响,选取分类指标;第二步是建立分类等级体系。

1. 景观类型与土地类型、土地利用类型之间的区别与联系

乡村景观与土地是两个比较容易混淆的概念,很多学者直接把景观等同于土地,经常出现景观类型与土地类型、土地利用类型等相互代用的现象。乡村景观与土地虽然具有相互重叠的自然要素(如植被、地形地貌等),但二者还是有本质区别的。土地包含自然与社会经济的双重属性,主要关注土地的自然性质及其所决定的生产力,以及土地所属的产权关系和经济价值等;而景观则更强调其作为复杂生态系统整体的生态价值及其带给人类的长期效益和其所供人类观赏的美学价值。从景观的实体来看,景观=土地+土地利用/土地覆被(land and land use/land cover)。

(1) 景观类型与土地类型

土地类型的划分常常以土地的自然属性为主要依据,集中分析土地构成要素的性质变异性及其综合体现,然后将土地划分成性质相对一致的空间单元。它强调属性至上,基本没有考虑土地的空间形态特征,使得土地类型的边界划分与确定比较困难。因此土地类型是对土地系统属性和特征综合抽象的结果。

由于对景观的研究必须要考虑其所体现的空间形态特征(布局)及其所表达的风景美学特征,因此在划分景观类型时应当考虑不同景观单元空间形态上的相似相异性(即景色的一致性和差异性),但是仅根据空间形态特征毕竟只是景观的表象,因此对景观的自然或生态属性进行深层次的分析和研究也是很必要的。综上所述,景观分类要考虑景观空间形态变异性和景观自然生态属性分异性的综合。

(2) 景观类型与土地利用类型

土地利用类型主要是根据土地的利用功能和利用方式划分的。实际上是对人类干预土地的程度和方式的分类。由于土地利用的人为计划性,因此土地利用类型的空间形态特征和边界是比较明显的。正是由于这个原因,很多人将土地利用分类的结果引用到景观类型的划分上,甚至直接等同起来。

但是,土地利用类型与景观类型是两种完全不同的分类体系,尽管二者的具体分类结果有相似之处。由于景观具有生产、生态、社会文化及美学的功能特征,因此,在景观类型的划分上,应该尽可能地同时反映决定这四种功能的景观特征,即将景观的自然生态属性与生产和生态功能联系起来;而将景观空间形态特征与文化、风景联系起来。前者可以参考土地类型的分类思想,后者则可引用土地利用类型的分类结果。

2. 基于景观独立形态特征的乡村景观分类系统

景观的独立形态特征是指在乡村景观体系中具有特殊的景观功能并且独立的景观单元,既相互影响又相互独立,成为描述乡村景观的重要组成部分。根据景观独立的形态特征,将乡村景观分类,见表9-1。

表 9-1　依据景观独立形态特征进行的乡村景观分类系统①

景观类型		景观特征
居民点景观	居民点形态、住宅形态	是乡村景观重要组成部分,人类活动高度集中地区
遗产保护景观	遗产遗迹	是乡村历史文化和乡村景观继承性的表现
	古聚落	是乡村古代文化的凝聚,是乡村聚落景观景观地方性的体现
	民俗村	是乡村民俗文化、乡村生活方式和环境意识的体现
养殖景观	养殖小区	人畜分离,集中养殖的景观
	库区和湖区景观	水域经济景观类型
农耕景观	大田景观	是传统乡村景观的主体,粗放农业景观特征
	设施农业	逐步成为现代乡村景观的主体,集约农业景观特征
	农场景观	与分散土地经营相对规模化土地利用景观
	田园景观	以乡村景观资源为基础建设的,供乡村休闲的新型景观
	观光农园	以农业经营为主,开发农业休闲的现代乡村景观
旷野景观	开放空间	限定人类对景观干扰范围的景观保护类型
	公共空间	涉及公共景观行为的景观类型
	私人领地	涉及私人景观行为的景观类型
乡村工业景观	工业大院	与分散相对的工业集中成片的经济景观
	矿山采矿	破坏自然景观的采矿业、涉及景观安全性
乡村网络景观	道路	是乡村景观可达性的集中体现
	河流	乡村景观中具有动感的流动空间、体现景观安全性
	林网	农田林网是景观特色
乡村休闲景观	自然保护区	是对乡村自然环境资源等稀缺资源的特殊保护
	森林公园	对自然林地资源的合理、适度开发与利用景观
	乡村风景名胜地	是由自然景观向现代乡村游憩景观演替的景观类型
	生态示范区	乡村生态产业与生态环境协调统一的新型景观类型

① 资料来源:http://www.169xl.com/qscfsj_15646.cfml.

景观类型		景观特征
林地景观	果树景观	农业生产景观类型,反映乡村经济景观的重要指标
	人工经济林景观	景观安全性、景观整治和建设的重要类型
	人工生态林景观	进行人工景观环境建设、景观保护的类型
野生地域	保护性荒地景观	人类干扰程度较高的地区特殊保护的荒地景观类型
	边缘荒地景观	是人类干扰程度最低的自然景观类型
湿地景观	低地	较常见的一种湿地景观,对生物多样性有重要意义
	湖沼	是常见的湿地景观,对生物多样性具有重要意义

3. 基于人类干扰程度的乡村景观分类系统

景观或多或少与人类的干扰相关,根据景观塑造过程中的人类干扰强度,划分为自然景观、人工景观和经营景观三大类型。按照 H. T. Odum(Gilbert D., Tung L.. Public, 2001)关于能量密度的观点,三者之间的密度关系为 1∶3∶10。进一步考察人类对景观的干扰程度,则乡村自然景观可以分为原始自然景观和轻度人为干扰的自然景观,其共同特点是保留了自然景观的原始性和多样性,具有较大的科学价值和生态系统研究价值。乡村经营景观可以分为人工自然景观与人工经营景观。前者是景观中的非稳定成分(采伐林地、放牧场),而后者则是景观中较稳定的成分(农田、果园等)。人工景观是一种自然界原先不存在完全由人类创造的景观类型,如各种工程景观(交通系统、水利系统以及建筑物等),往往具有规则的空间形态和显著的经济性及视觉多样性。

9.2.3 乡村景观的主要特征

1. 景观类型的多样性

不同于以人工景观为主的城市景观,乡村景观融合了自然景观、半自然景观和人工景观,既有商业金融、居民点、工业及矿产和道路等人工景观,又有森林、河流、农田、果园和草地等自然风光,具有丰富的景观类型。在景观中,它表现为斑块数量、大小和形状复杂程度,景观组分的丰富度,决定了物种和生境类型的多样性。景观多样性反映了乡村的自然属性;反过来,人类活动改变土地利用和景观格局也影响景观多样性。

2. 地域的差异性

我国是一个多民族、多文化、地域辽阔的国家,不同地区自然条件差异较大,气候类型和地貌类型多样。各民族人民为适应当地自然状况和自身生存发展的需要,经过几百年甚至上千年的文化积淀,形成了自己独特的地方风貌和建筑风格,使得各地乡村景观具有浓郁的地方风情和风土特色,因此表现在景观多样性上和地域差异上也很突出,南北差距较大,比如南方气候湿润,降雨量大,所以以种植水稻为主;而在北方则气候干燥,降雨量集中,以旱地水浇地为主,主要种植大田作物。正是这种地域的差异性,使得乡村景观呈现出丰富多彩的风貌。

3. 景观功能的多样化

理想的乡村景观,在功能上应该体现出乡村景观资源提供农产品的第一性的生产功能,其次是保护及维护生态环境和文化支持的功能以及作为一种特殊的旅游观光资源的四个层次功能。过去我们单单强调乡村景观的生产功能,而忽略了其他功能,导致乡村景观资源的不合理开发和利用。未来乡村景观的发展应该强调乡村景观功能的社会、经济、生态和美学价值四方面的协调统一,在满足生产需求的基础上,充分考虑乡村景观的环境服务功能和旅游观光功能,应针对各地乡村景观的具体情况,确定乡村景观的主导功能,兼顾其他功能。

4. 景观的相对稳定性

在地球表面出现的人工景观、半自然半人工景观、自然景观变化序列中,以人工建筑景观有序度最高,半自然景观半人工景观次之,自然景观最低,这主要是因为人类投入的负墒在人工景观中的作用产生的。人类在人工景观中的投入最多,而在自然景观中投入最少,甚至没有任何投入。如果人类有目的的投入一旦停止,人工景观的负墒值必然会自发的升高,面临荒芜的危险。

因此,乡村景观与城市景观相比具有较高自然属性,从人类获得的负墒值相对较少,也具有比城市景观更高的稳定性。但是应该注意到,乡村城市化的发展会导致乡村有序度增高,所以必须有效处理乡村发展与保护自然、资源开发与保护之间的关系,达到人与自然的和谐发展。

9.3　新农村建设与乡村景观的发展

9.3.1　新农村建设与乡村景观保护的融合发展背景

1. "美丽中国"的战略

党的"十八大"报告指出,"把生态文明建设放在突出地位,融入经济建设、政治建设、文化建设、社会建设各方面和全过程,努力建设美丽中国,实现中华民族永续发展"。在这段论述中,首次提出"美丽中国"一词,并且指出了建设美丽中国的目的是,给自然留下更多修复空间,给农业留下更多良田,给子孙后代留下天蓝、地绿、水净的美好家园。"美丽中国"战略的提出,是我们党使用具有诗意的语言对执政实践的高度概括和对未来发展前景的形象化表达,它进一步完善了"以人为本"的执政理念,实现了执政视野从经济系统、社会系统到生态系统的重大开拓。

"美丽中国"战略应从美丽新农村做起。美丽新农村建设作为农村生态文明建设的重要载体,实质就是在农村建设资源节约型、环境友好型的社会。促进节约能源资源和保护生态环境的发展方式在农村确立。加快推进美丽新农村建设有利于推动农村经济结构的

城乡景观规划理论与应用

调整和加快农村经济转型升级。因此,应把加快建设美丽新农村作为转变农村经济发展的重要举措切实抓好。农村经济发展发展方式的转变促进农村经济与生态环境的协调发展。促使美丽中国向着经济建设与生态文明建设和谐发展的方向迈进,为美丽中国建设奠定坚实的基础。此外,农村的生态环境是整个生态环境的重要组成部分,生态文明建设离不开农村生态文明的建设,农村的生态文明建设直接影响并决定着整个生态文明建设,在推动农村经济发展和社会发展的同时,要将农村的环境提升到一个重要位置,注重农村的生态环境保护,加快建设美丽新农村。只有依照统筹城乡发展的要求,协调推进城乡生态文明建设,加快建设美丽新农村,乡村景观才能得到更好地保护,生态中国和美丽中国才能得以实现。

当前,随着生活水平的不断改善,人民群众对良好生存环境的要求越来越高,这就使得环境现状与人们不断提高的环境诉求之间的矛盾日益突出,环境群体性事件频发,使得环境问题仍然成为威胁人体健康、公共安全和社会稳定的重要因素之一。而要解决环境污染问题,就必须在治理环境污染的同时,从宏观角度、从全局角度考虑环境保护,致力建设生态文明。而新农村建设与乡村景观的融合发展正是生态文明建设的重要途径之一。

2. 促进新农村建设产业转型及升级,带动一产和三产的融合发展

当前,我国很多地方都把发展乡村旅游作为新农村建设的重要抓手,从而促进新农村产业转型升级,带动一产和三产的融合发展,进一步推动乡村景观的美化与保护。旅游型新农村正是借助其独特的乡村资源,吸引诉求安静闲适的环境、体验乡村文化的城镇居民前来旅游,由此形成游客在乡村的消费聚集,获得城市的消费溢出,带动乡村旅游目的地经济效益的提高,减少旅游目的地农民外出务工人数,让其在本地就业,实现乡村就地城镇化,从而带动一产和三产的融合发展。

我国的乡村旅游经过 20 多年的发展已成为国民旅游休闲的重要方式,它凭借乡村风光的自然要素、乡村建筑、乡村聚落、乡村民俗、乡村文化、乡村饮食、乡村服饰、农业景观和农事活动等有形和无形的社会文化吸引着游客的到来。这也促使以乡村旅游为抓手的新农村建设开展产业转型与升级,不再依托单纯的农业收入;而是随着大量农民参与和直接从事旅游接待服务,有效实现农村富余劳动力就业和向非农领域转移,加快广大农民脱贫致富步伐,使得现代服务业已日益成为农村经济新的增长点。

3. 提高农村居民的收入、环境和生活质量,进一步加快"三农"建设

新农村建设对村容村貌提出了明确要求。通过新农村建设,将极大促进和改善乡村景观、农村基础设施、生态环境,而交通、通信、卫生和饮水等条件的改善,也进一步促使农民生活设施条件和自然环境大为改观。依托乡村景观资源的旅游开发与建设社会主义新农村相结合,能扩大新农村或旅游区对周边农村的辐射和带动作用,促进农村经济发展和农民脱贫奔小康,既是我国旅游产业发展的需要,也是建设社会主义新农村的重要手段之一,更是有效保护乡村景观的重要支撑。在有发展条件的地区开发乡村旅游,将创出一条农村发展的新路子,更好保护乡村景观,提高农村居民的收入、环境和生活质量,成为解决"三农问题"的一个辅助性方案。从各地的实践看,良好的生态环境,便捷的交通条件,整洁的村容村貌,优美的乡村景观,是新农村建设和乡村景观保护建设的"双赢"成果。

4. 寻求二者发展的突破点,推动新农村建设与乡村景观保护的互动

新农村建设是一项宏大的系统工程,它不是对城市的"克隆",包含了对农村文化、价值观念和生活方式的尊重,对自然生态和景观风貌的尊重。这与乡村景观保护的价值趋向、特色魅力、文化传承等在本质上是一致的。

新农村建设的重点内容主要包括以下三类:一是农村区域性的基础设施和公共服务设施项目;二是直接面向村庄的公益类(或准公益类)建设项目;三是农户自主参与、农民直接受益的项目,上述三项建设重点都与乡村景观保护有着紧密的联系。但是,新农村建设不当有时也会带来不和谐的景观风貌,如服务设施和当地建筑风格及自然环境不协调,不科学的规划布局与景观设计,大而丑陋的广告标识和架空的电话电缆线等。乡村旅游业发展所引发的商业化现象也对乡村地域文化景观产生巨大冲击,各种旅游宾馆、旅游纪念品商店、旅游商业街充斥古村落,接踵的人群和起伏的叫卖声,严重破坏了乡村地域原始的文化氛围等。因此,要想有效推动新农村建设与乡村景观保护的互动,必须寻求两者发展的突破点,如何既做到村容整洁、生活富裕,又做到保持乡村特色,乡土地域性景观和传统文化不丢失十分关键。

9.3.2 新农村建设与乡村景观保护的发展现状

新农村建设要实现乡村环境景观化、大地景观多样化的建设目标,必须保护好乡土文化和乡土景观,使之重新融入农村秀丽的田园风光中,同时也必须确保在乡村开发建设中乡土文化景观特色价值的提升。因此,需要确保原有乡土景观的特色,使之得以保护与延续;还需要与时俱进,将现代文明融入传统的历史文化,使两者相得益彰,从而使乡土景观得以不断更新与发展。

1. 发展壮大,精品不断涌现

随着新农村建设与"美丽中国"战略、乡村旅游的结合,涌现出了一大批"美丽乡村""历史文化特色村落""特色精品村"等,并且逐渐形成了一大批的乡村旅游集聚区或特色村落集聚区。例如,江苏的周庄、同里、浙江的乌镇等以江南的小镇古色古香的建筑和水乡生活方式吸引着众多的旅游者。皖南黟县的南屏、歙县的郑村(棠樾牌坊群)、徽州的汤口等村落生产纸、笔、墨等工艺品,以传统的制作手艺和富有特色的民居建筑为吸引特色(代晶莹,2008)。

浙江省更是在新农村建设和美丽乡村建设上大展宏图,从多项措施、多视角出发,新农村建设不断壮大,成绩喜人。从 2003 年起,连续十多年,"千村示范、万村整治"工程名称不变、主题不变、决心不变,一张蓝图绘到底。"五水共治"工程(指治污水、防洪水、排涝水、保供水、抓节水),全面治水,让水更绿更清澈;"四边三化"工程(指在公路边、铁路边、河边、山边等区域开展洁化、绿化、美化行动),让城乡变得更加整洁、宜居;历史文化村落保护利用工作,使一大批带有乡愁印记的传统建筑得到保护,"小桥、流水、人家"的古村落美景正在形成……同时,结合"千万工程",抓住重点,树立起"示范美";扩大成果,呈现出"共同美";提升文化含量,体现了"内涵美"。"美丽乡村"建设,让越来越多的乡村以净为底,以美为形,以文为魂,以人为本。如今,全省已形成美丽乡村精品村 312 个,创建整乡整镇"美丽乡村"镇 74 个。"美丽乡村"已经成为浙江新农村建设的一张名片,更是建设"美丽中国"一个精致的"标本"。

2. 新农村建设中乡土景观的更新与发展

首先,体现在优化农村产业结构。特定的产业往往与特定的景观相对应。不同乡村由于其产业结构不尽相同,乡土景观也各具特色。因此,调整与优化产业结构在提高经济效益的同时也使农村乡土景观得以更新与发展。例如,根据自然资源条件调整种植业内部及农林牧副渔之间的关系,大力发展高产、优质、高效、生态、安全农产品。同时,调整农田整体布局。随着社会生产力的发展,规模化经营、集约化生产不断推进,也需要对传统的农田布局进行合理地调整,使其适应现代化生产的需要。在此过程中,也需考虑农业景观的变化,使景观趋于和谐美观。

其次,改善村民居住条件。传统民居蕴含着地方历史文化信息,所以一成不变及大拆大建都不可取,需根据建筑具体情况确定需保护、修复、保留、改造的建筑。在不改变民居建筑乡土特色的前提下,对其进行适当更新,满足现代功能需求,以提高村民的生活质量。同时,农村基础设施涉及到农村人居环境的舒适度,对农村乡土风貌的形成也具有一定的影响。与城市相比,农村的基础设施建设相对薄弱,需要不断完善与更新。

3. 效益显著,带动作用明显

首先,促进了农业产业化发展途径。尤其是随着新农村建设和农业旅游的发展,能够促进旅游目的地区域产业的经济结构发生改变。旅游者的各种消费需求,成为推动生产发展的新动力,为其他部门、其他行业开辟新的生产门路提供了可能。旅游业对调整一、二、三产业经济结构能产生一定的影响。新农村建设和乡村旅游能够有效地促进当地农业的产业化经营,带动农副产品和手工艺品加工、交通运输、房地产等相关产业发展。云南省腾冲县和顺镇通过发展乡村旅游,与"三农"实现全面对接,促进农民增收、农业增效、农村增色和农村产业结构调整。通过新农村建设和乡村旅游的产业渗透性和互动性,第一产业、第二产业资源转化为了新的旅游资源,带动了第一产业、推动了第二产业、拉动了第三产业,进一步优化了农村产业结构,促进农村经济的良性发展。

其次,促进了农村生产发展和农民生活富裕。乡村旅游使许多农民成为旅游从业者,直接增加了农民收入。农民可以通过打零工、办旅馆、摆小摊、开餐馆、加工纪念品等方式增收,还可以通过参与乡村旅游项目的入股分红增收。

第三,促进了环境保护和生态景观可持续发展。发展新农村建设和乡村旅游的农村乡镇,通过开发和保护旅游资源,使广大农民兄弟有了很强的环保意识,促进了当地环境资源、生态资源和文化资源的保护,增强了农村地区的可持续发展能力。

9.3.3 新农村建设与乡村景观规划的问题

新农村的建设促进了乡村景观的保护与发展,不仅巩固了农村基础设施的建设,进一步提高了乡村景观的质量,而且为城市居民提供了假日休闲旅游的好去处,满足了城市人回归自然的愿望。同时,也为农村闲散劳动力提供了就业机会,使部分农村居民迅速脱贫致富,并帮助广大农村居民改变思想观念,提高科学文化素养。然而,我国的新农村建设和乡村景观保护规划尚处在起步发展阶段,在新农村建设推动乡村旅游发展的步伐中当前也面临着一些不可忽视的问题。

1. 规划层面脱离国情,盲目跟风现象存在

在我国新农村建设前期,专家及各级政府人员先后外出考察和学习,使新农村建设可以吸取一些他乡别国的经验和教训。这是一个好现象,至少可以使我们的建设少走弯路,缩短时间。但是一些地方出现了直接搬用套用他国经验,或者盲目跟风部分发达地区农村建设策略的现象。

首先,直接套用他国经验,导致新农村的景观建设脱离我国特有的国情及当地环境特征。我国的农村具有模糊的土地集体所有和个体经营的特点,无论是自然资源还是人类活动,都存在着复杂性。他国的所有经验不是都能为我国所用的。新农村建设的景观规划与设计需要运用多学科的知识,综合考虑自然、经济和人的因素,把乡村景观作为一个整体来思考和管理,达到整体最佳状态,实现优化利用。我们在学习他国经验的时候,重点是要学到其本质。要切实从现有情况出发,根据各地的区域特征,合理规划和建设环境优美的新农村。

其次,盲目跟风现象。一些沿海较发达地区首先出现了"农家乐"的新农村经济模式,大大促进了农民的创收。这种以城市哺育农村的方法和途径本身是成功的。但是它被随处复制,村村大搞"农家乐"。这种盲目跟风现象直接导致新农村景观建设缺乏多样性特征。我国农村分布广阔,地形地貌特征、自然景观特征、资源特征以及物种特征极其丰富。新农村建设在规划中应该注意这些特征,坚持多样化原则,根据场地的特征和资源,结合现代社会的需求来改造和建设具有个性特征的农村景观,实现"一村一品",避免盲目跟风现象的发生。农村景观多样性程度越高,农村生态系统的稳定性就越大。

2. 乡村景观遗产缺失,缺乏乡土特色

随着经济的快速发展和生活水平的显著提高,乡村居民对其居住环境有着求新求变的心理,但往往缺乏乡村景观及生态环境保护的正确观念的指导,并且受到当前城市居住标准、价值观以及建筑形式等影响,误导了乡村景观的发展。大多数的乡村景观建设只体现在建筑的更新换代,而没有考虑到古树、古建筑的保存价值和保护意义。例如,对古井、戏台、祠堂这些所谓的"过时的""毫无用处的"建筑和景观小品不假思索地推倒重来,这样的新农村建设最终导致原有乡村的文化底蕴失去物质载体和传播媒介,使乡村失去了固有的自然田园风光,城不像城,村不像村。

3. 都市化模式导致乡村地域性的丧失

一些人认为,大搞新农村建设,就是要让农村人过上和城里人一样的生活,住上和城里人一样的房子。于是样样学城市建设,大搞拆村建居、大搞农村规划、大搞基础建设及硬化工程的现象到处可见。我国的农村村落由于长期处于无规划指导的状态,原有村容多数不大整洁。要建设新农村,提高农民的居住环境水准,的确需要专业规划和指导。然而在诸多村镇,简单地把农村规划理解为就是从平地上重新建立一个全新的居住区,导致农村居住区景观与城市住宅区景观毫无区别,丢失了农村特有的景观空间格局。

由于目前我国农村多为"空心村"现象,在建设资金有限的情况下,大建民居,大修马路和广场,导致资金、资源和土地的闲置和浪费。有学者认为社会趋势是今后将有一批城市人口会转去农村居住,这种趋势存在可能性,但是到那时候,早期建设的房屋早已不符合居住者的审美要求和生活要求了,所以新农村的景观建设和规划与城市的景观建设应存在差异。新农村建设追求的是城乡等值化,而非等同化。

4. 规划建设过程中对生态系统的维护重视不足

新农村建设过程中免不了要开展大量的建设活动。水泥路"村村通"工程、人畜饮水工程、部分地区产业园区的建设等意在增加农民收入,完善农村基础设施,提高农村居民生活水平的民心工程并没有考虑到乡村景观营造这一层次的要求,从而严重破坏了乡村原生的自然生态环境。大量的人工设施并没有结合周边的自然环境进行设计,造成景观生态格局破碎、生态斑块被割裂。

建设新农村,就是要发展农村经济,提高农民的生活水平。提高农民生活水平,关键是增加农民的收入,这一点是无可非议的。一些地方政府为发展农村经济,大力引进省外、国外资金,在农村兴办企业建设。这一举措的确有利于解决农民的就业问题和增加农民的收入。但是,部分地方政府为吸引更多的外来资金,推出一系列的地方性优惠政策,从而导致对入驻的企业把关不严的现象。一些较多污染、较耗能源的企业被引进,直接破坏了当地原有的景观资源环境,影响当地生态系统长期稳定的发展。新农村的景观建设和规划不仅需要结合当地特征创造景观艺术,还需要注重节能、维护生态系统持续良好稳定发展。

在新农村景观改建中,提倡遵循原有的村落自然景观特色,对不合理不整洁的部分进行改建和梳理;改建部分也应该尽可能遵循原有自然景观,符合整体景观的统一风格。新农村的景观建设,应该遵循生态系统可持续化发展的原则,尊重自然、人、社会各环节的元素,综合考虑规划(邓燕萍,2007)。遵循生态的原则,建立一个整体的、可持续发展的乡村环境才是我们的目标(方程霞,2011)。此外,对于一些农村中重要、特殊的环境敏感区的保护也是极其重要的。环境敏感区往往脆弱且经不起破坏,一旦被破坏就难以弥补。新农村在景观规划和建设中,应先调查、分析和评估确定区域的环境敏感区的位置范围及环境容量,并制订相应的保护措施,防止不当的开发和过度的土地使用。尤其是对西部及一些山区等地方特征明显而且极其脆弱的敏感区域,应该采取一些合理的措施,比如采取生态迁徙的方式,而不是盲目地大搞建设。利用环境敏感区特色来把握乡村景观的基本脉络和表现区域景观突出的特征也是新农村景观规划建设的一个重要手段(陈茹茜,2011)。

5. 环保压力加大,文保责任重大

正如俞孔坚教授所说的那样,在广大乡村地域,哪怕是一株草、一棵树、一座庙、一座牌楼都有说不尽的历史沧桑、道不完的趣闻轶事。这些承载着人类历史文明并将继续影响未来人类发展的物质构成要素就是我们所说的历史文化遗存。古庙、祠堂、牌楼是典型的乡村人文景观要素(俞孔坚等,2006)。

然而现阶段的新农村规划要么将这些要素整体翻新成钢筋混泥土结构,造成这些历史遗存失去了原真性;要么是任其自然衰败,周边环境破坏殆尽。这些做法使得村民自然生活和心理向往的场所随之消失,村民的认同感和归属感也都受到不同程度的损害。同样,在规划中也没有提出对农业的生产、村民的生活方式、节庆活动、礼仪、祭祀活动等乡村特有的非物质文化遗产进行保护的手段和措施,这使乡村的非物质文化遗产也面临消亡的危险。

在社会主义新农村建设中,由于片面追求乡村经济的增长,造成对乡村景观资源的不合理开发与利用,使乡村生态环境遭到不同程度的破坏。例如,基本农田面积减少,自然斑块面积减少,化肥、农药、农用薄膜及除草剂的大量使用,使传统农业生态系统遭到破坏。乡村大规模的开发建设很少考虑大树、河(溪)流、池塘与自然植被等乡村固有的自然元素。相反,原有浓荫的大树不见了,河边、池塘边的自然植被被毫无生机的混泥土驳岸所取代,还出现了大面积硬质铺装的广场等,这一切不但使乡村失去了田园景观特色,也造成了生态环境的破坏。

一方水土养一方人,乡村景观的文化差异是其存在的基石和灵魂。但是,由于对乡村景观的文化内涵认识不清和对乡村文脉延续的忽视,许多具有较高开发价值的人文景观未得到很好的利用,文化的挖掘仅仅局限于大众化的、短期效益的目的,景观缺乏内涵,文化的差异性逐渐模糊。在东西方文化对比、交流大环境下的社会主义新农村建设,应更加尊重文化的多样性和差异性,更加强调由文化的差异为地区所带来的价值和吸引力。这就需要在继承自身乡村文化遗产的同时,能够很好地整合同质文化和异质文化,并勇于文化创新。

9.3.4 新农村建设与乡村景观开发的趋势

新农村规划建设中应该视乡村景观为一个有"灵魂""骨架""肉体"的有机整体,它的发展也应该是有机的发展,对其保护应该成系统、分层次进行。在总结现阶段新农村景观建设中存在的问题的基础上,提出文化性、结构性、要素性三位一体的乡村景观保护模式(吴继荣等,2010)。

1. 文化性、结构性、要素性三位一体的保护

(1) 守护灵魂——文化性的乡村景观保护

无论是祠堂、庙社、牌楼等物质文化遗存,还是乡村特有的生产和生活方式、语言、传统表现艺术、民俗活动、礼仪、节庆等非物质文化遗产都是乡村当时当地人们在不断适应自然和改造自我过程中逐渐积淀并世代继承下来的,它们影响着当地人们的价值观和意识形态的形成,因为在这些遗存里面蕴藏了人们的宗教信仰、宗族观念、朴素的自然观、天人合一的精神追求等等意识形态层面的东西。因此,这些遗存及它们所承载的精神可以说是乡村的本质和灵魂所在。从景观学角度来看,这些历史遗存也是乡村景观体系中重要的景观元素。这些景观构成了精神信仰活动安全格局。所以,开展对这些历史遗存的普查造册、科学划分等级层次与设定体系的保护工作显得尤为重要。具体的实施建议有以下两点:

① 对于历史文化意义比较突出,并对乡村当地居民生活、生产影响深远的历史遗存的保护,还可以细分为物质文化遗存和非物质文化遗产两个方面。对于物质文化遗存,我们一方面可以设定外围环境协调区、限建区、禁建区三位一体的保护区模式,从空间环境上对其进行保护。另一方面,我们要积极推进国家历史文化保护单位,甚至是世界文化遗产的申请事宜,争取更多的力量进行保护。同时,对这些乡村特色景观也会起到良好的宣传作用。对于非物质文化遗产来说,除了积极推进申遗的工作外,当务之急我们还应该有长远的发展眼光,努力培养一批传统技艺娴熟、熟知祭祀程序等的年轻接班人,并且利用现代的电子音频技术对这些遗产进行备份处理。

② 对于历史文化意义不是那么明显,对居民生活、生产影响不是那么大的历史遗存的保护,我们也不能怠慢。对它们的保护不管是采取修旧如旧,还是后现代主义所提倡的历史拼贴的手段,这些都只是技术问题。关键是要保护好这些历史遗存早已适应的场所和人群,只有在特定的场所、特定的人群中它们才会焕发出光彩,才有其存在的意义。要坚决制止异地重建、翻建现象的出现。乡村景观的灵魂不在,居住于此的人就会成为行尸走肉。所以,只有对乡村的文化性景观进行保护,才能守住我们的灵魂,只有这样,我们才不会在浮华、充满诱惑的现代社会中迷失自我。

(2) 强健骨架——结构性的乡村景观保护

层峦起伏的山体、蜿蜒曲折的水系、连绵成片的农田、依山傍水的建筑群落、曲直交错的街巷,这些物质要素有机的组合架构了乡村的空间结构,也是乡村的重要景观要素。这些景观要素统称为结构性的乡村景观。这些景观构成生态安全格局、社区联系安全格局等。这些景观要素的有机组合蕴含着天、地、人、神和谐相处的朴素的自然辩证规律。这种组合不是自然天成的,而是自然发展过程中不断选择淘汰的结果,是历史发展过程中不断积淀继承形成的。这些要素就神似人体中的骨架,不容破坏。但是,现阶段乡村建设中往往不考虑原有聚落形态,将住宅建筑都集中起来统一安置,这种做法其实就是在破坏乡村景观的骨架,是不可取的。

所以,新农村规划背景下的乡村景观规划建设务必首先要理清现状的结构性景观要素,并对这些要素采取相应的保护措施。尽管这些要素里面包含的部分内容可以修复更新,但其基本的形态是不容许破坏的。例如,现状比较破旧的住宅可以拆掉重建,但其平面应该按照原来的建筑肌理进行设计,其外在形式还应跟周边环境取得协调。有些结构性要素甚至还应加强。如水体、农田、山体等还应该强化它们应有的生态功能,使乡村景观的骨架更加强健,凸显环境友好的理念。

(3) 壮实肉体——要素性的乡村景观保护

历史文化遗存是乡村景观的灵魂所在,结构性的景观要素构筑了乡村景观的骨架。乡村景观应该是一个完整、有生命的系统。桥、过街楼、广场、水塘、井台、水口、古树名木等这些乡村特有的景观要素无疑使乡村景观更加丰富、生动、富有人情味,它们扮演着乡村景观血肉之躯的角色。这些景观要素统称为要素性的乡村景观。这些景观构成了社会交流安全格局、建筑风格及特色安全格局等。这些年在城市中兴起的"化妆运动"给城市带来了巨大的损失,甚至演变成一种城市病态。乡村景观的营造应该吸取这一深刻教训。因此,保持乡村景观中要素性景观元素的原真性显得尤为重要,因为只有这些原汁原味的、不"化妆"的景观元素才能建筑起一个健壮的而不是病态的乡村景观生命体。

综上所述,乡村景观作为一个有机的整体,是由文化性、结构性、要素性等三类乡村景观构筑的,三者缺一不可。因此,对乡村景观的保护应该采取基于这三种类型的成系统、分层次的、三位一体的保护模式。同时,我们必须清楚地认识到,切实做好这三类景观的保护工作,对今后乡村景观的规划和发展至关重要。

2. 在保护的前提下,科学合理、可持续的发展

(1) 规划先行,提升民众的景观意识倡导

规划先行,目的就是为了建设科学合理的乡村景观。但是,我们必须清醒地认识到规划不应该是只限于物质环境层面的规划,它还应该思考对人性的关怀、和谐邻里的建构等社会人文方面的内容。这是因为景观不单单是人们审美的对象,它还是人内在生活的体验场所。另外,倡导规划先行最重要的是强化提升当地居民的景观意识,只有生活在其中的人们积极参与乡村景观的保护和营建,才可能建设出适宜当地的、可持续发展的景观。在这方面,我们也许可以从韩国新村运动中借鉴一些宝贵的经验。那就是草根民主精神的提倡:农民以主人翁的姿态积极参与新村规划建设,这也就是我们所说的公众参与理念。历史证明正是这样的规划精神使韩国新村运动取得了巨大成功。而现阶段我们的新农村规划建设在这方面的工作还远远不够。另外,我们应该切实引入"乡村景观评价体系"用以引导乡村景观科学合理的规划发展,还可以运用"反规划"的原理进行乡村景观的规划与建设。所以,乡村景观要切实规划好、发展好,规划方法、观念一定要转变,当地民众的景观意识一定要提升上去。

(2) 呼唤"城乡互补",杜绝"城乡一样"

目前,我国许多地方都在开展城乡一体化规划与建设,但实际上走的是一条农村城镇化、"村改居"、农村工业化的道路,即是一条城乡同质化、一样化发展的道路。这样做导致的结果是城不像城、乡不像乡,这样的做法显然不利于乡村景观的营建。所以,有的地方尝试着运用"城乡互补"的发展模式来推动城乡景观的和谐发展建设。乡村景观要造就城市里没有的,如庭院菜地、丝瓜藤、葡萄架、竹林小径,完全与城市进行差别化建设。实际上也

就是营造一种适合乡村生活、生产方式,充满田园风光且极富地方特色的乡村景观。推动"城乡互补"模式的景观发展建设才能让城市景观、乡村景观各焕光彩,各显其能,实现两种不同类型景观的优势互补。

(3) 因地制宜,建设环境友好型景观

在中国,乡村景观的承载地既有平原、高原,也有山地丘陵。各地景观在历史发展过程中已经充分融入到了当地的环境中,特别是中国古代讲究风水的地方,从村落的选址、宅基的选址到门窗的设置都运用了风水的理论,而风水理论其积极的方面就是探索人与自然的和谐关系。这样形成的村落、乡村景观似乎是从大地上生长出来的,演绎的是一种大地艺术。所以,新农村背景下的乡村景观建设要坚决制止"三通一平"式的城市开发建设模式,应该因地制宜地建设好与乡村自然环境和谐发展的大地景观。

(4) 避免大拆大建,建设资源节约型景观

"两型社会"采取资源节约型的发展模式,未来乡村景观的发展也应该遵循这一基本原则。所以,未来乡村景观的建设中要避免大拆大建,努力减少建设成本,但依然要营造出优美的景观环境,实现乡村景观的可持续发展。有的地方已经做了相应的尝试,取得了不错的效果。例如,浙江省安吉县的村庄整治,采取的是"不拆一座房、不拓宽一条路、不填一条河、不砍一棵树"的"四不"原则,房屋外墙的粉刷都是农民自己完成的,整治后的乡村面貌优美和谐。

9.4 新农村建设与乡村景观规划路径

9.4.1 新农村建设与乡村景观规划的步骤

新农村建设与乡村景观规划是一个多方参与的过程,涉及政府、当地居民、设计师、游客、开发商等。景观规划师在进行景观规划的过程中进行乡村景观资源的界定、潜力评估、社区支持、法律环境、本地人参与、规划方案、阶段确定等部分。乡村景观规划是城乡规划和旅游规划意图的深化和体现,因此,新农村建设与乡村景观规划的一般程序大致可以分为调查研究阶段、立意构思阶段、概念规划、总体规划、方案设计等步骤。

1. 调查研究阶段

依据野外考察等景观规划基本研究方法,对规划区内的斜度及其他细部事项,包括气候、植被、社会形态、水文分布情况及历史背景等进行调查,做出一份完整的调查报告。调查的主要内容有:

(1) 建设方对景观规划项目及投资额度的意见,还有可能与此相关的历史状况。

(2) 与周边的交通方面的联系;车流、人流集散方向。这对确定场地入口有决定性的作用。

(3) 规划区的能源情况。排污、排水设施条件,周围是否有污染源。

(4) 周边关系。规划区周边环境的特点、未来发展情况,有无名胜古迹、古树名木、自然资源及人文资源等;景观规划区周围居民的类型与社会结构等。

2. 立意构思阶段

构思是乡村景观规划最重要的一部分,也是景观规划的最初阶段。构思首先要满足居民和旅游者使用功能,充分为居民和游客创造一个满意舒适的空间场所,又不要破坏当地的生态环境,尽量减少景观项目对周围生态环境的干扰。立意从大的方面讲,反映对整个学科的看法,对乡村景观规划而言,根据不同的规划主题,根据构思和立意通过各种表现手法进行具体的景观规划。

3. 编写规划任务书阶段

(1) 乡村景观规划用地的范围、性质和规划的依据、原则。

(2) 确定乡村建筑的规模、面积、高度和材料的要求。

(3) 做出近期、远期投资以及单位面积造价的定额。

(4) 制定地形地貌图和基础工程设施方案。

(5) 明确规划对象与周围环境关系、区域条件等。

(6) 策划功能分区和游憩活动项目及设施配置要求。

(7) 提出分期实施的计划。

4. 概念规划阶段

在调研、准备、编制计划书之后进入概念设计阶段。概念设计应围绕乡村自然景观、乡村农业景观、乡村生活居住景观等要素,从居民的需求出发,以增加景观吸引度为规划目的,综合考虑乡村景观特征、功能格局、游憩休闲项目的设立、游线的组织等方面的内容。在概念规划阶段,一般使用泡泡图来分析空间布局,一个泡泡代表一个分区,这样就可以避免遗漏某些区域;接着将松散的、不成熟的意图进一步理清,把徒手圆圈转变为有大致形状和特定意义的功能空间,以便与客户进行沟通。

5. 总体规划阶段

一般来说,总体规划需解释新农村建设和乡村景观规划设计背景、用地现状概述及分析、规划设计依据、规划目标、规划原则、规划特色阐述、规划布局阐述;乡村道路、乡村市政设施、乡村景观、乡村建筑等分类规划说明;建设成本测算。完成规划用地平衡分析、经济技术指标分析等。

6. 详细设计阶段

详细设计阶段,设计者事先从新农村建设和乡村景观保护方面的需要出发,对建设项目的性质、设计标准及投资额度等问题,与建设方作进一步的沟通和了解。通过设计者的配合与技术引导,协调、配合建设方实施项目,并就设计项目内容、要求、设计费用估算及合约条款等事宜,与建设方进行沟通交流。设计方案征得客户的认可便可以准备绘制各种指导实施人员施工的图纸,包括施工放线图、地形图、种植图、施工细部图。然后进入施工阶段,由专业的队伍按照设计进行构筑物的建造和植物的栽培。

9.4.2 专项规划

1. 新农村人居环境与聚落的规划

(1) 新农村生态社区景观规划.

新农村社区景观的规划要综合考虑新农村聚落布局的自然条件和社会条件,适宜的规模和完善的庭院生态体系以及完善的生活服务系统与适宜的公共活动空间。新农村社区应具有最完整的乡村景观生态系统和良好的景观生态安全格局,是一个不断发展、日益完善的社会—经济—自然复合生态系统。从新农村聚落结构来看,实现从生态庭院到生态社区的整体人文生态系统的规划是新农村人居环境建设的重要实现形式,是新农村景观规划的重要形式和方法。新农村生态社区的建设目标应该是按照生态学原理来建造具有一定生态效应、人与自然和谐共生聚居群落,包括新农村的布局、绿化、环保、资源综合利用以及农居建筑的节能、隔声、通风等各项要求。新农村生态社区景观规划措施见表9-2。

表 9-2 新农村生态社区景观规划措施[①]

序号	名称	景观规划措施
1	庭院景观	以植物造园为目的,与发展庭院经济相结合,因地制宜,合理布局。优先栽植果树,适当配置常绿灌木、宿根及球根类植物,院墙四周则以藤蔓类为主,实现多品种、多形式、多层次的绿化。每个庭院根据院落大小及立地条件栽植 2～5 株乔木
2	村道景观	有规划已建成的道路要全部绿化,做到乔、灌、花合理搭配,以乔木为主,针叶树与阔叶树结合,落叶树与常绿树结合,体现绿化美化的多样性、季节性。宽度低于 4 m 的道路绿化,应以高大乔木为主,尽量选择干形直立、分枝角度小、生长较快的乔木树种,做到既美观,又便于通行。道路两侧有高压设施的应选择花灌木或小乔木,如龙爪槐、紫荆等
3	闲散地景观	结合群众娱乐、休憩健身活动,逐步建成中心绿地和小游园。树种选择应以冠幅大、遮荫好的高大乔木为主,适当配置一些花草。房前屋后的小块闲散地可根据立地条件栽植观赏树种

新农村生态社区景观规划建设涉及规划、设计、施工、园林、环保、市政、物业管理等诸方面,形成由生态型建筑和基础设施组成的人工环境以及包括文化、道德、法律和人的精神状况在内的社会生态系统。新农村生态社区的绿地系统建设要综合考虑绿化覆盖率,人均公共绿地指标和生物多样性,植被的生态效应以及小型生态景观等诸多因素。植被选种应摒弃华而不实且有可能给社区生态自然系统带来不良影响的外地物种,代之以选择和培养优化、归化的植物物种,形成和谐的植物群落,使物种间达到互生互养、自然协调。

重视坡岸和水景的再造以及自然水网的利用,保留和改造有价值的坡岸、河流水源、墙面绿化、屋顶绿化、阳台绿化等多种方法,发挥其生态效益及景观美学等功能。新农村生态社区要重点对水、电和建筑材料进行最大程度的节约,重视使用节水设备以及收集利用雨

---

① 资料来源:崔莉.旅游景观设计[M].北京:旅游教育出版社,2008.

水,在新农村农居建设过程中应不断对其密封、保温、隔热、制冷和照明系统进行节能设计,以减少农居对能源的消耗。社区内具备内部废物(主要包括生活垃圾和生活污水)的基本处理设施,或是能够将废物就近进行处理,以达到废物在社区内部或最小范围内的转移和消化。

(2)新农村生态庭院景观规划

新农村生态庭院工程是在农村人口居住地与其周边零星土地范围内进行的,应用生态学的理论和系统论的方法,对其环境、生物进行保护、改造、建设和资源开发利用的综合工艺技术体系。我国农村庭院生态工程中的资源开发部分,最初称为"庭院经营",后来被经济学家称作"庭院经济",20世纪80年代中期开始发展"农村庭院生态系统"和农村庭院生态工程。农村庭院包括的生态环境建设、庭院景观调控、庭院园艺、庭院养殖业、庭院农产品加工业、庭院服务业的综合技术体系。总体看来,我国的庭院生态景观模式主要有以下三种。

① 种、养、加、农、牧、渔综合经营性家庭生态景观模式。在不同的空间,利用生物食物链规律,主体发展养殖业、种植业,获得良好的生态经济效益。

② 以能源(沼气)建设为中心环节的家庭生态农业模式。在薪材比较缺乏的地区,结合沼气建设,在庭院里搞物种循环利用,既改善了院落的卫生状况,又收到了良好的经济效果。

③ 物质多层次利用的庭院生态农业模式。以农作物秸秆为原料,先培育食用菌、菌渣作为饲料喂猪、牛、兔等,将牲禽粪便放进沼气池,作为能源。

2. 乡村自然斑块与廊道保护与规划

(1)自然斑块保护与规划

乡村景观斑块体系中,由于农耕社会对资源利用的广泛性和深入性,使自然斑块都多多少少出现了人工化的趋势。自然斑块比较少见,即使存在斑块也多呈现出分散破碎的分布在农田斑块之中,从乡村自然生态斑块的类型来看主要包括以下四个方面。

① 自然水塘或湖泊

乡村自然水塘、人工水塘、水库和湖泊是以水体、水生动植物、湿生植物等为核心形成的生态系统。乡村水体不仅能够有效调节小气候,而且有效维持农田和自然生态系统的有效性。同时,还通过蓄水调节实现农业生产对灌溉水需求的时间差异,从而保障农田生态系统生产的稳定性和乡村抵御自然灾害的能力。

② 乡村山地、林地与风景区

乡村山地、林地和风景区是依托大自然斑块以及乡村文化历史而形成的具有自然生态功能与文化脉络的大型特殊斑块,揭示出不同时期人们对自然的理解与文化生态的内涵。

③ 自然洼地积水形成的水生(湿生)植物斑块

洼地汇聚来自降雨、农田灌溉、地下水外渗、溪流等多种补给水形成水深较浅和水面较阔的湿地区域。在丰富的营养物质和充足水分供给以及肥沃的土壤上发育形成的湿地生态系统成为农村广泛存在的自然斑块类型。

④ 河滩湿地与林地斑块

河道是乡村广泛存在的景观廊道,由于河流具有季节性和年际变化的水过程,因此河滩湿地具有季节性变化的特点。在季节性水体影响较小的河滩地多受年际变化的影响,具有比较稳定的生态系统条件,从而能够形成河滩林地生态系统,成为乡村重要的景观生态斑块类型。河滩林地在河道中的作用具有两重性,一方面在平水年河滩林地对河道具有保护作用,另一方面在洪水年,在保护堤岸的同时对河道行洪造成阻碍。

(2) 乡村廊道保护与规划

乡村廊道是乡村景观生态格局中比例较小但与外界联系极为紧密的生态通道,往往是自然景观生态格局与城市景观生态格局相互连接的重要网络,乡村廊道体系是乡村景观规划的重要内容,乡村廊道主要包括以下四个方面。

① 过境的各级公路网络

乡村往往是高速公路、国道、省道、铁路以及乡村道路的分布空间。由于高速公路、铁路有封闭的护栏的特殊性,在景观规划上不仅具有较高的隔离程度,同时公路和铁路两旁的林地形成较完整的通道,而其他道路的隔离性较弱些。

② 农田防护林带

农田防护林带将农田分割成为大小相同、形态规则的农田斑块,林带对斑块内的作物祈祷防护作用的同时,林带相互连接形成一个网络特征明显的林带网络。如果林带具有一定的宽度,同时林带采用垂直结构进行设计,农田防护林网具有良好的通道作用。

③ 河流和溪流

河流是乡村最主要的自然廊道,包括季节性河流、常年径流量河流和改道废弃的河流等,河流的功能主要承担泄洪通道,乡村水源、排放通道、乡村休闲游憩的功能。同时,由于乡村河流自然堤岸的局限性,河流往往是造成乡村洪水灾害的重要原因,从而深刻影响乡村的生产和生活。

④ 大型林带

大型林带有人工林带和自然林带两种,人工林带主要是乡村基于特定功能的人工建设,在空间上呈现出带状分布特征,如基于洪水防护或风沙防护的林带。自然林带主要是沿自然河流、溪流、断裂带或低地出现的林带。

3. 农业景观与土地利用规划

(1) 农业景观生态系统

① 旅游观光农业

将高科技引入农业,通过与旅游业相结合,合理安排作物种植,精心布置花卉展览、鱼类和珍稀动物的观赏、名贵蔬菜和水果的生产,配套娱乐场所,建设农业公园。采用纵横交错的"水道"形式,水道为圆形或椭圆形,并配有循环处理系统,在众多整齐的田间林荫大道旁栽种个汇总瓜果,开展体验性农业。休闲式农业在旅游农业的发展中得到快速发展,成为高效生态农业的重要类型,也成为重要的农业景观类型。

②"白色农业"

"白色农业"是指微生物资源产业化的工业型新农业,它包括生物工程中的"发酵工程"以及"酶工程"。"白色农业"的生产环境要求高度洁净,其产品无污染、无毒副作用,具有高度的安全性。"白色农业"是在工厂里生产的产品包括微生物食品,微生物肥料微生物农药和兽药、微生物能源、微生物生态环境保护剂,微生物医用保健品及药品等。

③ 立体农业

立体农业生产系统就小范围而言,运用作物种植的时间差,在同一块地里利用其不同的空间分布,充分发挥了立体农业的功效。就较大范围的山—田—塘而言,实现了山上种果种草,山坡养羊养牛,山下养猪养鸡,水面养鸭养鹅,水中养鱼养虾的立体循环模式。

④ 生态农业

生态农业是利用人、生物和环境之间的能量转换定律和生物之间的共生、互养规律,结合本地资源结构,建立一个或多个"一业为主、综合发展、多级转换、良性循环"的高效无废料系统。它是农业系统工程结构中的重要系统之一,是搞好"人地粮"和"水土肥"平衡的重要内容。

(2) 土地利用格局

乡村土地利用不同于城市土地利用体系和格局。乡村以农业和其他农村经济为主体,乡村土地利用类型主要分为耕地(灌溉水田、旱地)、林地(有林地、疏林地)、草地、居民地、苗圃、园地(菜地与果园)、独立工矿、道路、水域(河流)荒地、裸岩等。从景观生态格局来看,乡村土地形成利用由耕地、园地、林地、居民点、独立工矿、湖泊与水塘等斑块与道路、河流、农田林网、高压走廊等廊道有机组合的镶嵌体结构。因此,乡村土地利用规划的重点有以下三个方面:

① 土地适宜性评价。根据联合国粮农组织于 1976 推出的《土地评价纲要》,土地的适宜性分类采用土地适宜性纲、级、类及单元四级分类制。多目标土地适宜性评价的方法就是建立土地利用类型与影响土地治疗的主要因素之间的关系,按照土地的特性及《土地评价纲要》所规定的方式划分土地适宜性类型。

② 土地利用规划。土地利用规划是基于土地适宜性评价,结合土地需求特征。确定不同类型土地土地利用面积与结构,在实现土地生态保护的基础上实现土地资源利用的社会经济效益最大化。因此,土地利用规划是资源、人口、环境、生态等多目标导向的综合生态规划。

③ 土地需求结构研究。在土地适宜性评价的基础上,依据社会经济对土地需求规模和结构,确定土地需求和利用结构。

(3) 土地规模化与集约化利用

土地规模化和集约化是乡村景观生态规划的重要环节,直接影响土地利用的方式和规模,从而决定乡村土地利用景观格局。

① 土地利用规模化。土地利用规模的基本衡量单元是指土地利用的斑块划分的最小面积,土地规模利用通常具有较大的土地利用单元,土地利用斑块具有较大的面积,同时,同一种土地利用形式的组合决定了土地利用的规模化,直接决定土地利用的破碎度格局。在平原地区土地利用斑块完整,斑块面积大,易于实现土地规模利用,而在土地破碎度较高的地区,土地的完整度较低,土地类型与土地生态变化难以实现土地的规模利用。从乡村景观生态格局来看,山区的乡村景观类型多样,立地特色突出,但景观生态的破碎度较高,而平原地区景观类型较单一,水平尺度景观变化较大,乡村景观生态完整性较高。

② 土地利用集约化。在合理的区域分工基础上,充分利用有限的土地资源,优先发展关系国计民生和有利于提高国家综合竞争力的产业项目,实现宏观效益最大化。其次要做到节约,合理使用土地。在现代产生技术可行的条件下,保护农业用地特别是耕地资源。

9.4.3 新农村建设与乡村景观规划成果

1. 景观规划说明书

在进行新农村建设与乡村景观规划的同时,必须对各阶段的规划意图、经济技术指标、工程安排、相关立意说明用图表和文字的形式加以描述说明,使景观规划的内容更加完善。编制规划说明书一般包含以下内容:

(1)区域概况:地域性质、历史沿革、区位条件和特点、场地内的现状及其周围环境情况,当地的气候、土壤、水分和自然情况。

(2)乡村景观规划的原则、特点和设计意图等。

(3)规划区总体空间布局及各景观节点的设计构思。

(4)场地出入口的处理方法及道路系统的组织。

(5)规划区景观生态保护的建设。

(6)景观植物配置与树种的选择。

(7)各项经济技术指标,总的规划面积、绿地面积、道路、广场面积、水体面积、绿地率等。

(8)景观材料、色彩、灯光效果的要求。

2. 景观规划图纸

(1)区位分析图

区位图属于意向性图纸,主要表示基地所在的区域内的位置、交通和周边环境的关系。

(2)现状分析图

根据调查收集的资料,对乡村景观资源分析、整体、归纳后,对现状作综合评述。

(3)分区示意图

根据乡村景观规划原则对现状分析后,划分不同的空间,使不同空间和区域满足不同的景观开发与保护功能要求,不同主题的功能区之间相互联系,形成一个统一整体。

(4)总体平面布局图

绘制总平面图,确定各功能区项目、景点名称,对植物、道路、建筑等面积、位置、范围进行定位。

(5) 交通组织图

交通组织图确定规划区的主要出入口、游线及广场等位置,次级道路和游步道的宽度、坡向,并初步确定路面材料、铺装形式。

(6) 竖向设计图

详细规划阶段的竖向设计图是对总体规划阶段竖向设计图的细化,此阶段的竖向设计图应具体确定制高点、山峰、谷地、台地、丘陵、缓坡、平地、岛及湖池溪流岸边池底等的高程,以及入水口、出水口的标高,还应包括地形改造过程中的填方挖方内容,在图纸上应写出挖方填方数量,一般力求挖填土方取得平衡。

(7) 市政规划图

详细设计阶段管线图的主要任务不是位置的布置,而是应具体表现出上水(造景、绿化、生活、卫生、消防)、下水(雨水、污水)、暖气、煤气等内容并注明每段管线的长度、管径、高程及如何接头,同时注明管线及各种管井的具体的位置坐标。在电气图上具体表明各种电气设备、(绿化)灯具位置、配电室及电缆走向位置等。

(8) 建筑设计图

从乡村建筑面积、高度和风格控制等方面进行考虑,更多的是建筑与环境协调的问题。详细规划阶段的建筑设计图与通常的建筑设计图一样,不仅要求执行和深化总体阶段预设的目标,还包括建筑的各层平面图、立面图、屋顶平面必要的大样图等,涉及与结构、电气设备、上下水等各种专业工种的配合问题。

(9) 景观节点效果图

选取重要景观节点,通过手绘或电脑软件,设计立体造型,表达景观规划的立意与构思。

9.5 新农村建设与乡村景观规划运用

9.5.1 杭州南峰村乡村旅游景观及建设规划[①]

南峰村地处杭州市西郊,余杭区西南部,与临安市接壤,隶属余杭区中泰乡,面积4.59 km²(图9-1)。南峰村历史悠久、文化积淀深厚,其历史悠久。汉武帝元封三年(108)在此建宫坛,祭天祀福,为道教发祥地之一,列三十六洞天之三十四洞天,七十二福地之五十七福地。现整治范围内有洪氏文化、知青文化及其传统的孝道文化。

在区、乡两级政府的大力支持下,在南峰村村两委班子的共同努力下,南峰村庄建设取

---

① 资料来源:浙江工商大学旅游规划设计院,《杭州南峰村乡村旅游与景观建设规划》,2011.

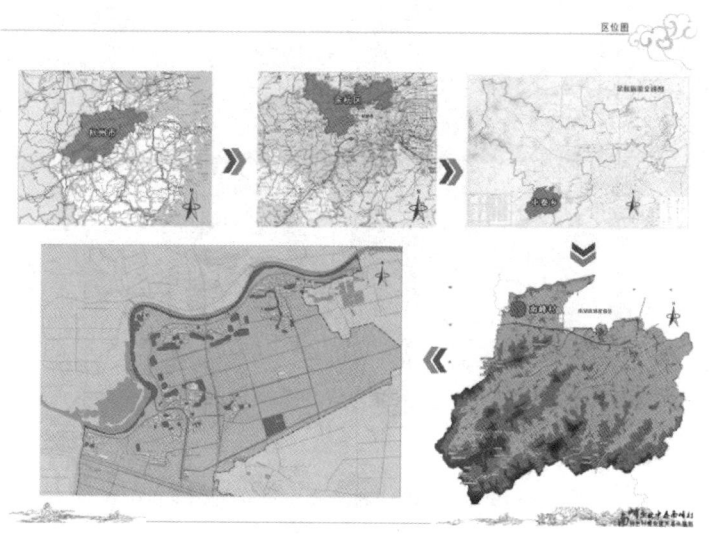

图 9-1　南峰村区位图

得了巨大成绩,形成了目标职责明确、村委村民上下联动、整体有序推进的村庄建设工作格局,是余杭区新农村建设的典范村。

按照余杭区委、区政府部署,自 2010 年开始,余杭区将实施第二轮"清洁绿化余杭"行动(2010-2012 年),结合省、市新一轮村庄整治建设工作要求,提升农村人居环境质量,提高群众生活品质。将余杭建设成为宜居宜业的"品质之城、美丽之洲"。作为余杭城乡统筹的新农村建设示范村,南峰村的建设规划应满足城乡和谐发展的长远要求,立足解决当前村庄突出问题,突出良好生态环境、产业特色、文化底蕴和服务配套,以切实改善村庄的生活、生产环境。

9.5.2　南峰村新农村建设与乡村旅游景观规划

根据南峰村的区位地理、资源条件及开发利用导向,以花卉种植业和乡村旅游业为为产业依托,将其空间结构划分为"一片三村",形成以生态观光和居住度假为特色的旅游花果村(图 9-2)。

一片:农业观光片,以传统农业、苗木种植和花卉观光为依托的生态观光区块。

三村:以南头村、上洪村、杨家坂村为主的乡村居住区,适度发展乡村旅游业,开展乡村度假、民俗体验等活动。

1. 南峰村景观现状

南峰村总体景观绿化现状良好,已在南头村设立小游园,配套健身设施。入村景观大道主体段也已建设完成,绿化景观以红花继木、紫薇、桂花为主。上洪村和杨家板村的绿化整治有待全面启动。村内的绿化植物乔木有柿树、香樟、杜仲、桂花、枣树、苦楝、木槿、竹子等,灌木有火棘、紫薇、含笑、红花继木、金边黄杨等,草本花卉有凤仙花、夜来香、千日红、半

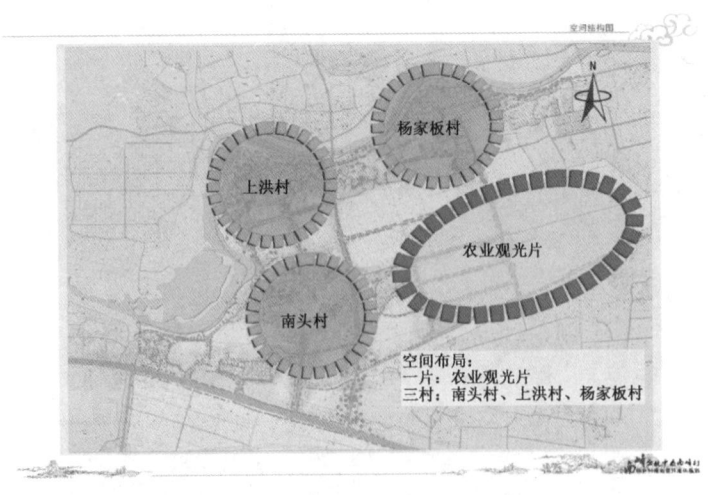

图 9-2　南峰村景观空间布局图

枝莲、灯笼草、美人蕉等,藤本植物有紫藤、凌霄、爬山虎、五角星花、牵牛花、吊瓜子等。经过近几年的努力,得过"余杭区园林绿化村""区级生态村""庭院整治示范村"等荣誉,但要发展成为特色旅游花果村,其景观美化还有待全面整治与提升(图9-4)。

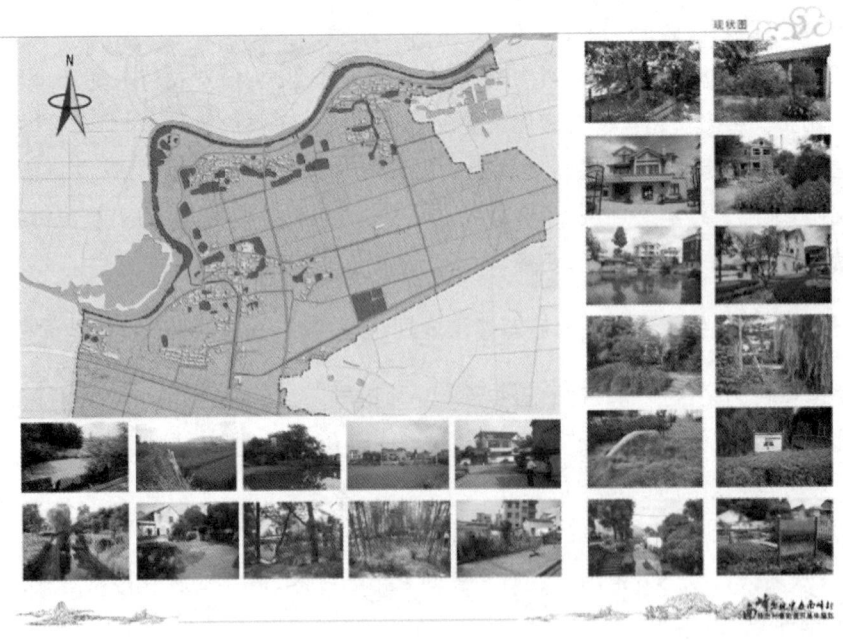

图 9-4　南峰村景观现状图

2. 南峰村景观设计

(1) 道路景观——乡野绿廊

总体道路景观以乡土植物为主,结合田园风貌形成乡野绿廊的带状野趣景观。沿主干道、景观道路、乡村步道等形成行道树,下层配置不同的灌木,两侧可以结合亮化照明,构筑南峰村良好的道路绿化景观。

① 主干道和景观道路以栾树、银杏作为主干树种,间距 6 m,间植紫薇或桂花或红枫,间距 6 m,下层以杜鹃、金叶女贞间植作为带状模纹灌木(20 m 一段间植),或以葱兰、吉祥草、月季等作为地被和灌木植物点缀。

② 在入口和道路节点配置卵石(或文化石)画龙点睛,尤其强化入村口的景观识别性,形成色彩丰富的道路景观。道路两侧排水沟可在其上侧设立斜坡绿化,以草坡形式分段布局。

③ 乡村步道结合整治卫生死角,规范杂物堆放和闲置零碎用地,见缝插针地进行景观美化。

④ 部分路段菜地及绿地四周以低碳环保的竹篱笆、木篱笆围栏为主,上攀附吊瓜子、丝瓜、五角星花、木槿、何首乌等乡土植物,形成植物绿篱。保留和加固现状自留地的竹篱笆和木槿绿篱,增加绿地面积,以凤仙花、木芙蓉、红花继木、桂花、凌霄、水杉、杜仲等植物为主。

(2) 溪塘景观——荷塘月色

① 池塘绿化

总体利用南峰村大大小小的密布池塘种植以荷花、睡莲、芦苇、垂柳等水生和耐水湿植物,既能净化水质又能形成"荷塘月色"的特色池塘景观。

观赏型池塘,指行人游览过程中视线直接所及的池塘,以观赏为主。该类型池塘以种植荷花和睡莲为主,自然驳坎,塘岸以垂柳、碧桃和芦苇为主。

隐蔽型池塘,指隐蔽在村落中在主要游线中视线不能到达的池塘。该类型池塘以清理池水、堤岸为主,种植茭白、芦苇、菖蒲、垂柳、柿子等,形成自然野趣的风貌。

② 溪岸绿化

杨池江滨河公园:沿河带状绿地以杨池江溪流两侧绿地为重点,设置滨河小游园。结合农户的自留地、竹林以及古树名木,修护生态驳岸,适当增加木芙蓉、迎春花、黄素馨等亲水植物,丰富景观层次。整理起伏的地形,修建游步道,设置亭、台、花架等景观要素以及体育健身设施,并以乡土植物作为主要绿化树种,成为村民休闲游憩场所。

上洪村村口的西侧鱼塘保护现有古桥,结合鱼塘在其南侧修建小游园,内设篮球场、建设设施及相关休闲设施。杨家板施家头村内设立一个门球场小游园。

总体溪塘景观以经济树种及乡土树种为主,花灌木包括月季、木芙蓉、杜鹃花、紫薇、紫荆、黄素馨、迎春花等,乔木包括柿树、槐树、大叶女贞、香椿、梧桐等,在部分地段种植竹、桃、杏、桂、葡萄等经济树种,并铺设草坪、种植水生植物、建设各类园林小品,增加观赏性。

(3) 庭院景观——七彩农院

庭院景观的配置注重与各户农家庭院风格的协调,以花果植物为特色,以乡土植物为基调,体现出多元化的七彩农院风貌。

① 宅旁绿化

利用宅前屋后等闲置地块,以方便村民就近得到使用为原则,设置简洁的绿地,局部面积稍大地块设置简单的游憩设施,在适当位置设健身器材。废弃角落显眼位置应利用植物和山石营造小景,自然点缀;其余房屋之间死角和视线盲点用草坪、葱兰、红花酢浆草、书带草、杜鹃花等绿化。

② 庭院绿化

a. 以清理庭院内外杂乱现象、优化庭院卫生秩序、绿化美化庭院环境为重点,全面整治农户庭院。

b. 每家每户结合地形,至少应开辟 10 m² 以上的绿地,通过以奖代补的形式鼓励村民自行美化。

c. 庭院景观生态绿化以果树为主,结合花木种植,果树以枣、桃、石榴、香抛、柿子等为主,花木如木槿、桂花、合欢、紫薇、含笑等。

d. 围墙宜采用通透式的铸铁、竹木围栏,并种植凌霄、紫藤、藤本月季、吊瓜子等垂直绿化。

e. 绿化要注意采光、通风,特别是种乔木类树种的庭院,庭院绿化在朝向上应有讲究,东南面应种小乔木或生长不高的果树,冬天不遮阳,夏日可蔽荫。西南面宜种植耐寒花木及常绿树木,夏季可乘凉。

f. 结合各户庭院的特征,适当种树栽草、堆山叠石、造水景、修园路、围篱笆、搭藤架等。

参 考 文 献

[1] Du J C,Teng H C. 3D laser scanning and GPS technology for land slide earthwork volume estimation[J]. Automation in Construction,2007(16):657–663.

[2] Haber,W. Using landscape ecology in planning and management. In:Zonneveld,I. S. and Forman,R. T. T(eds.). Changing Landscapes:an Ecological Perspective[M]. New York:Springer-Verlag,1990.

[3] Naveh Z, Liberman A S. Landscape. ecology:Theory and application[M]. New York:Springer-Verlag,1983.

[4] Turner, T. Landscape Planning[M]. Nichols Publishing, New York,1987.

[5] Bohemen H. Infrastructure,Ecology and Art[J]. Landscape and Urban Planning, 2002(59):187–201.

[6] Carl Troll. Landscape ecology (geoecology) and biogeocenology — A terminological study[J]. Geoforum,1971,2(4):43–46.

[7] Costanza,R. , H. E. Daily. Natural capital and sustainable development[J]. Conservation Biology,1992(6):37–46.

[8] Costanza, R. et. al. The Value of the World's Ecosystem Services and Natural Capital[J]. Nature,1997,3(15):253–260.

[9] Daily G. Nature's Services:Society Dependence on Natural Ecosystems[M]. Island Washington,D. C:Press, 1997.

[10] Forman R T T. Godron M. Landscape Ecology[M]. New York:John Wiley,1986.

[11] Forman R T T. Land Mosaics:The Ecology of Landscapes and Regions[M]. [s. l.]: Cambridge University Press,1995.

[12] Wiens J A. Toward a unified landscape econology[A]. Wiens J A. (Eds). Issues in landscape econology[C]. IELA press,1999.

[13] E. P. Odum. The st rategy of Ecosgst em development[J]. Science, 1969,164: 262–279.

[14] He H, Mladenoff D J, Readeloff V C. Crow TRIntegration of GIS data and classified satellite imagery for regional forest assessment[J]. Ecological Applications,

1998,8(4):1072-1083.

[15] Lee J T. Elton M L, et, al. The role of GIS in landscape assessment: using land-use-based criteria for an area of the Chiltern Hills Area of Outstanding Natural Beauty [J]. Land Use Policy,1999(16):23-32.

[16] Lovejoy T E, Bierregaard R O, Brown K S. Ecosystem decay of Amazon forest remmants[M]. Chicago:University of Chicago Press,1984.

[17] Muhar A. Three-dimensional modeling and visualization of vegetation for landscape simulation[J]. Landscape and Urban Planning,2001(54):5-17.

[18] Nath S S. Bolte J P, Rose L G, Aguilar-Manjarrez J, Application of geographical information systems(GIS) for spatial decision support in aguraculture[J]. Aquacultural Engineering,2000(23):233-278.

[19] R. T. T. Forman. Land Mosaics: The Ecology of Landscape and Regions[M]. Cambridge: Cambridge University Press,1995.

[20] Forman R T T. Land mosaics: the ecology of landscapes and regions[M]. Cambridge:Cambridge University Press,1995.

[21] Forman R T T. The theoretical functions for understanding boundaries in Landscapes mosaic[A]. Hansen A J and Dicastri F eds. Landscapes Boundaries[C]. New York:Springer Verlag,1992:236-258.

[22] Hall S A, Kaufman J S, Ricke'ttis T C. Defining urban and rural areas in U. S epidemiologie studies[J]. Journal of Urban Health,2006,83(2):162-175.

[23] Louis H. Die geographiscbe Gliederung von GrossBerlin[M]//LOUIS H,PANZER W. Landerkuend liche Forschung:krebs-festschrift,Stuttgart:Engelhom,1936.

[24] Landscape econology. FormanR, & Codron [M]. New York: John Wiley & Sons,1986.

[25] McDanieIs T,Axelrod L J, Slovic P. Characterizing perception of Ecological risk [J]. Risk Analysis,1995,15:575-588.

[26] Moldes A, Cend N Y. Evaluation of municipal solid waste compost as a plant growing media component-by applying mixture design[J]. Bioresource Technology,2007, 98:3069-3075.

[27] Yoram Bar-Gal. Social pluralism and urban fringe; the Israeli case[M]. Perspective in Urban Geography,1987.

[28] Andreas Seiler, Inga-Maj Eriksson. Habitat Fragmentation & Infrastructure and the Role of Ecological Engineering [J]. Maastricht & DenHague, 1995 (09): 253-264.

[29] Karen Williamson, CPSI. Growing with Green Infrastructure(EB/OL). Heritage

Conservancyhttp://www. heritageconservancy. org. /growingwithgreeninfrastruc-ture. pdf.

[30] Oliver Fromm. Ecological Structure and Functions of Biodiversity Elements of Its Total Economic Value [J]. Environmental and Resource Economics, 2001 (16): 303-328.

[31] Mao Liang, Li Guiwen. Research on Ecological Village Disaster Prevention and Reduction Strategies Based on Analysis of Village-level Ecological Footprint: Taking the Dongyao Village of the City of Huludao in Liaoning as an Example In:Shaoyu Wang. IDRC[M]. Harbln:Harbin Institute of Technology Press,2010.

[32] UNESCO World Heritage Center. Operational Guidelines for the Implementation of the World heritage Con vention [M]. Paris: WorldHeritageCenter, 2005.

[33] Wikham J D, Riitters K H, et al. A National Assessment of Green Infrastructure and Change for the Conterminous United States Using Mo Rphological Image Processing[J]. Landscape and Urban Planning,2010,94(3-4):186-195.

[34] Yu K J. Security patterns in landscape planning with a case study in South China [D]. Doctoral Thesis, Graduate School of Design, Harvard University, MA. USA, 1995.

[35] Yu K J. Ecological security patterns of landscapes: concept,method and a case study[J]. Proceedings of Geomatics,1995:396-405.

[36] Yu K J. Security patterns and surface model and in landscape planning [J]. Landscape and Urban Plan, 1996,36(5):1-17.

[37] Yu K J. Ecological security patterns in landscape and GIS application [J]. Geographic Information Sciences,1996,1 (2):88-102.

[38] Grete Swensen, Rikke Stenbro. Urban planning and industrial heritage a Norwegian case study[J]. Journal of Cultural Heritage Management and sustainable Development,2013,3(2):175-190.

[39] J. Arwel Edwards, Joan Carles Llurdes i Coit. Mines and quarries industrial heritage tourism[J]. Armals of tourism research,1996(2):341-363.

[40] José lgnacio Rojas-Sola, Miguel Castro-García. María del Pilar Carranza—Cañadas Contribution of historical Spanish inventions to the knowledge of olive oil industrial heritage[J]. Journal of Cultural Heritage,2012,13(3):285-292.

[41] Michelle Andreadakis Rudd, James A. Davis. Industrial Heritage Tourism at the Bingham canyon Copper Mine[J]. Journal of Travel Research,1998,36(3):85-89.

[42] RC Prentice, SF Witt, G Hamer. The experience of industrial heritage: the case of Black Gold [J]. Built Environment,1993,19(2):130-138.

参考文献

[43]　RobertSummerby-Murray. Interpreting Personalized Industrial Heritage in the Mining Towns of Cumberland Country. Nova Scotia：Landscape Examples from Springhill and River Hebert[J]. Urban History Review /Revued'histoire urbaine,2007,35(2):51-59.

[44]　陈鹏.基于遥感和 GIS 的景观尺度的区域生态健康评价:以海湾城市新区为例[J].环境科学报,2007,27(10):1744-1752.

[45]　邓文胜,王昌佐.将 CA 模型嵌入 GIS 中用于景观生态变化的研究[J].江汉大学学报:自然科学版,2004,32(1):88-93.

[46]　方海川.景观及旅游景观特征探讨[J].乐山师范学院学报,2002,17(3):101-104.

[47]　郭泺,孙国瑜,费飞.景观生态规划技术体系的研究[J].中央民族大学学报:自然科学版,2008,17(增刊):76-91.

[48]　郝亦彪.景观设计原理[M].北京:中国电力出版社,2009.

[49]　李爱民,吕安民,隋春玲.集成 GIS 的元胞自动机在城市扩展模拟中的应用[J].测绘科学技术学报,2009,26(3):165-169.

[50]　梁发超,刘黎明.景观分类的研究进展与发展趋势[J].应用生态学报,2011,22(6):1632-1638.

[51]　史培军,宫鹏,李小兵.土地利用/土地覆盖变化方法与实践[M].北京:科学出版社,2000.

[52]　王长俊.景观美学[M].南京:南京师范大学出版社,2002.

[53]　王让会,丁玉华,陆志家,等.景观规划与管理及其相关领域研究的新进展[J].生态环境学报,2010,19(9):2240-2245.

[54]　汪永华.景观生态学研究进展[J].长江大学学报(自然科学版),2005,2(8):79-83.

[55]　肖笃宁,李秀珍.景观生态学的学科前沿与发展战略[J].生态学报,2003,23(8):1615-1621.

[56]　吴良林,周永章,陈子,等.基于 GIS 与景观生态方法的喀斯特山区土地资源规模化潜力分析[J].地域研究与开发,2007,26(6):112-116.

[57]　余新晓,牛健植,关文彬,等.景观生态学[M].北京:高等教育出版社,2006.

[58]　俞孔坚.景观十年(上)[N].美术报,2009-04-25(028).

[59]　俞孔坚,李迪华.《景观设计:专业学科与教育》导读[J].中国园林,2004(5):7-8.

[60]　俞孔坚.土地的设计:景观的科学与艺术[J].规划师,2004,20(2):13-17.

[61]　张娜,于贵瑞,于振良,等.基于景观尺度过程模型的长白山净初级生产力空间分布影响因素分析[J].应用生态学报,2003,14(5):659-664.

[62]　赵玉涛,余新晓,关文彬.景观异质性研究评述[J].应用生态学报,2002,13(4):495-500.

[63]　I.L.麦克哈格.设计结合自然[M].芮经纬,倪文彦,译.北京:中国建筑工业出版

社,1992.

[64] 曹丽娟.自然之灵的呼唤—大地艺术及其代表作品透视[D].北京:北京林业大学,2001.

[65] 郭列侠.浅谈大地艺术景观中的自然观[J].山西建筑,2009,35(10):35-36.

[66] 角媛梅,肖笃宁,郭明.景观与景观生态学的综合研究[J].地理与地理信息科学,2003,19(1):91-95.

[67] 克莱尔.库珀.马库斯.人性场所[M].俞孔坚,等译.北京:中国建筑工业出版社,2002.

[68] 李辉.生态城市理论浅析[J].山西建筑,2010,36(14):25-26.

[69] 李钢.地域性景观设计[J].安徽农业科学,2008,36(16):6734-6736.

[70] 刘聪.大地艺术在现代景观设计中的实践[J].规划师,2005,21(2):107-110.

[71] 马克明,傅伯杰,黎晓亚,等.区域生态安全格局:概念与理论基础[J].生态学报,2004,24(4):761-768.

[72] 王云才.景观生态规划原理[M].北京:中国建筑工业出版社,2007.

[73] 武静,杨麟.法国勒·诺特尔式园林与大地艺术[J].广东园林,2008(1):30-32.

[74] 肖笃宁,李秀珍.景观生态学[M].北京:科学出版社,2003.

[75] 俞孔坚.生物保护的景观生态安全格局[J].生态学报,1999,19(1):8-15.

[76] 布仁仓,王宪礼,肖笃宁.黄河三角洲景观组分判定与景观破碎化分析[J].应用生态学报,1999,10(3):321-324.

[77] 蔡博峰,于嵘.景观生态学中的尺度分析方法[J].生态学报,2008,28(05):2279-2287.

[78] 陈昌笃.景观生态学的理论发展和实际应用,中国生态学发展战略研究(第一集)[M].北京:中国经济出版社,1991.

[79] 丁记祥.植物群落野外抽样调查某些工具的改进[J].植物生态学与地植物学丛刊,1983,7(3):260-264.

[80] 丁圣彦,卢训令,秦奋.景观可视化的研究进展[J].河南大学学报(自然科学版),2005,35(4):62-67.

[81] 贾宝全,杨洁泉.景观生态规划:概念、内容、原则与模型[J].干旱区研究,2000,17(2):70-77.

[82] 李哈滨,伍业刚.景观生态学的数量研究方法[M].北京:科学出版社,1992.

[83] 李书娟,曾辉.遥感技术在景观生态学研究中的应用[J].遥感学报,2002,6(3):233-240.

[84] 刘茂松,张明娟.景观生态学——原理与方法[M].北京:化学工业出版社,2004.

[85] 肖笃宁,李秀珍.景观生态学[M].北京:科学出版社,2003.

[86] 徐化成.景观生态学[M].北京:中国林业出版社,1995.

[87] 俞孔坚.丹霞风景名胜区景观规划理论与技术体系及保护规划研究,景观:文化、生态与感知[M].北京:科学出版社,1998.

[88] 张娜.生态学中的尺度问题:内涵与分析方法[J].生态学报,2006,26(7):2340-2355.

[89] 俞孔坚,李迪华,段铁武.敏感地段的景观生态安全格局设计及地理信息系统应用[J].中国园林,2001(1):11-16.

[90] 车生泉.城乡一体化过程中的景观生态格局分析[J].农业现代化研究,1999,20(3):140-143.

[91] 李晓,林正雨,何鹏,等.基于景观生态安全格局的农业园区规划与设计——以彭州市大宝农业园为例[J].安徽农业科学,2009,37(16):7773-7775,7808.

[92] 黎晓亚,马克明,傅伯杰,等.区域生态安全格局:设计原则与方法[J].生态学报,2004,24(5):1055-1061.

[93] 王亮.崇明岛景观生态安全格局分析[J].国土与自然资源研究,2007(2):54-56.

[94] 王洁,李锋,钱谊,等.基于生态服务的城乡景观生态安全格局的构建[J].环境科学与技术,2012,35(11):99-204.

[95] 张惠远.景观规划:概念、起源与发展[J].应用生态学报,1999(6):373-378.

[96] 张小飞,李正国,王如松,等.基于功能网络评价的城市生态安全格局研究:以常州市为例[J].北京大学学报,2009,45(4):728-736.

[97] 包志毅,陈波.乡村可持续性土地利用景现生态规划的几种模式们[J].浙江大学学报,2004,30(1):57-62.

[98] 陈佑启.城乡交错带明辨[J].地理学与土地研究,1995(1):47-52.

[99] 陈佑启.试论城乡交错带土地利用的形成演变机制[J].中国农业资源与区划,2000,21(5):22-25.

[100] 陈家军,张俊丽,裴照滨,等.垃圾填埋二次污染的危害与防治[J].安全与环境学报,2002,2(03):27-30.

[101] 崔树军.城市垃圾填埋场生态恢复问题的探讨[A].中国环境保护优秀论文集(2005)(下册)[C],2005.

[102] 董玉祥,全洪,张青年,等.大比例尺土地利用更新调查技术与方法[M].北京:科学出版社,2004.

[103] 冯·杜能.孤立国同农业和国民经济的关系[M].吴衡康,译.北京:商务印书馆,1997.

[104] 方晓.浅议上海城市边缘区的界定[J].地域研究与开发,1999,18(4):65-68.

[105] 傅伯杰.景观生态学原理及应用[M].科学出版社,2001.

[106] 高峻,宋永昌.基于遥感和GIS的城乡交错带景观演变研究——以上海西南地区为例[J].生态学报,2003(4):805-813.

[107] 关文彬,谢春华,马克明,等.景观生态恢复与重建是区域生态安全格局构建的关键途径[J].生态学报,2003,23(1):64-73.

[108] 郭晋平.景观生态学[M].北京:中国林业出版社,2007.

[109] 侯莉琴.浅论城乡交错带土地利用的发展模式——以太原市尖草坪区为例[J].科技情报开发与经济,2006,16(2):93-94.

[110] 胡长龙,园林规划设计.第1版[M].北京:中国农业出版社,1995.

[111] 姜锋.英国圈地运动对中国经济发展的启示[J].云南财经大学学报,2007,23(5):96-100.

[112] 李世峰.大城市边缘区地域特征属陛界定方法[J].经济地理,2006,26(3):478-483.

[113] 朱会义,李秀彬.关于区域土地利用变化指数模型方法的讨论[J].地理学报,2003,58(5):643-650.

[114] 梁红.城乡交错带景观生态规划原理初探[J].黑龙江科技信息,2008(26):207-224.

[115] 李国旗,安树青,陈兴龙,等.生态风险研究述评[J].生态学杂志,1999,18(4):57-64.

[116] 荆玉平,张树文,李颖.基于景观结构的城乡交错带生态风险分析[J],生态学杂志,2008,27(2):229-234.

[117] 李晓燕,张树文.基于景观结构的吉林西部生态安全动态分析[J].干旱区研究,2005,22(1):57-62.

[118] 李月辉,胡远满.道路生态研究进展[J].应用生态学报,2003,14(3):447-452.

[119] 李洪远.工业废弃地的生态恢复与景观更新途径[J].城市,2005(4):15-17.

[120] 李永庚,蒋高明.矿山废弃地生态重建研究进展[J].生态学报,2004,24(1):95-101.

[121] 刘青松,左平,邹欣庆,等.采矿区生态重建与环太湖地区生态旅游模式的契合[J].生态学志,2003,22(1):73-78.

[122] 李启彬,刘丹.垃圾填埋场水力学特性的研究进展[J].四川环境,2006,25(05):81-84.

[123] 廖利,全宏东,吴学龙,等.深圳盐田垃圾场对周围土壤污染状况分析[J].城市环境与城市生态,1999,12(03):51-53.

[124] 马涛,杨凤辉,李博.城乡交错带——特殊的生态区[J].城市环境与城市生态,2004,17(1):37-39.

[125] 钱小青,牛东杰,楼紫阳,等.填埋场矿化垃圾资源综合利用研究进展[J].环境卫生工程,2006,14(02):62-64.

[126] 沙润,吴江.城乡交错带旅游景观生态设计初步研究[J].地理学与国土研究,1997,13(3):53-62.

[127] 陶正望,王进安,夏立江.矿化垃圾处理垃圾渗滤液的试验研究[J].环境科学研究,2008,21(06):28-31.

参 考 文 献

[128] 魏伟,周婕.中国大城市边缘区的概念辨析及其划分[J].人文地理,2006(4):29-34.

[129] 武进.中国城市形态:结构、征及其演变[M].南京:江苏科学技术出版社,1990.

[130] 王健锋,雷瑞德.生态交错带研究进展[J].西北林学院学报,2002,17(4):24-28.

[131] 王军,傅伯杰,邱扬,等.黄土丘陵小流域土壤水分的时空变异特征——半变异函数[J].地理学报,2000,55(4):428-437.

[132] 王仰麟,韩荡.矿区废弃地复垦的景观生态规划与设计[J].生态学报,1998,18(5):455-462.

[133] 王娟.城乡交错带旅游地空间布局研究[D].武汉:华中师范大学,2011.

[134] 肖笃宁,钟林生.景观分类与评价的生态原则[J].应用生态学报,1998,9(2):217-221.

[135] 徐国新,陈佑启,姚艳敏,等.城乡交错带空间边界界定研究进展[J].中国农学通报.2009,25(17):265-269.

[136] 徐建华.现代地理学中的数学方法[M].2版.北京:高等教育出版社,2002.

[137] 徐嵩龄.恢复生态学的理论性质[J].科技导报,1995(3):18-21.

[138] 肖笃宁.景观生态学——理论、方法及应用[M].北京:科学出版社,1991.

[139] 姚士谋,王丽萍,何腾高.南京市趋于经济发展的新格局[J].1993(02):185-193.

[140] 俞孔坚,李迪华.城市景现之路——与市民们交流[M].北京:中国建筑工业出版社,2003.

[141] 杨修高,林德兴.铜矿矿山废弃地植被恢复与重建研究[J].生态学报,2001,21(11):1932-1940.

[142] 赵自胜,陈金.城乡结合部土地利用研究——以开封市为例[J].河南大学学报,1996,26(1):67-81.

[143] 张慧芳.城乡结合部土地的制度特征及其效应分析[J].经济论坛,2004(7):12-14.

[144] 宗跃光.城市景观生态规划中的廊道效应研究——以北京市区为例[J].生态学报,1999,19(2):145-150.

[145] 曾辉,刘国军.基于景观结构的区域生态风险分析[J].中国环境科学,1999,19(5):454-457.

[146] 张镱锂,阎建忠,刘林山,等.青藏公路对区域土地利用和景观格局的影响——以格尔木至唐古拉山段为例[J].地理学报,2002,57(3):253-266.

[147] 张艳芳,任志远.景观尺度上的区域生态安全研究[J].西北大学学报,2005,35(6):815-818.

[148] 詹艳慧,王里奥,林建伟.生活垃圾堆放场及填埋场矿化垃圾综合利用研究进展[J].环境卫生工程,2005,13(6):52-56.

[149] 赵华甫,朱玉环,吴克宁,等.基于动态指标的城乡交错带边界界定方法研究[J].中国土地科学,2012,26(9):60-66.

[150] 蔡雨亭,窦贻俭,董雅文.基于城市可持续发展的生态绿地建设——以仪征市为例 [J].城市环境与城市生态,1997(4):34-371.

[151] 城市生态廊道亮相河北迁安[EB/OL].(2010-08-03)[2013-03-15]http://www.turenscape.com/news/msg.php/1201.html.

[152] 董培军,等.景观城市化与生态基础设施建设——以深圳为例[M].北京:科学出版社,2012.

[153] 付彦荣.中国的绿色基础设施研究和实践[J].风景园林管理,2012(10):813-817.

[154] 马克·A·贝内迪克特,爱德华·T·麦克马洪.绿色基础设施——连接景观与社区 [M].黄丽玲,朱强,杜秀文,等译.北京:中国建筑工业出版社,2010.

[155] 康薇.小型农田水利设施的民间供给模式研究一以天津市北辰区大张庄镇为[D].呼和浩特:内蒙古农业大学,2009.

[156] 李德清,崔红梅,李洪兴.基于层次变权的多因素决策[J].系统工程学报,2004(3):258-263.

[157] 李博.绿色基础设施与城市蔓延控制[J].城市问题,2009(1):86-90.

[158] 刘海龙,李迪华,韩西丽.生态基础设施概念及其研究进展综述[J].城市规划,2005,(9):70.

[159] 刘海龙,俞孔坚,詹雪梅,等.遵循自然过程的河流防洪规划——以浙江台州永宁江为例[J].城市环境设计,2008(4):29-33.

[160] 毛靓,李桂文,徐聪智.村落生态基础设施研究[J].城市建筑,2012(5):120-123.

[161] 乔青,陆慕秋,袁弘.生态基础设施理论与实践北京大学景观设计学研究院相关研究综述[J].Special//GREEN INFRASTRUCTURE,2013:38-44.

[162] 苏杨,程红光,马宙宙.农村聚居点环境问题及十一五期间对策研究[J].城市发展研究,2006,13(6):5-10.

[163] 屠凤娜.城市生态基础设施建设存在的问题及对策[J].理论界,2013(3):80-83.

[164] 田雨灵,张昭雪,李彬,等.绿色基础设施与地铁的复合规划策略探讨[J].北方园艺,2009(12):218-221.

[165] 吴晓敏.国外绿色基础设施理论及其应用案例[C].中国风景园林学会2011年会议论文集(下册),2011.

[166] 吴伟,付喜娥.绿色基础设施概念及其研究进展综述[J].国际城市规划,2009(5):67-71.

[167] 许升超.新农村给排水规划[J].城乡建设,2008(9):11-18.

[168] 俞孔坚,李迪华,潮洛濛.城市生态基础设施建设的十大景观战略[J],规划师,2001,17(6):10-13,17.

[169] 俞孔坚,石春,林里.生态系统服务导向的城市废弃地修复设计——以天津桥园为例[J].现代城市研究,2009(7):18-22.

[170] 俞孔坚.城市景观作为生命系统,2010年上海世博会后滩公园[J].建筑学报,2010(7):30-35.

[171] 俞孔坚.中山岐江公园:工业的张力——土地意识与景观设计[J].百年建筑,2004(20):18-22.

[172] 俞孔坚,庞伟.理解设计:中山岐江公园工业旧址再利用[J].建筑学报,2002(8):47-53.

[173] 俞孔坚,韩毅,韩晓晔.将稻香溶入书声——沈阳建筑大学校园环境设计[J].中国园林,2005(5):12-16.

[174] 俞孔坚,基于不同尺度的水生态设计方法[C]//中国城市科学研究会.中国低碳生态城市发展报告.北京:中国建筑工业出版社,2012:102-104.

[175] 应君,张青萍,王末顺,等.城市绿色基础设施及其体系构建[J].浙江农林大学学报,2011,28(5):805-809.

[176] 俞孔坚,李迪华,李伟.论大运河区域生态基础设施战略和实施途径[J].地理科学进展,2004(1):1-12.

[177] 俞孔坚,李迪华.城乡和区域规划的景观生态模式[J].国外城市规划,1997(3):27-311.

[178] 俞孔坚,李迪华.城乡生态基础设施建设[Z].中华人民共和国建设部,建设事业技术政策纲要,2004:115-124.

[179] 俞孔坚,李迪华,刘海龙."反规划"途径[M].北京:中国建筑工业出版社,2005.

[180] 俞孔坚,李迪华,李海龙,等.国土生态安全格局:再造秀美山川的空间战略[M].北京:中国建筑工业出版社,2012.

[181] 俞孔坚,李海龙,李迪华,等.国土尺度生态安全格局[J].生态学报,2009,29(10):5163-5175.

[182] 俞孔坚,乔青,袁弘,等.科学发展观下的土地利用规划方法——北京市东三乡之"反规划"案例[J].中国土地科学,2009,23(3):24-31.

[183] 俞孔坚,袁弘,李迪华,等.北京市浅山区土地可持续利用的困境与出路[J].中国土地科学,2009,23(11):3-8.

[184] 俞孔坚,王思思,李迪华,等.北京城市扩张的生态底线——基本生态系统服务及其安全格局[J].城市规划,2010(2):19-24.

[185] 俞孔坚,张蕾.基于生态基础设施的禁建区及绿地系统——以山东菏泽为例[J].城市规划,2007(12):89-92.

[186] 俞孔坚,韩西丽,朱强.解决城市生态环境问题的生态基础设施途径[J].自然资源学报,2007,22(5):1-12.

[187] 俞孔坚,奚雪松,李迪华,等.中国国家线性文化遗产网络构建[J].人文地理,2009,107(2):11-106.

[188] 张泉.村庄规划[M].北京:中国建筑工业出版社,2009.

[189] 王珍子.现阶段新农村建设规划困境及建议[J].广东农业科学,2009(7):338-340.

[190] 张明亮,梁国付.城市生态基础设施建设需关注[J].城市开发,2002(12):16-19.

[191] 王萌萌,李海龙,俞孔坚,等.国土尺度土壤侵蚀生态安全格局的构建[J].中国水土保持,2009(12):32-35.

[192] 王悦.农村基础设施分类和规划研究[D].苏州:苏州科技学院,2012.

[193] 朱强,俞孔坚,李迪华,等.大运河工业遗产廊道的保护层次[J].城市环境设计,2008(5):16-20.

[194] 城市规划编辑部.城市规划要高度重视城市工业遗产保护与利用——城市工业遗产保护与利用研讨会发言摘登[J].城市规划,2010(6):66-68,83.

[195] 常江,冯姗姗,张先州,等.矿区工业废弃地再开发研究——以徐州夏桥井废弃地改造为例[J].中国矿业,2007(6):49-52.

[196] 陈圣泓.工业遗址公园[J].中国园林,2008(2):1-8.

[197] 单霁翔.关注新型文化遗产:工业遗产的保护[J].北京规划建设,2007(2):11-14.

[198] 董茜.从衰落走向再生——旧工业建筑遗产的开发利用[J].城市问题,2007(10):44-46,79.

[199] 冯立昇.关于工业遗产研究与保护的若干问题[J].哈尔滨工业大学学报(社会科学版),2008(2):7-14.

[200] 郭雪斌,吴海芳.工业遗产保护与再利用现状及规划对策[J].工业建筑,2011(0):16-19.

[201] 格拉汉姆·丹.《往事不会重现:旅游—未来的怀旧产业》[A].瑟厄波德.全球旅游新论[M].中国旅游出版社,2001:30-44

[202] 郝珺,孙朝阳.工业遗产地的多重价值及保护[J].工业建筑,2008(12):33-36.

[203] 郝倩.风景园林规划设计中的工业遗产地的保护和再利用[D].北京:北京林业大学,2008.

[204] 韩强,王翅,邓金花.基于概念解析的我国工业遗产价值分析 [J].产业与科技论坛,2015,14(19):92-93.

[205] 季玉群.工业遗产及其旅游开发初探[J].江苏商论,2007(12):99-101.

[206] 江哲炜,包志毅.浅谈工业废弃地改造的生态恢复与遗迹保留[J].华中建筑,2006(12):183-185.

[207] 解学芳,黄昌勇.国际工业遗产保护模式及与创意产业的互动关系[J].同济大学学报(社会科学版),2011(1):58-64.

[208] 皓月康桥.福建船政工业遗产的再认识与保护模式初探——纪念福建船政创办140周年[J].福建文博,2007(02):12-15.

[209] 寇怀云.工业遗产技术价值保护研究[D].上海:复旦大学,2007.

[210] 雷霞,杨晓燕.工业遗产改造与城市发展的互动——西安纺织城改造构想[J].城市问题,2009(9):38-41.

[211] 李辉.工业遗产地景观形态初步研究[D].南京:东南大学,2006.

[212] 李蕾蕾.逆工业化与工业遗产旅游开发:德国鲁尔区的实践过程与开发模式[J].世界地理研究,2002(3):57-64.

[213] 李平.工业遗产保护利用模式和方法研究[D].西安:长安大学,2008.

[214] 李同升,张洁.国外工业旅游及其研究进展[J].世界地理研究,2006(2):135-139.

[215] 李小波,祁黄雄.古盐业遗址与三峡旅游——兼论工业遗产旅游的特点与开发[J].四川师范大学学报(社会科学版),2003(6):104-108.

[216] 刘伯英.城市工业地段更新的实施类型[J].建筑学报,2006(8):21-23.

[217] 刘伯英,李匡.工业遗产资源保护与再利用——以首钢工业区为例[J].北京规划建设,2007(2):145-146.

[218] 刘抚英.资源型城市工业废弃地活化与再生策略初探[J].华中建筑,2006(8):67-69.

[219] 刘抚英,邹涛,栗德祥.德国鲁尔区工业遗产保护与再利用对策考察研究[J].世界建筑,2007(7):120-123.

[220] 刘会远,李蕾蕾.浅析德国工业遗产保护和工业旅游开发的人文内涵[J].世界地理研究,2008(1):119-125.

[221] 刘佳.工业遗产保护与更新初探[J].山西建筑,2007(28):40-41.

[222] 陆邵明.关于城市工业遗产的保护和利用[J].规划师,2006(10):13-15.

[223] 骆高远.我国的工业遗产及其旅游价值[J].经济地理,2008(1):173-176.

[224] 马潇,孔媛媛,张艳春,等.我国资源型城市工业遗产旅游开发模式研究[J].资源与产业,2009(5):13-17.

[225] 马震.工业旅游发展规划方式的创新与思考[J].经济导刊,2009(10):47-48.

[226] 牛成喆,吴生智.浅议工业遗产旅游开发[J].商业时代,2007(5):98-110.

[227] 潘百红,吴健.国内外工业遗址景观设计研究现状[J].北方园艺,2009(12):135-139.

[228] 阙维民.国际工业遗产的保护与管理[J].北京大学学报(自然科学版),2007(4):29-31.

[229] 邵健健.超越传统历史层面的思考——关于上海苏州河沿岸产业类遗产"有机更新"的探讨[J].工业建筑,2005(4):32-34,54.

[230] 沈丽虹,岑瑜,于丽英.工业建筑遗产再利用研究[J].生态经济,2008(5):144-146.

[231] 沈实现,韩炳越.旧工业建筑的自我更新——798工厂的改造[J].工业建筑,2005(8):45.

[232] 佟玉权,韩福文.工业遗产景观的内涵及整体性特征[J].城市问题,2009(11):

14-17.

[233] 佟玉权,韩福文.工业遗产的旅游价值评估[J].商业研究,2010(1):160-163.

[234] 王建国,蒋楠.后工业时代中国产业类历史建筑遗产保护性再利用[J].建筑学报,2006(8):8-11.

[235] 王向荣,任京燕.从工业废弃地到绿色公园——景观设计与工业废弃地的更新[J].中国园林,2003(3):78-80.

[236] 文娇,吉文丽,杨思琪,等.城市工业遗产景观改造浅析[J].西北林学院学报,2012(3):247-251.

[237] 邢怀滨,冉鸿燕,张德军.工业遗产的价值与保护初探[J].东北大学学报(社会科学版),2007(1):16-19.

[238] 杨宏烈.广州工业文化遗产保护方略[J].城市问题,2008(10):43-46,64.

[239] 杨宏烈,胡文中.广州火车南站工业文化遗址保护规划[J].城市问题,2006(8):38-43.

[240] 尹思谨.城市色彩景观的规划与设计[J].世界建筑,2003(9):9-11.

[241] 于一凡,李继军.城市产业遗存再利用过程中存在的若干问题[J].城市规划,2010(9):57-60.

[242] 俞孔坚,方琬丽.中国工业遗产初探[J].建筑学报,2006(8):12-15.

[243] 张慧丽.工业遗产保护与利用研究[D].青岛:中国海洋大学,2009.

[244] 张静,丁奇.后工业景观内涵的比较与思考[J].南京林业大学学报(人文社会科学版),2007(2):8-11.

[245] 张晓莉.城市记忆与工业遗存[J].国际城市规划,2007(3):68-71.

[246] 张毅杉,夏健.塑造再生的城市细胞——城市工业遗产的保护与再利用研究[J].城市规划,2008(2):22-26.

[247] 周腾.工业遗产的整体性保护与利用[D].西安:西安建筑科技大学,2012.